中外学者论AI

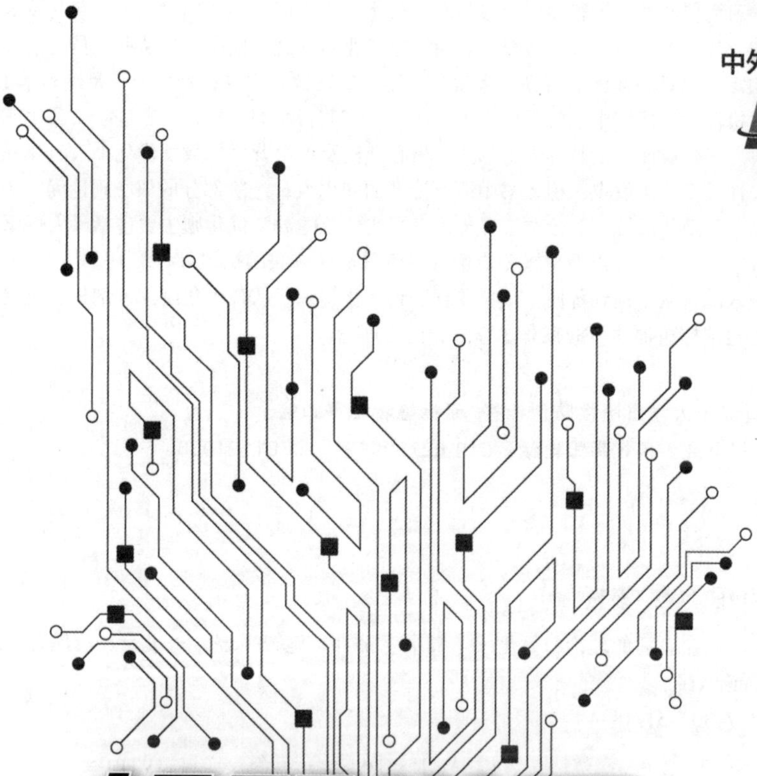

机器学习

算法背后的理论与优化

◎史春奇　卜晶祎　施智平　著

清华大学出版社
北　京

内 容 简 介

以机器学习为核心的人工智能已经成为新一代生产力发展的主要驱动因素。新的技术正在向各行各业渗透，大有变革各个领域的趋势。传统产业向智慧产业的升级迫使原行业从业人员逐渐转型，市场上对相关学习材料的需求也日益高涨。帮助广大学习者更好地理解和掌握机器学习，是编写本书的目的。

本书针对机器学习领域中最常见的一类问题——有监督学习，从入门、进阶、深化三个层面由浅入深地进行了讲解。三个层面包括基础入门算法、核心理论及理论背后的数学优化。入门部分用以逻辑回归为代表的广义线性模型为出发点，引入书中所有涉及的知识点；进阶部分的核心理论涵盖了经验风险最小、结构风险最小、正则化及统一的分类边界理论；深化部分的数学优化则主要包括最大熵原理、拉格朗日对偶等理论在数学上的推导，以及对模型求解的主流最优化方法的探讨等。

本书由浅入深，从个别到普便，从自然算法到优化算法，从各个角度深入剖析了机器学习，力求帮助读者循序渐进地掌握机器学习的概念、算法和优化理论。

图书在版编目（CIP）数据

机器学习：算法背后的理论与优化/史春奇，卜晶祎，施智平著. —北京：清华大学出版社，2019
(中外学者论 AI)
ISBN 978-7-302-51718-4

Ⅰ. ①机… Ⅱ. ①史… ②卜… ③施… Ⅲ. ①机器学习-算法 Ⅳ. ①TP181

中国版本图书馆 CIP 数据核字(2018)第 267470 号

责任编辑：王 芳 王冰飞
封面设计：台禹微
责任校对：焦丽丽
责任印制：丛怀宇
出版发行：清华大学出版社
网 址：http://www.tup.com.cn，http://www.wqbook.com
地 址：北京清华大学学研大厦 A 座　　邮 编：100084
社 总 机：010-62770175　　邮 购：010-62786544
投稿与读者服务：010-62776969，c-service@tup.tsinghua.edu.cn
质 量 反 馈：010-62772015，zhiliang@tup.tsinghua.edu.cn
课 件 下 载：http://www.tup.com.cn，010-62770175 转 4506
印 装 者：北京嘉实印刷有限公司
经　 销：全国新华书店
开　 本：185mm×260mm　　**印 张：**12.75　　**字 数：**277 千字
版　 次：2019 年 7 月第 1 版　　**印 次：**2019 年 7 月第 1 次印刷
定　 价：69.00 元

产品编号：078279-01

前　言 Preface

在当今的人工智能领域中，最热门的技术毫无疑问当属深度学习。深度学习在 Geoffrey Hinton、Yoshua Bengio、Yann LeCun 和 Juergen Schmidhuber 等巨擘们持续不断的贡献下，在文本、图像、自然语言等领域均取得了革命性的进展。当然，深度学习只是机器学习的一个分支，能取得当前的成就也是建立在机器学习不断发展的基础之上。在机器学习领域，很多著名科学家 (如图 1 所示) 提出了他们的理论，做出了他们的贡献。Leslie Valiant 提出的概率近似正确学习 (Probably Approximately Correct Learning, PAC) 理论打下了计算学习理论的基石，并在此后提出了自举 (Bootstrapping) 思想。Vladimir Vapnik 提出的支持向量机 (Support Vector Machine, SVM) 是一个理论和应用都十分强大的算法。与此同时他所提出的经验风险最小与结构风险最小理论，以及背后更深层次的 VC 维 (Vapnik-Chervonenkis dimension) 理论，为部分统一分类问题提供了理论基础。Judea Pearl 提出

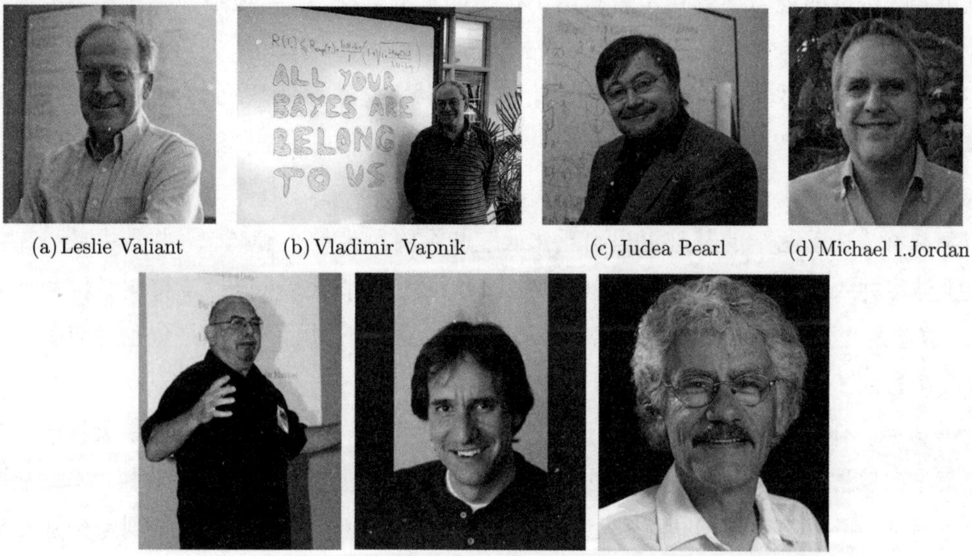

(a) Leslie Valiant　(b) Vladimir Vapnik　(c) Judea Pearl　(d) Michael I.Jordan

(e) Leo Breiman　(f) Robert Schapire　(g) Jerome H.Friedman

图 1　机器学习领域 (支持向量机、集成学习、概率图模型) 的著名科学家

了贝叶斯网络，而 Michael I. Jordan 则在此基础上发展了概率图模型。Leo Breiman 在集成 (Ensemble) 学习的思想下设计了随机森林 (Random Forest) 算法，Robert Schapire 和 Jerome H. Friedman 则基于 Boosting 分别发明了 AdaBoost 和 Gradient Boosting 算法。至此，机器学习中最耀眼的算法 —— 支持向量机、集成学习和概率图模型交相辉映，为整个机器学习理论的发展奠定了深厚的基础。

本书首先尝试把机器学习的经典算法，包括逻辑回归 (Logistic Regression)、支持向量机和 AdaBoost 等，在经验风险最小和结构风险最小的框架下进行统一，并且借助 Softmax 模型和概率图模型中的 Log-Linear 模型阐述它们的内在联系；其次从熵的角度解读概率分布、最大似然估计、指数分布族、广义线性模型等概念；最后深入剖析用于求解的最优化算法及其背后的数学理论。

本书的主要内容

全书分为 9 个章节，从单一算法到统一框架，再到一致最优化求解，各章节的设置如下。

第 1 章，首先提出并探讨几个基本问题，包括回归思想、最优模型评价标准、数理统计与机器学习的关系等。然后介绍两个最简单、最常见的有监督学习算法 —— 线性回归和逻辑回归，并从计算的角度分析两种模型内在的关联，从而为学习“广义线性模型”打下基础。在本章的最后部分初步讲解两个模型的求解方法 —— 最小二乘法和最大似然估计。

第 2 章，主要内容是线性回归的泛化形式 —— 广义线性模型。本章详细介绍广义线性模型，并在第 1 章的基础上从 Fisher 信息、KL 散度、Bregman 距离的角度深入讲解最大似然估计。本章可以看作是第 3 章的基础引入。

第 3 章，在前两章的基础上提出泛化误差和经验风险最小等概念，并且将最小二乘和最大似然并入损失函数的范畴。在此基础之上，我们便将逻辑回归、支持向量机和 Ada Boost 算法统一到分类界面的框架下。至此，我们会看到不同的算法只是分别对应了不同的损失函数。

第 4 章，介绍经验风险最小的不足与过拟合的概念，之后引出正则化。紧接着介绍有监督学习算法中的常见正则化方法，包括 L_1 和 L_2 正则化 XG Boost 和树。本章从两个角度对 L_1 和 L_2 正则化进行深入讲解 —— 贝叶斯和距离空间。这两个观点分别对应本书后续的两大部分 —— 熵和最优化。

第 5 章，介绍贝叶斯统计和熵之间的关系，并且基于熵重新解读了最大似然估计、指数分布族等概念。本章可以看作是前四章中出现的内容在熵概念下的再定义。同时也为下一章的 Log-Linear 模型作出铺垫。

第 6 章，介绍 Softmax 和 Log-Linear 的变化，并且将第 3 章的二分类界面泛化到多分类界面，把分类问题的思路扩展到了多分类和结构分类。在本章中通过 Log-Linear 关联了概率图模型，通过 Softmax 关联了深度学习。

第 7 章，承接第 4 章中 L_1 和 L_2 正则化在最优化角度的解释，从凸共轭开始递进地推导出拉格朗日对偶、Fenchel 对偶、增广拉格朗日乘子法、交替方向乘子法。

第 8 章，介绍有监督学习模型在机器学习场景下的统一求解方法 —— 随机梯度下降法及其改进算法。本章对随机梯度下降法进行了收敛性分析，并根据分析结果针对其缺点着重介绍了两类改进策略 —— 方差缩减和加速与适应。

第 9 章，主要对数学意义上的最优化方法进行探讨，可以看作是连接第 7 章和第 8 章的桥梁。第 7 章的内容是本章的理论部分，而第 8 章的内容则是本章介绍的算法应用在机器学习场景中的特例，主要内容包括一阶、二阶最优化算法及其收敛性分析。

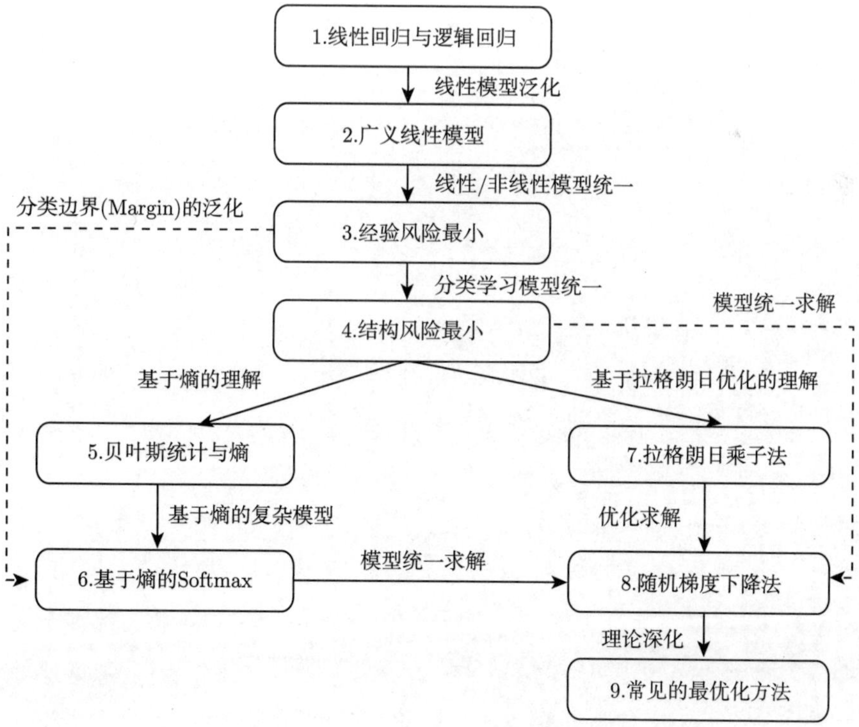

图 2 章节结构关系图

史春奇与卜晶祎共同为本书的第一作者。书中第 3~6 章主要由史春奇博士撰写，第 1、2、7~9 章主要由卜晶祎撰写，施智平教授参与了本书的组织结构设计并提出了很多宝贵意见。由于作者的能力与水平有限，本书对机器学习的探讨难免会有不全面、不深刻等不足之处，敬请各位读者批评指正，如蒙赐教将不胜感激。

各个章节结构之间的关系如图 2 所示。对于基础稍浅的读者，可以按照图示循序渐进地阅读；对于有一定基础的读者，可以跳过部分章节直接阅读感兴趣的章节。

作　者

2019 年 1 月

数学符号

Mathematical symbol

本部分介绍本书所使用的数学符号。

一、数和数组

a	标量 (整数或实数)
$\boldsymbol{a}$	向量
$\boldsymbol{A}$	矩阵
$\mathsf{\mathbf{A}}$	张量
$\boldsymbol{I}_n$	n 行 n 列的单位矩阵
$\boldsymbol{I}$	维度蕴含于上下文的单位矩阵
$\boldsymbol{e}^{(i)}$	标准基向量 $[0,\cdots,0,1,0,\cdots,0]$，其中索引 i 处值为 1
$\text{diag}(\boldsymbol{a})$	对角方阵，其中对角元素由 $\boldsymbol{a}$ 给定
$\mathbf{a}$	标量随机变量
$\mathbf{a}$	向量随机变量
$\mathbf{A}$	矩阵随机变量

二、集合和图

$\mathbb{A}$	集合
$\mathbb{R}$	实数集
$\{0,1\}$	包含 0 和 1 的集合
$\{0,1,\cdots,n\}$	包含 0 和 n 之间所有整数的集合
$[a,b]$	包含 a 和 b 的实数区间
$(a,b]$	不包含 a 但包含 b 的实数区间
$\mathbb{A}\backslash\mathbb{B}$	差集，即其元素包含于 $\mathbb{A}$ 但不包含于 $\mathbb{B}$
$\mathcal{G}$	图
$Pa_{\mathcal{G}}(x_i)$	图 $\mathcal{G}$ 中 x_i 的父节点

三、索引

a_i	向量 $\boldsymbol{a}$ 的第 i 个元素，其中索引从 1 开始
a_{-i}	除了第 i 个元素，$\boldsymbol{a}$ 的所有元素
$\boldsymbol{A}_{i,j}$	矩阵 $\boldsymbol{A}$ 的 i,j 元素
$\boldsymbol{A}_{i,:}$	矩阵 $\boldsymbol{A}$ 的第 i 行
$\boldsymbol{A}_{:,i}$	矩阵 $\boldsymbol{A}$ 的第 i 列
$\boldsymbol{A}_{i,j,k}$	三维张量 $\boldsymbol{A}$ 的 (i,j,k) 元素
$\boldsymbol{A}_{:,:,i}$	三维张量的二维切片
a_i	随机向量 $\boldsymbol{a}$ 的第 i 个元素

四、线性代数中的操作

$\boldsymbol{A}^\top$	矩阵 $\boldsymbol{A}$ 的转置
$\boldsymbol{A}^+$	$\boldsymbol{A}$ 的 Moore-Penrose 伪逆
$\boldsymbol{A}\odot\boldsymbol{B}$	$\boldsymbol{A}$ 和 $\boldsymbol{B}$ 的逐元素乘积 (Hadamard 乘积)
$\det(\boldsymbol{A})$	$\boldsymbol{A}$ 的行列式

五、微积分

$\dfrac{\mathrm{d}y}{\mathrm{d}x}$	y 关于 x 的导数
$\dfrac{\partial y}{\partial x}$	y 关于 x 的偏导
$\nabla_{\boldsymbol{x}} y$	y 关于 $\boldsymbol{x}$ 的梯度
$\nabla_{\boldsymbol{X}} y$	y 关于 $\boldsymbol{X}$ 的矩阵导数
$\nabla_{\boldsymbol{X}} y$	y 关于 $\boldsymbol{X}$ 求导后的张量
$\dfrac{\partial f}{\partial \boldsymbol{x}}$	$f:\mathbf{R}^n\to\mathbf{R}^m$ 的 Jacobian 矩阵 $\boldsymbol{J}\in\mathbf{R}^{m\times n}$
$\nabla_{\boldsymbol{x}}^2 f(\boldsymbol{x})$ or $\boldsymbol{H}(f)(\boldsymbol{x})$	f 在点 $\boldsymbol{x}$ 处的 Hessian 矩阵
$\int f(\boldsymbol{x})\mathrm{d}\boldsymbol{x}$	$\boldsymbol{x}$ 整个域上的定积分
$\int_S f(\boldsymbol{x})\mathrm{d}\boldsymbol{x}$	集合 S 上关于 $\boldsymbol{x}$ 的定积分

六、概率和信息论

$a \bot b$	a 和 b 相互独立的随机变量
$a \bot b \mid c$	给定 c 后条件独立
$P(a)$	离散变量上的概率分布
$p(a)$	连续变量 (或变量类型未指定时) 上的概率分布
$a \sim P$	具有分布 P 的随机变量 a
$\mathbb{E}_{x\sim P}[f(x)]$ 或 $\mathbb{E}f(x)$	$f(x)$ 关于 $P(\mathrm{x})$ 的期望
$\mathrm{Var}(f(x))$	$f(x)$ 在分布 $P(x)$ 下的方差
$\mathrm{Cov}(f(x), g(x))$	$f(x)$ 和 $g(x)$ 在分布 $P(x)$ 下的协方差
$H(x)$	随机变量 x 的香农熵
$D_{\mathrm{KL}}(P\|Q)$	P 和 Q 的 KL 散度
$\mathcal{N}(x;\mu,\Sigma)$	均值为 μ，协方差为 Σ，x 上的高斯分布

七、函数

$f:\mathbb{A}\to\mathbb{B}$	定义域为 $\mathbb{A}$、值域为 $\mathbb{B}$ 的函数 f
$f\circ g$	f 和 g 的组合
$f(\boldsymbol{x};\boldsymbol{\theta})$	由 $\boldsymbol{\theta}$ 参数化，关于 $\boldsymbol{x}$ 的函数 (有时为简化表示，忽略 $\boldsymbol{\theta}$ 记为 $f(\boldsymbol{x})$)
$\ln x$	x 的自然对数
$\sigma(x)$	Logistic sigmoid, $\dfrac{1}{1+\exp(-x)}$
$\zeta(x)$	Softplus, $\ln(1+\exp(x))$
$\|\|\boldsymbol{x}\|\|_p$	$\boldsymbol{x}$ 的 L^p 范数
$\|\|\boldsymbol{x}\|\|$	$\boldsymbol{x}$ 的 L^2 范数
x^+	x 的正数部分, 即 $\max(0,x)$
$\mathbf{1}_{\mathrm{condition}}$	如果条件为真则为 1，否则为 0

有时候使用函数 f，它的参数是一个标量，但应用到一个向量、矩阵或张量：$f(\boldsymbol{x})$、$f(\boldsymbol{X})$、$f(X)$。这表示逐元素地将 f 应用于数组。例如，$C=\sigma(X)$，则对于所有合法的 i、j 和 k，$C_{i,j,k}=\sigma(X_{i,j,k})$。

八、数据集和分布

p_{data}	数据生成分布
$\hat{p}_{\text{train}}$	由训练集定义的经验分布
$\mathbb{X}$	训练样本的集合
$\boldsymbol{x}^{(i)}$、$\boldsymbol{x}_i$	数据集的第 i 个样本 (输入)
$y^{(i)}$、$\boldsymbol{y}^{(i)}$、y_i 或 $\boldsymbol{y}_i$	监督学习中与 $\boldsymbol{x}^{(i)}$ 关联的目标
$\boldsymbol{X}$	$m \times n$ 的矩阵，其中行 $\boldsymbol{X}_{i,:}$ 为输入样本 $\boldsymbol{x}^{(i)}$

目 录
Contents

第 1 章

Chapter 1

线性回归与逻辑回归

1.1 线性回归

1.1.1 函数关系与统计关系

在许多不同的应用场景中，人们对变量之间的关系十分感兴趣。变量之间的关系有两种：函数关系和统计关系。所谓**函数关系**，是指变量之间的关系可以用方程完全精确地表示出来。例如：

(1) 描述加速度和力之间关系的牛顿第二定律：$F = ma$。

(2) 描述电压与电流之间关系的欧姆定律：$I = \dfrac{U}{R}$。

而具有**统计关系**的变量之间并不能通过方程从一个变量精确地计算出另一个变量。两个变量之间同时存在着“趋势”和“随机量”。例如，身高和体重的关系：一般身高较高的人体重也会较大，这是两者之间的趋势；但只知道一个人的身高是无法计算出其体重的，除了身高这个因素之外体重还会受到许多其他因素的影响，相同身高的人会有不同的体重，这便是二者之间的随机量。

线性回归是学习**连续变量**之间**统计关系**的一种方法。几乎每一个理工科毕业的学生都或深或浅地学习过它。以一元线性回归为例，当看到图 1.1 这张散点图的时候大家都会很自然地想到使用一条直线 $y = w_0 + w_1 x$ 来拟合图上的点。然而空间中的直线有无数条，那么问题来了，哪一条才是“最优拟合直线”呢？既然要寻找最优的那条直线，就需要有一个标准来比较不同直线的优劣。事实上不只是线性回归，所有的模型都需要一个或者若干个标准来进行模型内部或者模型之间的比较，这样才能选出最终需要的模型。

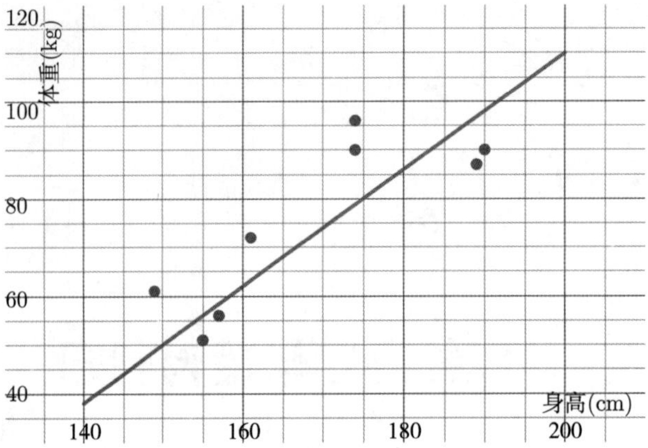

图 1.1　统计关系

然而标准本身的制定和选择是一件更加复杂的事情。不同的研究者站在不同的角度所关注的内容不相同，其选择的标准会不同。事实上这里涉及**统计**与**机器学习**的关系。在继续对线性回归的分析之前，先对统计与机器学习的异同进行一下总结。

1.1.2　统计与机器学习

自机器学习出现以来，关于它和统计之间关系的讨论就没有停止过，贯穿整个机器学习的发展历史。机器学习是源自于统计还是完全独立的一门学科？机器学习从统计中借鉴了许多东西，但在实际使用中与统计似乎又有着很大的不同。关于两者之间的不同之处，如果在网上搜索一下，就会找到许多不同的答案。例如，Robert Tibshirani(正则化方面的大师，Lasso 的提出者) 就说"Machine learning is glorified statistics"。同时也有人说"机器学习是信息时代的统计"，或者说"机器学习是适用于大数据的统计"。可能还会找到一些从算法角度来总结两者不同的说法，如"机器学习就是只做统计模型不做假设检验""机器学习会告诉你预测结果和准确率，而统计会额外加一句'你重复 100 次我做的事情，至少有 95 次会得到和我相同的结果'"。这个问题可能至今都还没有一个十分清晰明确的答案。

不同的人会有不同的观点，我们认为对于统计和机器学习重叠的部分，二者的不同之处并非具体的算法，而在于**目标**和**关注点**。它们都是在对数据集进行建模，但却有着不同的目的。

1. 统计

统计一般可以分为两大类：描述性统计 (Descriptive) 和推断性统计 (Inferential)。

描述性统计是用来概括、表述事物整体状况以及事物间关联、类属关系的统计方法。它主要通过一些统计量和可视化的技术来描述数据集的内在结构，把一个包含众多变量的复杂数据集简化为使用若干个统计量进行描述，如最常见的均值和方差。

推断性统计是研究如何利用样本数据来推断总体特征的方法。推断性统计所研究的问题既包含估计 (Estimation) 又包含预测 (Prediction)。通常统计学家使用模型来解决这些问题。于是可以看出，在统计中，模型的最主要作用是近似出数据集中的数据所产生的过程，之后再回答估计和预测的问题。既然关注点在于数据产生的过程，那么在选定一个统计模型之后，就必须给出充分的理由来说明为何选择这个模型以及为何这样设定模型的参数 (如果有参数的话)。因此，统计建模的整个过程中的每一步都需要做到"有理有据，令人信服"，包括数据预处理、模型选择、求解等。过程中引入的所有假设都需要进行检查，所以在一个统计模型建立完成之后往往会跟随着大量的检验 (Test)，以及一连串的 p 值和各种分数。经过这些严格的检查之后，统计学家才能确保最终得到的模型**在满足一系列特定的条件时**，对于当前数据集是最合适的。

综上，统计最关心的是模型的有效性和拟合出的参数的准确性。而模型对于未知数据预测的效果则相对来说没有那么重要。在统计中，预测只是推断 (Inference) 的一种，但是在机器学习中，预测几乎是唯一关心的内容。

2. 机器学习

机器学习的目标非常明确 —— 建立预测模型。以本书所关心的有监督学习为例，简单地回忆一下完成一个机器学习项目的过程。首先拥有一个由历史样本组成的训练集，训练集中的每个样本都带有标记，这个标记可能是该样本所属于的类别，也可能是一个连续的数值。前者对应于分类问题，后者对应于回归问题。之后假设训练集中样本的分布与样本产生过程的分布一致，并在训练集上建立模型。该模型主要用于对训练集之外新产生样本的标记进行预测。通常会使用一个独立训练集的测试集来衡量模型的预测能力，模型在测试集上的表现作为模型优劣的唯一评价标准。可以看到，对于机器学习，"实践是检验真理的唯一标准"。

与统计不同的是，机器学习对数据的产生过程相对而言并不关心。机器学习也会有数据预处理、特征选择、模型选择、求解等步骤，但并不需要对它们的"正当性"(Validity) 进行检验，这些步骤都是为了尽可能地提高最终所选择模型的预测能力。而最终得到的模型并不会对数据的产生过程进行任何形式的推断，甚至可能完全不会反映数据的产生过程。

3. 统计与机器学习

下面就可以总结出两者的不同之处了。

(1) 统计最关心的是模型是否能够反映数据的产生过程，因而会对模型及其建立过程的各个方面进行假设检验；机器学习只关心模型的预测能力，最后只会检查模型在测试集上的表现，反映在模型完成后所交付的报告上。按照机器学习的思路所建立的模型会给出在测试集上的结果，而沿着统计的思路所建立出的模型除此之外还会给出一系列 p 值和分数。以线性回归为例，统计分析方面的工具会计算出结果，而机器学习方面的工具则并不提供这些计算。

(2) 由于第 (1) 点不同的存在，机器学习在建模时受到的限制会比统计少很多。例如，逻辑回归要求特征之间不存在多重共线性 (Multi-Colinearity)，统计建模时就需要检查每个特征的方差膨胀因子 (Variance Inflation Factor，VIF)；而对于机器学习，虽然很多时候排除共线性可以提升模型的预测能力，但检查 VIF 并不是必需的。再如，朴素贝叶斯分类器，统计上要求特征之间需要相互独立，但机器学习就没有这个要求，而且在很多时候若模型包含不独立的特征反而会有更好的分类效果。

(3) 虽然在第 (2) 点中可以知道，机器学习在建模过程中不关心统计中的一系列假设，但机器学习有一个单独的假设需要满足：训练集中的样本独立同分布，该分布不随时间发生变化，且样本足够表征这个分布。其中样本足够表征分布确保了模型在测试集上的泛化能力；而分布不随时间变化则保证了模型对于未来新产生数据的泛化能力。关于这个假设，会在第 3 章谈到 **PAC 学习**和 **VC 维理论**的时候进行进一步的说明。

本书主要讨论的内容是机器学习中的有监督学习问题，虽然落脚点在于机器学习，但出发点始于一系列经典的回归模型。这些回归模型源自于统计，因此本书在最开始的部分会更多地从统计角度出发，然后随着内容的展开慢慢地过渡到机器学习的世界。

这里已经大体上了解了统计与机器学习的不同，回到线性回归的主线，现在就需要一个标准来寻找最优的拟合直线，把这个标准称为模型表现的**评价函数**。如果使用机器学习的思路，只需要选定一个评价函数然后寻找该评价函数的最优解即可；如果按照统计的方式，还需要考虑模型参数估计结果的无偏性 (Unbiasedness)、有效性 (Efficiency)、一致性 (Consistency) 等标准。对于这 3 个最常用的估计量衡量标准，最简单的解释如下。

(1) 无偏性：多次抽样的样本估计出的参数均值等于参数的期望。

(2) 有效性：多个无偏估计量中标准差最小的估计量更有效。

(3) 一致性：随着样本量的增大，点估计的值越来越接近被估计的总体的参数。

评价函数决定的是什么样的直线可以称为最优，而估计量的衡量标准决定的是应如何选择评价函数。大家都知道求解线性回归最常用的方法是**最小二乘法**，也就是说为线性回归选择的评价函数是模型在每个样本上的预测误差的平方和 (Sum of Squared Error, SSE)。在不同的评价函数下都可以找到一条符合该评价函数的最优直线，如何根据估计量的衡量标准来选择评价函数，为何选择预测误差的平方和作为评价函数，高斯-马尔可夫定理给出了答案。

1.2 最小二乘法与高斯-马尔可夫定理

1.2.1 最小二乘法

现行的最小二乘法可以追溯到勒让德 (A. M. Legendre) 于 1805 年发表的著作《计算慧星轨道的新方法》。它的主要思想是通过未知参数的选择，使得模型的拟合值与观测值之差的平方和达到最小。最小二乘法实质上是对模型优劣的衡量定下了一个标准，然后设计算法去寻找最符合这个标准的未知参数。方法可以使用梯度下降法，也可以使用最近又流行起来的进化算法等。对于当前要解决的线性回归，最小二乘法可以在列出方程组之后直接求得。

设需要估计的未知参数是 $\boldsymbol{w}$，则训练集中数据的特征便组成了方程组的系数矩阵 $\boldsymbol{X}$，训练集中数据的标记 $\boldsymbol{y}$ 是目标结果，人们希望拟合值与观测值之差的平方和达到最小，则问题为

$$\min_{w} |\boldsymbol{X}\boldsymbol{w}-\boldsymbol{y}|^2 \tag{1.1}$$

(为了推导的简洁性，这里把截距项作为 $\boldsymbol{w}$ 的一个分量并在 $\boldsymbol{x}$ 中对应添加一个常数分量 1，本书在后面的章节中默认对截距项做相同的处理) 对其进行一系列矩阵运算变换

$$\begin{aligned}
|\boldsymbol{X}\boldsymbol{w}-\boldsymbol{y}|^2 &= (\boldsymbol{X}\boldsymbol{w}-\boldsymbol{y})^\top(\boldsymbol{X}\boldsymbol{w}-\boldsymbol{y}) & (1.2)\\
&= (\boldsymbol{w}^\top\boldsymbol{X}^\top-\boldsymbol{y}^\top)(\boldsymbol{X}\boldsymbol{w}-\boldsymbol{y}) & (1.3)\\
&= \boldsymbol{w}^\top\boldsymbol{X}^\top\boldsymbol{X}\boldsymbol{w}-\boldsymbol{w}^\top\boldsymbol{X}^\top\boldsymbol{y}-\boldsymbol{y}^\top\boldsymbol{X}\boldsymbol{w}+\boldsymbol{y}^\top\boldsymbol{y} & (1.4)\\
&= \boldsymbol{w}^\top\boldsymbol{X}^\top\boldsymbol{X}\boldsymbol{w}-\boldsymbol{w}^\top\boldsymbol{X}^\top\boldsymbol{y}-\boldsymbol{w}^\top\boldsymbol{X}^\top\boldsymbol{y}+\boldsymbol{y}^\top\boldsymbol{y} & (1.5)\\
&= \boldsymbol{w}^\top\boldsymbol{X}^\top\boldsymbol{X}\boldsymbol{w}-2\boldsymbol{w}^\top\boldsymbol{X}^\top\boldsymbol{y}+\boldsymbol{y}^\top\boldsymbol{y} & (1.6)
\end{aligned}$$

式 (1.5) 是因为 $\boldsymbol{w}^\top\boldsymbol{X}^\top\boldsymbol{y}=\boldsymbol{y}^\top\boldsymbol{X}\boldsymbol{w}$(上面的式子里每一项都是一个数，一个数字的转置还是它本身)。这里要求的是 $|\boldsymbol{X}\boldsymbol{w}-\boldsymbol{y}|^2$ 关于 $\boldsymbol{w}$ 的最小值，从式 (1.6) 可以看出，$|\boldsymbol{X}\boldsymbol{w}-\boldsymbol{y}|^2$ 是关于 $\boldsymbol{w}$ 的二次函数，令对应偏导数等于 0 可得

$$\frac{\partial|\boldsymbol{X}\boldsymbol{w}-\boldsymbol{y}|^2}{\partial \boldsymbol{w}}=2\boldsymbol{X}^\top\boldsymbol{X}\boldsymbol{w}-2\boldsymbol{X}^\top\boldsymbol{y}=0 \tag{1.7}$$

若 $\boldsymbol{X}^\top\boldsymbol{X}$ 可逆，则

$$\boldsymbol{X}^\top\boldsymbol{X}\boldsymbol{w}=\boldsymbol{X}^\top\boldsymbol{y} \tag{1.8}$$

$$\boldsymbol{w}=(\boldsymbol{X}^\top\boldsymbol{X})^{-1}\boldsymbol{X}^\top\boldsymbol{y} \tag{1.9}$$

可见对于线性回归，选取最小二乘作为模型的评价函数时，可以直接求得未知参数的解析解。接下来通过高斯-马尔可夫来说明，在满足某些条件时，最小二乘是线性回归最优的评价函数。

1.2.2 高斯-马尔可夫定理

统计上评价模型参数估计结果最常用的指标是无偏性、有效性、一致性。高斯 - 马尔可夫定理证明，在满足一定的假设条件时，以最小二乘为评价函数计算得到的线性回归参数在所有的无偏估计中具有最优的有效性。也就是说，选取其他评价函数所估计出的参数也可以是无偏的，但它们的方差都比最小二乘的方差大。

首先来说明最小二乘法是无偏的。本章的一开始讲过，线性回归是学习连续变量之间统计关系的一种方法。所谓统计关系，一种简单的理解是 $\boldsymbol{X}$ 和 y 在函数关系的基础上叠加了一个随机误差 ε，该随机误差均值为 0 且独立于 $\boldsymbol{X}$，即

$$\mathbb{E}[\varepsilon|\boldsymbol{X}]=0 \tag{1.10}$$

将 $\boldsymbol{X}$ 和 $\boldsymbol{y}$ 的关系写成矩阵形式，即

$$\boldsymbol{y}=\boldsymbol{X}\boldsymbol{w}_{\text{True}}+\varepsilon \tag{1.11}$$

上式中的 $\boldsymbol{w}_{\text{True}}$ 即为参数的真实值。由式 (1.9) 可知最小二乘法估计出的参数 $\boldsymbol{w}_{\text{LSE}}=(\boldsymbol{X}^\top\boldsymbol{X})^{-1}\boldsymbol{X}^\top\boldsymbol{y}$，其期望

$$\mathbb{E}[\boldsymbol{w}_{\text{LSE}}|\boldsymbol{X}]=\mathbb{E}[(\boldsymbol{X}^\top\boldsymbol{X})^{-1}\boldsymbol{X}^\top\boldsymbol{y}] \tag{1.12}$$

$$=\mathbb{E}[(\boldsymbol{X}^\top\boldsymbol{X})^{-1}\boldsymbol{X}^\top(\boldsymbol{X}\boldsymbol{w}_{\text{True}}+\boldsymbol{\varepsilon})|\boldsymbol{X}] \tag{1.13}$$

$$=\mathbb{E}[(\boldsymbol{X}^\top\boldsymbol{X})^{-1}\boldsymbol{X}^\top\boldsymbol{X}\boldsymbol{w}_{\text{True}}+(\boldsymbol{X}^\top\boldsymbol{X})^{-1}\boldsymbol{X}^\top\varepsilon|\boldsymbol{X}] \tag{1.14}$$

$$=\boldsymbol{w}_{\text{True}}+\mathbb{E}[(\boldsymbol{X}^\top\boldsymbol{X})^{-1}\boldsymbol{X}^\top\boldsymbol{X}\varepsilon|\boldsymbol{X}] \tag{1.15}$$

$$=\boldsymbol{w}_{\text{True}}+(\boldsymbol{X}^\top\boldsymbol{X})^{-1}\boldsymbol{X}^\top\boldsymbol{X}\mathbb{E}[\varepsilon|\boldsymbol{X}] \tag{1.16}$$

$$=\boldsymbol{w}_{\text{True}} \tag{1.17}$$

其中最后一步是由 $\mathbb{E}[\varepsilon|\boldsymbol{X}]=0$ 得到。接下来要证明在所有的无偏线性估计中，满足某些假设条件时，$\boldsymbol{w}_{\mathrm{LSE}}$ 具有最优的有效性，即方差最小。

设 $\tilde{\boldsymbol{w}}=((\boldsymbol{X}^\top\boldsymbol{X})^{-1}\boldsymbol{X}^\top+\boldsymbol{M})\boldsymbol{y}$，其中 $\boldsymbol{M}$ 是一个与 $(\boldsymbol{X}^\top\boldsymbol{X})^{-1}\boldsymbol{X}^\top$ 相同维度的非零矩阵。若 $\tilde{\boldsymbol{w}}$ 无偏，则

$$
\begin{aligned}
\mathbb{E}[\tilde{\boldsymbol{w}}|\boldsymbol{X}] &= \mathbb{E}[((\boldsymbol{X}^\top\boldsymbol{X})^{-1}\boldsymbol{X}^\top+\boldsymbol{M})\boldsymbol{y}|\boldsymbol{X}] && (1.18)\\
&= \mathbb{E}[((\boldsymbol{X}^\top\boldsymbol{X})^{-1}\boldsymbol{X}^\top+\boldsymbol{M})(\boldsymbol{X}\boldsymbol{w}_{\mathrm{True}}+\boldsymbol{\varepsilon})|\boldsymbol{X}] && (1.19)\\
&= ((\boldsymbol{X}^\top\boldsymbol{X})^{-1}\boldsymbol{X}^\top+\boldsymbol{M})\boldsymbol{X}\boldsymbol{w}_{\mathrm{True}}+((\boldsymbol{X}^\top\boldsymbol{X})^{-1}\boldsymbol{X}^\top+\boldsymbol{M})\mathbb{E}[\boldsymbol{\varepsilon}|\boldsymbol{X}] && (1.20)\\
&= ((\boldsymbol{X}^\top\boldsymbol{X})^{-1}\boldsymbol{X}^\top+\boldsymbol{M})\boldsymbol{X}\boldsymbol{w}_{\mathrm{True}} && (1.21)\\
&= (\boldsymbol{X}^\top\boldsymbol{X})^{-1}\boldsymbol{X}^\top\boldsymbol{X}\boldsymbol{w}_{\mathrm{True}}+\boldsymbol{M}\boldsymbol{X}\boldsymbol{w}_{\mathrm{True}} && (1.22)\\
&= (\boldsymbol{I}+\boldsymbol{M}\boldsymbol{X})\boldsymbol{w}_{\mathrm{True}} && (1.23)\\
&= \boldsymbol{w}_{\mathrm{True}} && (1.24)
\end{aligned}
$$

由式 (1.23) 可知

$$\boldsymbol{M}\boldsymbol{X}=0 \tag{1.25}$$

接下来计算 $\tilde{\boldsymbol{w}}$ 的方差。假设随机噪声 ε 的方差恒等于 σ^2，即

$$\mathrm{Var}(\boldsymbol{\varepsilon}|\boldsymbol{X})=\mathrm{Var}(\boldsymbol{X}\boldsymbol{w}_{\mathrm{True}}+\boldsymbol{\varepsilon}|\boldsymbol{X})=\mathrm{Var}(\boldsymbol{y}|\boldsymbol{X})=\sigma^2\boldsymbol{I} \tag{1.26}$$

$\tilde{\boldsymbol{w}}$ 的方差为

$$
\begin{aligned}
\mathrm{Var}(\tilde{\boldsymbol{w}}|\boldsymbol{X}) &= \mathrm{Var}(((\boldsymbol{X}^\top\boldsymbol{X})^{-1}\boldsymbol{X}^\top+\boldsymbol{M})\boldsymbol{y}|\boldsymbol{X}) && (1.27)\\
&= ((\boldsymbol{X}^\top\boldsymbol{X})^{-1}\boldsymbol{X}^\top+\boldsymbol{M})\mathrm{Var}(\boldsymbol{y}|\boldsymbol{X})((\boldsymbol{X}^\top\boldsymbol{X})^{-1}\boldsymbol{X}^\top+\boldsymbol{M})^\top && (1.28)\\
&= \sigma^2((\boldsymbol{X}^\top\boldsymbol{X})^{-1}\boldsymbol{X}^\top+\boldsymbol{M})((\boldsymbol{X}^\top\boldsymbol{X})^{-1}\boldsymbol{X}^\top+\boldsymbol{M})^\top && (1.29)\\
&= \sigma^2((\boldsymbol{X}^\top\boldsymbol{X})^{-1}\boldsymbol{X}^\top\boldsymbol{X}(\boldsymbol{X}^\top\boldsymbol{X})^{-1}+\\
&\qquad(\boldsymbol{X}^\top\boldsymbol{X})^{-1}(\boldsymbol{M}\boldsymbol{X})^\top+\boldsymbol{M}\boldsymbol{X}(\boldsymbol{X}^\top\boldsymbol{X})^{-1}+\boldsymbol{M}\boldsymbol{M}^\top) && (1.30)\\
&= \sigma^2((\boldsymbol{X}^\top\boldsymbol{X})^{-1}+\boldsymbol{M}\boldsymbol{M}^\top) && (1.31)
\end{aligned}
$$

其中式 (1.30) 是由于 $\boldsymbol{M}\boldsymbol{X}=0$。因为 $\mathrm{Var}(\boldsymbol{w}_{\mathrm{LSE}})=\sigma^2((\boldsymbol{X}^\top\boldsymbol{X})^{-1})$，所以

$$\mathrm{Var}(\tilde{\boldsymbol{w}}|\boldsymbol{X})=\mathrm{Var}(\boldsymbol{w}_{\mathrm{LSE}})+\boldsymbol{M}\boldsymbol{M}^\top \tag{1.32}$$

注意式中的 $\boldsymbol{M}\boldsymbol{M}^\top$ 是矩阵 $\boldsymbol{M}$ 的 Gram 矩阵，对于任意向量 $\boldsymbol{v}$ 有 $\boldsymbol{v}^\top\boldsymbol{M}\boldsymbol{M}^\top\boldsymbol{v}=(\boldsymbol{M}^\top\boldsymbol{v})^\top(\boldsymbol{M}^\top\boldsymbol{v})=\|\boldsymbol{M}^\top\boldsymbol{v}\|^2\geqslant 0$。所以 $\boldsymbol{M}\boldsymbol{M}^\top$ 为半正定矩阵，也就是说 $\tilde{(\boldsymbol{w})}$ 的方差大

于或等于 $\boldsymbol{w}_{\mathrm{LSE}}$，于是便证明了在满足一定的假设条件时，最小二乘法在所有的无偏估计中具有最小的方差。这些假设条件其实就是式 (1.10) 和式 (1.26)。

(1) 式 (1.10)，$\mathbb{E}[\varepsilon|\boldsymbol{X}]=0$ 假设随机噪声 ε 均值为 0 且独立于 $\boldsymbol{x}$。

(2) 式 (1.26)，$\mathrm{Var}(\varepsilon|\boldsymbol{X})=\sigma^2$ 假设随机噪声 ε 的方差恒定不变，该假设称为同方差 (Homoskedasticity)

此时最小二乘法得到的结果为最优线性无偏估计 (Best Linear Unbiased Estimator, BLUE)。

1.3 从线性回归到逻辑回归

1.2 节中介绍了线性回归。线性回归做了一件什么事情呢？线性回归估算的是一个连续变量的条件期望

$$\mathbb{E}(y|\boldsymbol{x})=\boldsymbol{w}^\top\boldsymbol{x} \tag{1.33}$$

如果对象不再是一个连续的数值，且只有二值化的输出时，如气象中心预测明天是否下雨、医生预测患者会不会发病、大学生评估自己是否会挂科等，我们该如何对其进行建模和分析呢？一种解决方案是制定一系列规则，如决策树或知识库，然后把输入数据与规则进行比对，经过若干次判断之后得到一个确定的结果。然而由现实世界的经验可知，对于大多数情况，完全相同的条件并不一定能够导致完全相同的结果，也许是因为噪声的存在，也许是因为条件的描述还不够准确，也许是因为事情本身就是随机的。因此，希望在给出预测结果的同时还能给出一个该结果发生的概率，比如你挂科的概率达到了 90%等。

现在我们期望的输出是在给定输入 $\boldsymbol{x}$ 之后 y 发生的概率 $p(y|\boldsymbol{x})$。如果约定 1 和 0 分别表示 y 事件的发生和不发生，那么 $p(y=1|\boldsymbol{x})=E(y|\boldsymbol{x})$ 便是我们希望计算的结果。现在已经定义了二值输出 y，我们希望建立一个关于观察样本 $\boldsymbol{x}$ 的函数，该函数的输出是 y 的条件概率 $p(y=1|\boldsymbol{x})$。参考线性回归，令 $f(\boldsymbol{x};\boldsymbol{w})=p(y=1|\boldsymbol{x})$，其中 f 是以 $\boldsymbol{w}$ 为参数的函数。直观上，相同的样本 $\boldsymbol{x}^{(i)}$ 下 y 的概率应该相同；相近的样本 $\boldsymbol{x}^{(i)}$ 下 y 的概率应该相近。可否使用线性回归的函数形式来拟合 $f(\boldsymbol{x};\boldsymbol{w})$ 呢？

如果套用线性回归，样本 $\boldsymbol{x}$ 的线性函数 $y=\boldsymbol{w}^\top\boldsymbol{x}$ 的值域是 $(-\infty,+\infty)$，而我们期望的输出 $p(y=1|\boldsymbol{x})$ 是一个概率，其值域是 $[0,1]$，二者不匹配，因此需要对 $p(y=1|\boldsymbol{x})$(以下记为 p) 进行变换之后才能继续使用线性回归。那 $\ln p$ 呢？ln 函数在 $[0,1]$ 上的值域是 $(-\infty,0]$，还是有一半不匹配。事实上 ln 函数在 $[0,+\infty)$ 上的值域才是我们需要的

$(-\infty, +\infty)$。因此只要对 p 进行变换之后的值域为 $[0, +\infty)$ 就能够继续套用线性回归。符合要求的变换之一是 $\frac{p}{1-p}$，该变换称为 Logistic 或 Logit 变换。这种对线性回归的输出进行 Logistic 变换的回归称为**逻辑回归**。

于是有

$$\ln \frac{p(y=1;\boldsymbol{w}|\boldsymbol{x})}{1-p(y=1;\boldsymbol{w}|\boldsymbol{x})} = \boldsymbol{w}^\top \boldsymbol{x} \tag{1.34}$$

求解 $p(y=1;\boldsymbol{w}|\boldsymbol{x})$ 可得

$$p(y=1;\boldsymbol{w}|\boldsymbol{x}) = \frac{1}{1+\mathrm{e}^{-(\boldsymbol{w}^\top \boldsymbol{x})}} \tag{1.35}$$

令 $f(\boldsymbol{x};\boldsymbol{w}) = p(y=1;\boldsymbol{w}|\boldsymbol{x})$ 则

$$f(\boldsymbol{x};\boldsymbol{w}) = p(y=1;\boldsymbol{w}|\boldsymbol{x}) = \frac{1}{1+\mathrm{e}^{-(\boldsymbol{w}^\top \boldsymbol{x})}} \tag{1.36}$$

这就是我们所熟知的逻辑回归，式 (1.36) 的右边部分又称为 Sigmoid 函数。

1.4 最大似然估计求解逻辑回归

1.3 节中得到了逻辑回归的函数形式 (式 (1.36))，下面来求解它，即估计参数 $\boldsymbol{w}$。与线性回归一样，要先选定一个评价函数作为最优拟合的标准。线性回归中选择了最小二乘，并通过高斯 - 马尔可夫定理说明了在满足若干假设条件时，最小二乘法是线性回归的最优线性无偏估计。对于逻辑回归，是否依然可以使用最小二乘作为评价函数呢？当然可以，将在第 3 章“经验风险最小”中讲解，几乎所有的有监督学习算法都可以使用最小二乘作为评价函数。但在这里，我们暂时放弃最小二乘，选择另一种评价函数 —— 最大似然。将在后面的章节中探讨二者的关系，并在第 2 章“广义线性模型”中解释选择最大似然的原因。

最小二乘实际上是令关于参数 $\boldsymbol{w}$ 的预测误差平方和的函数最小。同样地，最大似然也会有一个关于参数 $\boldsymbol{w}$ 的似然函数，并且令这个似然函数最大。似然函数是统计中的概念，表示模型参数的似然性，通常定义为

$$\mathcal{L}(\boldsymbol{w};\boldsymbol{X}) = p(\boldsymbol{X};\boldsymbol{w}) \tag{1.37}$$

既然 $\mathcal{L}(\boldsymbol{w};\boldsymbol{X})$ 和 $p(\boldsymbol{X};\boldsymbol{w})$ 是相等的，二者有什么区别呢？首先 $p(\boldsymbol{X};\boldsymbol{w})$ 的意义很明确，它指的是在模型参数为 $\boldsymbol{w}$ 的时候，观察到数据 $\boldsymbol{X}$ 的概率；而 $\mathcal{L}(\boldsymbol{w};\boldsymbol{X})$ 则定义了在观察到一组数据 $\boldsymbol{X}$ 的时候，模型参数取值为 $\boldsymbol{w}$ 的可能性。统计中这个可能性被称为**似然度**。上面的公式表示，给定数据后参数的似然度等于给定参数后观测到该组数据的概

率。尽管这两个值是相等的，但似然度和概率关心的是两个完全不同的问题 —— 一个是关于模型参数的，另一个是关于样本数据的。显然，在似然函数的定义下，最优的参数即为最有可能 (似然度最大) 观测到数据集 $\boldsymbol{X}$ 的参数 $\boldsymbol{w}$，在最优参数处似然函数取到最大值。这就是为什么这种方法被称为最大似然估计的原因。

现在回到求解逻辑回归的主线上来。假设样本 $(\boldsymbol{x}^{(i)}, y^{(i)})$ 之间相互独立，观测到数据集 $(\boldsymbol{X}, \boldsymbol{y})$ 的概率为所有样本 $(\boldsymbol{x}^{(i)}, y^{(i)})$ 出现概率的乘积，则似然函数为

$$\mathcal{L}(\boldsymbol{w}; \boldsymbol{X}, \boldsymbol{y}) = p(\boldsymbol{X}, \boldsymbol{y}; \boldsymbol{w}) \tag{1.38}$$

$$= \prod_{i=1}^{n} p(y^{(i)}; \boldsymbol{w}|\boldsymbol{x}^{(i)}) \tag{1.39}$$

$$= \prod_{i=1}^{n} f(\boldsymbol{x}^{(i)}; \boldsymbol{w})^{y^{(i)}} (1 - f(\boldsymbol{x}^{(i)}; \boldsymbol{w}))^{1-y^{(i)}} \tag{1.40}$$

下面的任务就是使用最大似然估计进行求解。上面的总概率表达式是连乘的形式，难以微分，对于这样的表达式通常是通过对其取自然对数，把乘积变成求和之后再求极值。定义对数似然函数

$$\ell(\boldsymbol{w}) = \ln \mathcal{L}(\boldsymbol{w}; \boldsymbol{X}, \boldsymbol{y}) \tag{1.41}$$

$$= \sum_{i=1}^{n} y^{(i)} \ln f(\boldsymbol{x}^{(i)}; \boldsymbol{w}) + (1 - y^{(i)}) \ln(1 - f(\boldsymbol{x}^{(i)}; \boldsymbol{w})) \tag{1.42}$$

$$= \sum_{i=1}^{n} \ln(1 - f(\boldsymbol{x}^{(i)}; \boldsymbol{w})) + \sum_{i=1}^{n} y^{(i)} \ln \frac{f(\boldsymbol{x}^{(i)}; \boldsymbol{w})}{1 - f(\boldsymbol{x}^{(i)}; \boldsymbol{w})} \tag{1.43}$$

$$= \sum_{i=1}^{n} \ln(1 - f(\boldsymbol{x}^{(i)}; \boldsymbol{w})) + \sum_{i=1}^{n} y^{(i)} \boldsymbol{w}^\top \boldsymbol{x}^{(i)} \tag{1.44}$$

$$= \sum_{i=1}^{n} -\ln(1 + \mathrm{e}^{\boldsymbol{w}\boldsymbol{x}^{(i)}}) + \sum_{i=1}^{n} y^{(i)} \boldsymbol{w}^\top \boldsymbol{x}^{(i)} \tag{1.45}$$

式 (1.43) 与式 (1.44) 使用了 logit 变换的定义式 (1.34)；式 (1.44) 与式 (1.45) 使用了逻辑回归的定义式 (1.36)。

我们要求的是对数似然函数的最大值，因此把对数似然函数对参数 $\boldsymbol{w}$ 的每一个分量 $\boldsymbol{w}_i$ 求导并令其等于 0

$$\frac{\partial \ell}{\partial \boldsymbol{w}_j} = -\sum_{i=1}^{n} \frac{\mathrm{e}^{\boldsymbol{w}^\top \boldsymbol{x}^{(i)}}}{1 + \mathrm{e}^{\boldsymbol{w}^\top \boldsymbol{x}^{(i)}}} \boldsymbol{x}_j^{(i)} + \sum_{i=1}^{n} y^{(i)} \boldsymbol{x}_j^{(i)} \tag{1.46}$$

$$= \sum_{i=1}^{n} (y^{(i)} - f(\boldsymbol{x}^{(i)}; \boldsymbol{w})) \boldsymbol{x}_j^{(i)} \tag{1.47}$$

其中 $\boldsymbol{x}_j^{(i)}$ 表示样本 $\boldsymbol{x}^{(i)}$ 的第 j 个分量。

令上式等于 0 后我们发现，得到的方程并不能像最小二乘法那样计算出解析解，只能使用梯度下降或者进化算法等迭代算法进行数值求解，关于梯度下降法的内容将在第 8 章进行介绍。

1.5 最小二乘与最大似然

1.5.1 逻辑回归与伯努利分布

在 1.3 节中可以看到，在线性回归和逻辑回归之间存在着一定的联系，那是因为给两者分别选择的评价函数 —— 最小二乘和最大似然之间有什么关系吗？在回答这个问题之前，先对逻辑回归进行更加深入的探讨。观察逻辑回归的似然函数 (式 (1.40))，如果所有的样本 $\boldsymbol{x}^{(i)}$ 都相同，那么所有的 $f(\boldsymbol{x}^{(i)};\boldsymbol{w})$ 都应该相等 (记为 p)，则似然函数变为

$$\prod_{i=1}^{n} p^{y^{(i)}}(1-p)^{1-y^{(i)}} \tag{1.48}$$

很明显这是一个用 n 重伯努利试验结果来估计伯努利分布中参数 p 的似然函数。对于逻辑回归，绝大部分的样本 $\boldsymbol{x}^{(i)}$ 是不同的，如果从 n 重伯努利试验的角度来理解，逻辑回归的似然函数 (式 (1.40)) 对应于 n 次 p 不断改变的伯努利试验，即每次试验中的伯努利分布 (参数记为 p_i) 可能都不相同。可以看出，每个 p_i 都是由其对应的 $\boldsymbol{x}^{(i)}$ 和它们共享的 $\boldsymbol{w}$ 所确定，所以 p_i 之间是存在约束的。这个约束就是逻辑回归所暗含的假设：相同的 $\boldsymbol{x}^{(i)}$ 对应的 p_i 及背后的伯努利分布是相同的，相似的 $\boldsymbol{x}^{(i)}$ 对应的 p_i 及背后的伯努利分布也应该是相似的。这个约束通过逻辑回归的参数 $\boldsymbol{w}$ 传递给训练集之外的 $\boldsymbol{x}$，从而达到泛化 (Generalize) 的效果。

通过上面的分析已经知道，每个样本 $\boldsymbol{x}^{(i)}$ 都会对应一个伯努利分布，而逻辑回归希望计算的是给定 $\boldsymbol{x}^{(i)}$ 之后 $y^{(i)}=1$ 的期望，也就是说我们认为 $y^{(i)}$ 服从 $\boldsymbol{x}^{(i)}$ 所确定的那个伯努利分布

$$y^{(i)} \sim \mathcal{B}(p_i) \tag{1.49}$$

逻辑回归计算得到的是 $y^{(i)}$ 的期望 $\mathbb{E}(y^{(i)})$，而服从伯努利分布的随机变量的期望就是伯努利分布的参数 p_i，即

$$\mathbb{E}(y) = p = f(\boldsymbol{x};\boldsymbol{w}) = \frac{1}{1+\mathrm{e}^{-(\boldsymbol{w}^{\top}\boldsymbol{x})}} \tag{1.50}$$

1.5.2 线性回归与正态分布

如果在给定 $\boldsymbol{x}^{(i)}$ 之后，假设 $y^{(i)}$ 服从的不是伯努利分布而是正态分布，会得到怎样的结果呢？在 1.2 节中，假设 $\boldsymbol{x}^{(i)}$ 和 $y^{(i)}$ 在函数关系的基础上叠加了一个随机误差 ε (式 (1.11))，该随机误差均值为 0 且独立于 $\boldsymbol{x}^{(i)}$，若再假设该随机误差服从正态分布，即

$$\varepsilon \sim \mathcal{N}(0,\sigma^2) \tag{1.51}$$

则 $y^{(i)}$ 也服从正态分布

$$y^{(i)} \sim \mathcal{N}(\boldsymbol{w}^\top \boldsymbol{x}^{(i)},\sigma^2) \tag{1.52}$$

现在用最大似然作为评价函数来估计 $y^{(i)}$ 所服从的正态分布中的参数 $\boldsymbol{w}$。$y^{(i)}$ 的概率为

$$p(y^{(i)}) = \frac{1}{\sqrt{2\pi\sigma^2}}\mathrm{e}^{-\frac{1}{2\sigma^2}}(\boldsymbol{w}^\top \boldsymbol{x}^{(i)})^2 \tag{1.53}$$

$y^{(i)}$ 相互独立，则似然函数为

$$\begin{aligned}\mathcal{L}(\boldsymbol{w};\boldsymbol{X}) &= \prod_{i=1}^{n}\frac{1}{\sqrt{2\pi\sigma^2}}\mathrm{e}^{-\frac{1}{2\sigma^2}(y^{(i)}-\boldsymbol{w}^\top \boldsymbol{x}^{(i)})^2} &(1.54)\\ &= \frac{1}{(\sqrt{2\pi\sigma^2})^n}\mathrm{e}^{-\frac{1}{2\sigma^2}\sum\limits_{i=1}^{n}(y^{(i)}-\boldsymbol{w}^\top \boldsymbol{x}^{(i)})^2} &(1.55)\end{aligned}$$

对似然函数取自然对数得到

$$\begin{aligned}\ell(\boldsymbol{w}) &= \ln\frac{1}{(\sqrt{2\pi\sigma^2})^n}\mathrm{e}^{-\frac{1}{2\sigma^2}\sum\limits_{i=1}^{n}(y^{(i)}-\boldsymbol{w}^\top \boldsymbol{x}^{(i)})^2} &(1.56)\\ &= -n\ln(\sqrt{2\pi\sigma^2})-\frac{1}{2\sigma^2}\sum_{i=1}^{n}(y^{(i)}-\boldsymbol{w}^\top \boldsymbol{x}^{(i)})^2 &(1.57)\end{aligned}$$

若对数似然函数在 $\boldsymbol{w}_{\mathrm{MLE}}$ 处取到最大值，则

$$\begin{aligned}\boldsymbol{w}_{\mathrm{MLE}} &= \arg\max_{\boldsymbol{w}}\ell(\boldsymbol{w}) &(1.58)\\ &= \arg\max_{\boldsymbol{w}} -n\ln(\sqrt{2\pi\sigma^2})-\frac{1}{2\sigma^2}\sum_{i=1}^{n}(y^{(i)}-\boldsymbol{w}^\top \boldsymbol{x}^{(i)})^2 &(1.59)\\ &= \arg\max_{\boldsymbol{w}} -\sum_{i=1}^{n}(y^{(i)}-\boldsymbol{w}^\top \boldsymbol{x}^{(i)})^2 &(1.60)\\ &= \arg\min_{\boldsymbol{w}} \sum_{i=1}^{n}(y^{(i)}-\boldsymbol{w}^\top \boldsymbol{x}^{(i)})^2 &(1.61)\\ &= \boldsymbol{w}_{\mathrm{LSE}} &(1.62)\end{aligned}$$

对于线性回归，最大似然估计与最小二乘法等价。严格来讲是当假设 $y^{(i)}$ 服从正态分布时，最大似然估计与最小二乘法对线性回归的参数估计是等价的。不同的 $y^{(i)}$ 服从

均值不同但方差相同的正态分布，其均值是由 $\boldsymbol{w}^{\top}\boldsymbol{x}^{(i)}$ 所确定，线性回归最终计算得到的是 $y^{(i)}$ 的期望。

上面一系列的分析结果暗示线性回归与逻辑回归以及最小二乘与最大似然之间还存在着更深层次的联系，这将在第 2 章“广义线性模型”中更加深入地进行探讨。

1.6 小结

作为本书的开篇部分，本章首先通过变量之间的两种关系 —— 函数关系和统计关系，引入了最简单的统计关系分析模型 —— 线性回归。简单介绍了线性回归之后，我们提出了“最优”拟合直线的概念。对于模型而言，只有在确定评价标准之后才能评定最优。在评价标准选择中，讨论了数理统计与机器学习之间的异同与关联。之后从统计的角度出发，选定了最小二乘作为线性回归的评价函数。高斯 - 马尔可夫定理告诉我们，在噪声独立于观测数据、均值为 0、满足同方差时，最小二乘法是线性回归的最优线性无偏估计。

在有些问题中我们需要预测的值是二分类的，此时由于线性方程值域的不匹配，没有办法直接使用线性回归。Sigmoid 函数可以把线性方程的值域从 $(-\infty,+\infty)$“挤压”到 $(0,1)$ 上，从而得到了逻辑回归。此时我们没有继续使用最小二乘作为逻辑回归的评价函数，而是选择了最大似然。虽然在本章中并没有给出这样选择的原因，但我们对二者的关系进行了初步探讨。在进行逻辑回归建模的时候，其实在背后假设了模型的输出服从伯努利分布；而线性回归对应的是正态分布。最后通过数学推导表明，在这样的假设下对线性回归进行参数估计时最小二乘法等价于最大似然估计。

线性回归和逻辑回归分别覆盖了预测连续变量和二分类变量的情况，如果预测变量是其他类型该如何处理，通过 Sigmoid 函数“挤压”线性回归的值域得到了逻辑回归，然而很多函数都可以把 $(-\infty,+\infty)$“挤压”到 $(0,1)$ 上，为何单单选择 Sigmoid 函数呢？本章的分析提示线性回归与逻辑回归以及最小二乘与最大似然之间还存在着更深层次的联系，这种联系背后的本质是什么，将在第 2 章“广义线性模型”中回答第一个问题，并更加深入地探讨最大似然估计。在第 3 章“经验风险最小”中会讨论最小二乘与最大似然等不同评价函数的本质。

参 考 文 献

[1] Goodfellow, Ian, Yoshua Bengio, Aaron Courville. Deep Learning[M]. Cambridge: MIT Press, 2016.

[2] Hastie, Trevor, Robert Tibshirani, Jerome Friedman. The Elements of Statistical Learning[M]. New York: Springer New York Inc, 2001.

[3] McCullagh, P., J.A. Nelder. Generalized Linear Models, Second Edition[M]. Lodon: Chapman & Hall, 1989.

[4] 史忠植. 高级人工智能[M]. 北京：科学出版社, 2011.

[5] Freedman D, Pisani R, Purves R. Statistics[M]. Lodon: W.W. Norton & Company, 2007.

[6] Utts J, Heckard R. Mind on Statistics[M]. Singapore: Cengage Learning, 2014.

[7] Greene W. Econometric Analysis[M]. New York: Pearson Education, 2003.

[8] Bishop C M. Pattern Recognition and Machine Learning[M]. Dordrecht: Springer, 2006.

第 2 章 Chapter 2

广义线性模型

2.1 广义线性模型概述

2.1.1 广义线性模型的定义

在第 1 章中通过 Sigmoid 函数“挤压”线性回归的值域得到了逻辑回归：由于希望的输出 y 的值域与线性回归拟合出来的 $\boldsymbol{w}^\top \boldsymbol{x}$ 的值域不匹配，于是对 y 进行了 Logit 变换进而得到了一个关于 y 的函数 (记为 $g(y)$)，且该函数的值域为 $(-\infty, +\infty)$，继而就可以继续使用线性回归并最终得到 $g(y) = \boldsymbol{w}^\top \boldsymbol{x}$ (式 (1.33))

$$\ln \frac{y}{1-y} = \boldsymbol{w}^\top \boldsymbol{x} \tag{2.1}$$

求解上式中的 y 就得到了 Sigmoid 函数

$$y = \frac{1}{1 + \mathrm{e}^{-(\boldsymbol{w}^\top \boldsymbol{x})}} \tag{2.2}$$

然而，很多函数都可以把 $\boldsymbol{w}^\top \boldsymbol{x}$ 的值域从 $(-\infty, +\infty)$ 变换到 $(0, 1)$ 上 (如下面的式子)，为何选择 Sigmoid 函数呢？

$$y = \frac{1}{2}(\tanh(\boldsymbol{w}^\top \boldsymbol{x}) + 1)$$

还有一个问题是：对于需要预测的值是二分类的问题，可以使用逻辑回归，而如果需要预测变量是多分类或者是整数，如某个事件发生了多少次，又或者与时间相关，如部件寿命等，我们要如何对线性回归的值域进行变化呢？

对于第一个问题，后面的分析中会看到在一定的假设下选择 Sigmoid 函数是一种必然。关于第二个问题，在前面的分析中已经看到，线性回归对应着正态分布，逻辑回归对应的是伯努利分布，那么很自然地可以联想到，不同类型的预测变量是否对应着不同类型的分布呢？从广义线性模型 (Generalized Linear Model, GLM) 的角度来看，确实是这样的。所谓的广义线性模型，便是沿着这个思路对线性回归进行了扩展。下面给出广义线性模型的正式定义。

广义线性模型由以下三部分组成。

(1) 随机成分 (Random Component)：定义了输出变量 y 在给定输入变量 $\boldsymbol{x}$ 时的条件分布 (Conditional Distribution)。一般情况下，我们接触到的分布都属于指数分布簇 (Exponential Families)，如高斯分布 (Gaussian/Normal)、伯努利分布 (Bernoulli)、二项分布 (Binomial)、泊松分布 (Poisson)、伽玛分布 (Gamma) 等，如今广义线性模型已经拓展至多变量指数分布簇 (Multivariate Exponential Families)，非指数分布簇 (Non-exponential Families)，甚至 y_i 的分布未完全定义的情况。本书把这部分的讨论局限在指数分布簇上。

(2) 线性预测器 (Linear Predictor)：即线性回归部分

$$\eta^{(i)} = \boldsymbol{w}^\top \boldsymbol{x}^{(i)} = \boldsymbol{w}_0 + \boldsymbol{w}_1 \boldsymbol{x}_1^{(i)} + \boldsymbol{w}_2 \boldsymbol{x}_2^{(i)} + \cdots + \boldsymbol{w}_m \boldsymbol{x}_m^{(i)}$$

这就是广义线性模型中的线性部分。注意不同的样本 $\boldsymbol{x}^{(i)}$ 会有不同的 $\eta^{(i)}$。

(3) 链接函数 (Link Function)：一个光滑 (Smooth) 且可逆 (Invertible) 的函数 $g(\cdot)$，对预测变量的期望 $\mathbb{E}(y)$ 进行变换，使得变换后的 $g(\mathbb{E}(y))$ 与线性预测器相匹配

$$g(\mathbb{E}(y)) = \eta^{(i)} = \boldsymbol{w}_0 + \boldsymbol{w}_1 \boldsymbol{x}_1^{(i)} + \boldsymbol{w}_2 \boldsymbol{x}_2^{(i)} + \cdots + \boldsymbol{w}_m \boldsymbol{x}_m^{(i)}$$

在逻辑回归中，选取的链接函数为 Logit 变换。

广义线性模型的定义可以看作是**期望输出变换后的线性模型**或者**期望输出的非线性模型**。

现在再来看一下“逻辑回归”。对照广义线性模型的定义，逻辑回归中的线性预测器就是线性回归部分 $\boldsymbol{w}^\top \boldsymbol{x}$，链接函数即 Logit 变换 $\ln \dfrac{y}{1-y}$，而随机成分就是 y 服从的伯努利分布。其中线性预测器和随机成分都很好理解，链接函数的作用是把线性预测器 $\boldsymbol{w}^\top \boldsymbol{x}$ 拟合出来的结果约束到二项分布。这其实就是逻辑回归的链接函数 Logit 变换的原因。在第 1 章“线性回归与逻辑回归”中已经知道，由于逻辑回归的形式是 Sigmoid 函数 (Logit 变换函数的反函数)，其似然函数的形式与估计伯努利分布参数的似然函数一致，这就提示正是 Logit 变换/Sigmoid 函数决定了预测变量服从的分布为伯努利分布。虽然在第 1

章中是通过对预测变量的值域变换凑出了 Logit 变换，但在广义线性模型看来，真正的顺序如下。

(1) 假设预测变量服从的分布，如逻辑回归中的伯努利分布。

(2) 根据预测变量服从的分布确定链接函数的形式。

(3) 令链接函数等于线性预测器并进行拟合。

下面来讨论如何根据分布来确定链接函数的形式。

2.1.2 链接函数与指数分布簇

广义线性模型的随机成分在大多数情况下都属于指数分布簇，该簇的分布几乎覆盖了统计中绝大多数重要的分布，属于该簇的分布都可以表示成如下通式

$$p(y;\theta,\phi)=\exp\left[\frac{y\theta-b(\theta)}{a(\phi)}+c(y,\phi)\right] \tag{2.3}$$

其中：

(1) $p(y;\theta,\phi)$ 是随机变量 y 的概率函数 (离散) 或概率密度函数 (连续)。

(2) $a(\cdot)$，$b(\cdot)$ 和 $c(\cdot)$ 是 3 个函数，不同的分布中这 3 个函数也不同，这 3 个函数共同确定了分布的种类。

(3) θ 是一个未知参数，称为标准参数 (Canonical Parameter)。

(4) ϕ 称为分散参数 (Dispersion Parameter)，该参数具有关系 $\phi>0$，在某些分布中已知且固定，在其他分布中未知，需要与标准参数 θ 一起进行参数估计。

对于一个分布，往往最关心的两个量是服从该分布的随机变量 y 的均值 μ 和方差 $\mathrm{Var}(y)$。指数分布簇的均值和方差在表示为通式 (式 (2.3)) 后具有如下性质

$$\mu=b'(\theta) \tag{2.4}$$

$$\mathrm{Var}(y)=b''(\theta)a(\phi) \tag{2.5}$$

其中 $b'(\theta)$ 表示 $b(\theta)$ 的一阶导数 $\dfrac{\mathrm{d}}{\mathrm{d}\theta}b(\theta)$，$b''(\theta)$ 表示 $b(\theta)$ 的二阶导数 $\dfrac{\mathrm{d}^2}{\mathrm{d}\theta^2}b(\theta)$。接着来简单证明一下这两个性质。

首先引入两个概念：动差生成函数 (Moment Generating Function, MGF) 和累积量生成函数 (Cumulant Generating Function, CGF)。动差就是“矩估计”中的“矩”，所以动差生成函数也被称为矩母函数。动差生成函数的定义为

$$M_y(t)=\mathbb{E}(\mathrm{e}^{ty}) \tag{2.6}$$

将 $M_y(t)$ 对 t 求导 (并交换期望和微分) 可以得到

$$M'_y(t) = \mathbb{E}(y\mathrm{e}^{ty})$$
$$M''_y(t) = \mathbb{E}(y^2\mathrm{e}^{ty})$$

以此类推，可有 $\dfrac{\mathrm{d}^k}{\mathrm{d}t^k}M_y(t) = \mathbb{E}(y^k\mathrm{e}^{ty})$。在 $t=0$ 时

$$M'_y(0) = \mathbb{E}(y)$$
$$M''_y(0) = \mathbb{E}(y^2)$$

同样可以推出 $\dfrac{\mathrm{d}^k}{\mathrm{d}t^k}M_y(0) = \mathbb{E}(y^k)$，因此通过式 (2.6) 可以得到不同阶的矩 (动差)，所以称其为动差生成函数。而累积量生成函数定义为动差生成函数取自然对数

$$K_y(t) = \ln M_y(t) \tag{2.7}$$

类似地，令 $K_y(t)$ 对 t 求导可得

$$K'_y(t) = \frac{M'_y(t)}{M_y(t)}$$
$$K''_y(t) = \frac{M_y(t)M''_y(t) - M'_y(t)^2}{M_y(t)^2}$$

同样地，令 $t=0$ 得到

$$K'_y(0) = \mathbb{E}(y) = \mu \tag{2.8}$$
$$K''_y(0) = \mathbb{E}(y^2) - \mathbb{E}^2(y) = \mathrm{Var}(y) \tag{2.9}$$

其中 μ 为 y 的均值，$\mathrm{Var}(y)$ 为 y 的方差。有了累积量生成函数之后，结合指数分布簇的通式 (式 (2.3)) 以及累积量生成函数定义式 (式 (2.7)) 可以得到指数分布簇的累积量生成函数

$$K_y(t) = \frac{b(\theta + a(\phi)t) - b(\theta)}{a(\phi)} \tag{2.10}$$

式 (2.10) 对 t 求导得到

$$K'_y(t) = \frac{b'(\theta + a(\phi)t)a(\phi)}{a(\phi)} = b'(\theta + a(\phi)t)$$
$$K''_y(t) = b''(\theta + a(\phi)t)a(\phi)$$

令其中的 $t=0$ 则

$$K'_y(0) = b'(\theta)$$
$$K''_y(0) = b''(\theta)a(\phi)$$

于是便证明了式 (2.4) 和式 (2.5)。

经过第 1 章的分析已经知道，广义线性模型拟合得到的是预测变量 y 的期望 $\mathbb{E}(y)$，而期望 $\mathbb{E}(y)$ 就是 y 所服从分布的均值 μ，于是预测变量 y 就和假设它服从的分布产生了关系

$$\mathbb{E}(y)=b'(\theta) \tag{2.11}$$

设 $b'(\theta)$ 的反函数为 $b'^{-1}(\theta)$，则式 (2.11) 可以变换为

$$b'^{-1}(\mathbb{E}(y))=\theta \tag{2.12}$$

在广义线性模型中，我们认为 θ 和样本数据集中的特征有线性关系，因此使用线性回归来拟合 θ，也就是说 θ 等于线性分类器 η，于是便有了下面的关系

$$b'^{-1}(\mathbb{E}(y))=\theta=\eta=\boldsymbol{w}^{\top}\boldsymbol{x} \tag{2.13}$$

根据广义线性模型的定义可知，$b'^{-1}(\cdot)$ 即为链接函数 $g(\cdot)$。因此可以看出链接函数是由预测变量服从的分布决定的。

最后再来看看逻辑回归。首先把假设预测变量 y 服从的伯努利分布写成指数分布簇通式 (式 (2.3))，设伯努利分布中 $y=1$ 的概率为 p

$$\begin{aligned}
p(y;p)&=p^y(1-p)^{1-y}\\
&=\frac{p^y}{(1-p)^y}(1-p)\\
&=\frac{\left(\dfrac{p}{1-p}\right)^y}{\dfrac{1}{1-p}}\\
&=\frac{\exp\left(y\ln\dfrac{p}{1-p}\right)}{1+\dfrac{p}{1-p}}\\
&=\exp\left[y\ln\frac{p}{1-p}-\ln\left(1+\mathrm{e}^{\ln\left(\frac{p}{1-p}\right)}\right)\right]
\end{aligned}$$

令 $\theta=\ln\dfrac{p}{1-p}$ 便可以得到伯努利分布的通式形式

$$p(y;\theta,\phi)=\exp\left[\frac{y\theta-\ln(1+\mathrm{e}^{\theta})}{1}+0\right]$$

其中 $a(\phi)=1$，$b(\theta)=\ln(1+\mathrm{e}^{\theta})$，$c(y,\phi)=0$。通过 $b(\theta)$ 可以得到逻辑回归的链接函数 $b'^{-1}(\theta)$

$$b'(\theta)=\frac{1}{1+\mathrm{e}^{-\theta}}$$
$$b'^{-1}(\theta)=\ln\frac{\theta}{1-\theta}$$

即为 Logit 变换。

同样地，正态分布 $\mathcal{N}(\mu,\sigma^2)$ 的通式形式为

$$p(y)=\exp\left[\frac{y\mu-\mu^2/2}{\sigma^2}-\frac{y^2}{2\sigma^2}-\frac{1}{2}\ln(2\pi\sigma^2)\right] \tag{2.14}$$

其中 $b(\mu)=\mu^2/2$，则 $b'(\mu)=\mu$，正态分布对应的广义线性模型的链接函数为 $b'^{-1}(\mu)=\mu$，该模型的表达式为

$$\mathbb{E}(y)=\boldsymbol{w}^\top\boldsymbol{x}$$

正是线性回归。

2.2 广义线性模型求解

每个广义线性模型都对应了一个指数分布簇中的分布，因此广义线性模型天然适合使用最大似然估计求解。把数据集中的样本代入对应的概率 (密度) 函数中后再连乘起来就得到了似然函数

$$\mathcal{L}(\boldsymbol{\theta},\phi;\boldsymbol{y})=\prod_{i=1}^{n}\frac{y^i\theta^{(i)}-b(\theta^{(i)})}{a(\phi)}+c(y^{(i)},\phi)$$

对数似然函数为

$$\ell(\boldsymbol{\theta},\phi;\boldsymbol{y})=\sum_{i=1}^{n}\frac{y^{(i)}\theta^{(i)}-b(\theta^{(i)})}{a(\phi)}+c(y^{(i)},\phi)$$

假设 ϕ 已知，且由式 (2.13) 我们已经认为 $\theta^{(i)}=\boldsymbol{w}\boldsymbol{x}^{(i)}$，将其代入 $\ell(\boldsymbol{\theta},\phi;\boldsymbol{y})$，对数似然函数就变成了关于 $\boldsymbol{w}$ 的函数

$$\ell(\boldsymbol{w})=\sum_{i=1}^{n}\frac{y^{(i)}\boldsymbol{w}\boldsymbol{x}^{(i)}-b(\boldsymbol{w}\boldsymbol{x}^{(i)})}{a(\phi)}+c(y^{(i)},\phi)$$

当对数似然函数取到最大值时的参数 $\boldsymbol{w}$ 就是我们寻找的参数

$$\begin{aligned}\boldsymbol{w}_{\text{MLE}} &= \arg\max_{\boldsymbol{w}} \ell(\boldsymbol{w}) \\ &= \arg\max_{\boldsymbol{w}} \sum_{i=1}^{n} \frac{y^{(i)}\boldsymbol{w}^\top \boldsymbol{x}^{(i)} - b(\boldsymbol{w}\boldsymbol{x}^{(i)})}{a(\phi)} + c(y^{(i)}, \phi) \end{aligned} \tag{2.15}$$

以线性回归为例，在式 (2.14) 中，$\theta = \mu = \boldsymbol{w}^\top \boldsymbol{x}$，$\phi = \sigma^2$，$a(\phi) = \phi = \sigma^2$，$b(\theta) = \theta^2/2$，$c(y,\phi) = -\dfrac{y^2}{2\phi} - \dfrac{1}{2}\ln(2\pi\phi)$，代入式 (2.15) 得到

$$\boldsymbol{w}_{\text{MLE}} = \arg\max_{\boldsymbol{w}} \sum_{i=1}^{n} \frac{y^{(i)}\boldsymbol{w}^\top \boldsymbol{x}^{(i)} - (\boldsymbol{w}^\top \boldsymbol{x}^{(i)})^2/2}{\sigma^2} - \frac{(y^{(i)})^2}{2\sigma^2} - \frac{1}{2}\ln(2\pi\phi) \tag{2.16}$$

$$= \arg\max_{\boldsymbol{w}} \sum_{i=1}^{n} \frac{2y^{(i)}\boldsymbol{w}^\top \boldsymbol{x}^{(i)} - (\boldsymbol{w}^\top \boldsymbol{x}^{(i)})^2 - (y^{(i)})^2}{2\sigma^2} \tag{2.17}$$

$$= \arg\max_{\boldsymbol{w}} \sum_{i=1}^{n} 2y^{(i)}\boldsymbol{w}^\top \boldsymbol{x}^{(i)} - (\boldsymbol{w}^\top \boldsymbol{x}^{(i)})^2 - (y^{(i)})^2 \tag{2.18}$$

$$= \arg\max_{\boldsymbol{w}} -\sum_{i=1}^{n} ((y^{(i)}) - (\boldsymbol{w}^\top \boldsymbol{x}^{(i)}))^2 \tag{2.19}$$

$$= \arg\min_{\boldsymbol{w}} \sum_{i=1}^{n} (y^{(i)} - \boldsymbol{w}^\top \boldsymbol{x}^{(i)})^2 \tag{2.20}$$

$$= \boldsymbol{w}_{\text{LSE}} \tag{2.21}$$

我们再一次从广义线性模型的角度证明了，对于线性回归，在假设预测变量服从正态分布时，最大似然估计等价于最小二乘法。

2.3 最大似然估计 I：Fisher 信息

在本书最开始部分已经讲过，当选定某个评价函数作为选取“最优”的标准时，一定要搞清楚这个评价函数好在哪里。在本节中来解释为什么最大似然估计是“好”的评价函数。

首先引入一个新的概念 ——Fisher 信息 (Fisher Information)。设随机变量 $\boldsymbol{x}$ 连续，其概率密度函数为 $f(\boldsymbol{x};\theta)$，则对数似然函数为 $\ell(\theta) = \ln f(\boldsymbol{x};\theta)$，并记 $\ell'(\theta)$ 和 $\ell''(\theta)$ 分别为 $\ell(\theta)$ 对 θ 的一阶和二阶导数。Fisher 信息 $\mathcal{I}(\theta)$ 定义为

$$\mathcal{I}(\theta) = \mathbb{E}_{\boldsymbol{x}}(\ell'(\theta)^2) = \int_{\mathbb{X}} \ell'(\theta)^2 f(\boldsymbol{x};\theta)\mathrm{d}\boldsymbol{x} \tag{2.22}$$

下面来理解一下 Fisher 信息的意义。在任意一点 θ_0 处对数似然函数的一阶导数

$$\ell'(\theta_0) = (\ln f(\boldsymbol{x};\theta_0))' = \frac{f'(\boldsymbol{x};\theta_0)}{f(\boldsymbol{x};\theta_0)}$$

衡量的是概率密度函数在 θ_0 处关于参数 θ 的变化，即当在 θ_0 处给 θ 一个微小变化的时候概率密度函数 $f(\boldsymbol{x};\theta)$ 的变化量。这个变化量可正可负，对其进行平方运算后再取关于 $\boldsymbol{x}$ 的期望便得到了 Fisher 信息。因此 Fisher 信息衡量的是概率密度函数关于参数 θ 在整个 $\mathbb{X}$ 上的平均值。如果 Fisher 信息很大，说明分布对参数 θ 很敏感，当 θ 变化的时候分布也会随之发生很大变化，所以不同的 θ 所确定的分布也会明显地不同。这就意味着能够根据观测数据比较准确地估计 θ。而如果 Fisher 信息比较小的时候，θ 的改变并不能够对分布产生太大的影响，则基于观测数据的参数估计效果就会比较差。

Fisher 信息同样可以通过对数似然函数的二阶导数计算得到

$$\mathbb{E}_{\boldsymbol{x}}(\ell''(\theta)) = \mathbb{E}_{\boldsymbol{x}}\left(\frac{f''(\boldsymbol{x};\theta)}{f(\boldsymbol{x};\theta)} - \frac{(f'(\boldsymbol{x};\theta))^2}{f^2(\boldsymbol{x};\theta_0)}\right) \tag{2.23}$$

$$= \int_{\mathbb{X}} \left(\frac{f''(\boldsymbol{x};\theta)}{f(\boldsymbol{x};\theta)} - \frac{(f'(\boldsymbol{x};\theta))^2}{f^2(\boldsymbol{x};\theta)}\right) f(\boldsymbol{x};\theta)\mathrm{d}\boldsymbol{x} \tag{2.24}$$

$$= \int_{\mathbb{X}} f''(\boldsymbol{x};\theta)\mathrm{d}\boldsymbol{x} - \mathbb{E}(\ell'(\theta)^2) \tag{2.25}$$

式 (2.25) 中的第一项

$$\int_{\mathbb{X}} f''(\boldsymbol{x};\theta)\mathrm{d}\boldsymbol{x} = \int_{\mathbb{X}} \frac{\partial^2}{\partial\theta^2} f(\boldsymbol{x};\theta)\mathrm{d}\boldsymbol{x} = \frac{\partial^2}{\partial\theta^2}\int_{\mathbb{X}} f(\boldsymbol{x};\theta)\mathrm{d}\boldsymbol{x} = \frac{\partial^2}{\partial\theta^2}1 = 0 \tag{2.26}$$

第二项

$$\mathbb{E}_{\boldsymbol{x}}(\ell'(\theta)^2) = \mathcal{I}(\theta) \tag{2.27}$$

于是对数似然函数关于 θ 的二阶导数在 $\mathbb{X}$ 上的期望

$$\mathbb{E}_{\boldsymbol{x}}(\ell''(\theta)) = -\mathcal{I}(\theta) \tag{2.28}$$

现在终于可以开始推导本节希望给出的关于最大似然估计的结论了。

设最大似然估计得到的参数为 θ_{MLE}，n 个样本数据的对数似然函数 $\ell_n(\theta) = \sum_{i=1}^{n} \ell^{(i)}(\theta)$，则 θ_{MLE} 为 $\ell_n(\theta)$ 的最大值点，于是有

$$\ell_n'(\theta_{\mathrm{MLE}}) = 0 \tag{2.29}$$

在 θ_{MLE} 处对 $\ell_n(\theta)$ 进行一阶泰勒展开近似

$$0 = \ell_n'(\theta_{\mathrm{MLE}}) \approx \ell_n'(\theta) + \ell_n''(\theta)(\theta_{\mathrm{MLE}} - \theta) \tag{2.30}$$

设参数 θ 未知的真实值为 θ_{True}，将 θ_{True} 代入式 (2.30) 替换 θ 后

$$\ell_n'(\theta_{\mathrm{MLE}}) \approx \ell_n'(\theta_{\mathrm{True}}) + \ell_n''(\theta_{\mathrm{True}})(\theta_{\mathrm{MLE}} - \theta) \tag{2.31}$$

简单的代数变换之后得到

$$(\theta_{\mathrm{MLE}}-\theta_{\mathrm{True}}) \approx \frac{\ell_n'(\theta_{\mathrm{True}})/n}{-\ell_n''(\theta_{\mathrm{True}})/n} \tag{2.32}$$

首先观察式 (2.32) 右边部分的分母 $-\ell_n''(\theta_{\mathrm{True}})/n$，因为 $\ell_n''(\theta_{\mathrm{True}})/n = \frac{1}{n}\ell''^{(i)}(\theta_{\mathrm{True}})$，即 $\ell''^{(i)}(\theta_{\mathrm{True}})$ 的均值，那么根据大数定理及式 (2.28)，有

$$\lim_{n\to\infty} -\ell_n''(\theta_{\mathrm{True}})/n = \mathcal{I}(\theta_{\mathrm{True}}) \tag{2.33}$$

观察式 (2.32) 右边部分的分子 $\ell_n'(\theta_{\mathrm{True}})/n$，根据中心极限定理有

$$\begin{aligned}\ell_n'(\theta_{\mathrm{True}})/n &= \left(\frac{1}{n}\sum_{i=1}^{n}\ell'^{(i)}(\theta_{\mathrm{True}})-0\right) & (2.34)\\ &= \left(\frac{1}{n}\sum_{i=1}^{n}\ell'^{(i)}(\theta_{\mathrm{True}})-\mathbb{E}_{\boldsymbol{x}}(\ell'^{(i)}(\theta_{\mathrm{True}}))\right) & (2.35)\\ &\xrightarrow{d} \mathcal{N}(0,\mathrm{Var}(\ell'^{(i)}(\theta_{\mathrm{True}}))/n) & (2.36)\end{aligned}$$

式 (2.36) 是因为 $\mathbb{E}_{\boldsymbol{x}}(\ell'^{(i)}(\theta)) = \frac{\partial}{\partial\theta}\int_{\mathbb{X}} f(\boldsymbol{x};\theta)\mathrm{d}\boldsymbol{x} = 0$。

而式 (2.36) 中正态分布的方差 $\mathrm{Var}(\ell'^{(i)}(\theta_{\mathrm{True}}))$

$$\mathrm{Var}(\ell'^{(i)}(\theta_{\mathrm{True}})) = \mathbb{E}_{\boldsymbol{x}}(\ell'^{(i)}(\theta_{\mathrm{True}}))^2-(\mathbb{E}_{\boldsymbol{x}}(\ell'^{(i)}(\theta_{\mathrm{True}})))^2 = \mathcal{I}(\theta_{\mathrm{True}}) \tag{2.37}$$

结合式 (2.32)、式 (2.33)、式 (2.36) 以及式 (2.37) 最终得到

$$\theta_{\mathrm{MLE}} \xrightarrow{d} \mathcal{N}\left(\theta_{\mathrm{True}}, \frac{1}{n\mathcal{I}(\theta_{\mathrm{True}})}\right) \tag{2.38}$$

式 (2.38) 说明，当数据样本足够多时，最大似然估计得到的参数服从以参数的真实值为均值的正态分布，且该正态分布的方差与 Fisher 信息以及样本数目成反比，即 Fisher 信息越大，样本数量越多，最大似然估计得到的结果越准确。

2.4 最大似然估计Ⅱ：KL 散度与 Bregman 散度

2.4.1 KL 散度

在第 1 章“线性回归与逻辑回归”中我们选择最大似然作为逻辑回归的评价函数时，从观测到样本数据概率的角度定义了参数的似然函数 (式 (1.37))，并把所谓的“似然度”解释为模型选择该参数的可能性。相对于最小二乘法，这样的解释并不是很直观。对于

有监督学习这样的预测问题，往往追求的是预测值和真实值之间的距离最小。最小二乘法追求的是所有样本上预测误差平方和最小，即预测值和观测值的欧氏距离最小。本节会看到，最大似然估计追求的也是距离最小，只不过这个距离并非欧氏距离，而是 KL 散度 (很多时候也称为 KL 距离，下面会看到 KL 散度不满足三角不等式，因此更加严格的名称是散度，而不是距离)。

KL 散度 (Kullback-Leibler Divergence) 是一种衡量两个概率分布之间相似性 (距离) 的度量，其定义为

$$D_{\mathrm{KL}}(p\|q)=\int_{\boldsymbol{x}} p(\boldsymbol{x})\ln\frac{p(\boldsymbol{x})}{q(\boldsymbol{x})}\mathrm{d}\boldsymbol{x} \tag{2.39}$$

KL 散度有以下两个重要的性质。

(1) 根据 Gibbs 不等式可知 $D_{\mathrm{KL}}(p\|q)\geqslant 0$，当且仅当 $p(\boldsymbol{x})=q(\boldsymbol{x})$ 时等号成立。

(2) KL 散度不满足对称性，即 $D_{\mathrm{KL}}(p\|q)\neq D_{\mathrm{KL}}(q\|p)$。

设样本数据集的真实分布为 $p(\boldsymbol{x})$，经验分布为 $\tilde{p}(\boldsymbol{x})$，所谓经验分布，是以样本出现的频率作为其概率的分布，它在 n 个样本数据中的每一个样本上都分配 $\frac{1}{n}$ 的概率

$$\tilde{p}(\boldsymbol{x})=\frac{1}{n}\sum_{i=1}^{n}\delta(\boldsymbol{x}-\boldsymbol{x}^{(i)}) \tag{2.40}$$

设模型拟合的分布为 $p(\boldsymbol{x};\theta)$，则经验分布与模型分布之间的 KL 散度为

$$\begin{aligned}D_{\mathrm{KL}}(\tilde{p}(\boldsymbol{x})\|p(\boldsymbol{x};\theta)) &= \int_{\boldsymbol{x}}\tilde{p}(\boldsymbol{x})\ln\frac{\tilde{p}(\boldsymbol{x})}{p(\boldsymbol{x};\theta)}\mathrm{d}\boldsymbol{x} && (2.41)\\ &= -H(\mathrm{x})-\int_{\boldsymbol{x}}\tilde{p}(\boldsymbol{x})\ln p(\boldsymbol{x};\theta)\mathrm{d}\boldsymbol{x} && (2.42)\end{aligned}$$

其中 $H(\mathrm{x})=\int_{\boldsymbol{x}}\tilde{p}(\boldsymbol{x})\ln\tilde{p}(\boldsymbol{x})\mathrm{d}\boldsymbol{x}$ 表示 $\tilde{p}$ 的熵。设两个分布的 KL 散度在 θ_{KL} 处取到最小值，则

$$\begin{aligned}\theta_{\mathrm{KL}} &= \arg\min_{\theta} D_{\mathrm{KL}}(\tilde{p}(\boldsymbol{x})\|p(\boldsymbol{x};\theta)) && (2.43)\\ &= \arg\max_{\theta}\int_{\boldsymbol{x}}\tilde{p}(\boldsymbol{x})\ln p(\boldsymbol{x};\theta)\mathrm{d}\boldsymbol{x} && (2.44)\\ &= \arg\max_{\theta}\int_{\boldsymbol{x}}\frac{1}{n}\sum_{i=1}^{n}\delta(\boldsymbol{x}-\boldsymbol{x}^{(i)})\ln p(\boldsymbol{x};\theta)\mathrm{d}\boldsymbol{x} && (2.45)\\ &= \arg\max_{\theta}\sum_{i=1}^{n}\ln p(\boldsymbol{x}^{(i)};\theta) && (2.46)\\ &= \theta_{\mathrm{MLE}} && (2.47)\end{aligned}$$

表明最大似然估计等价于最小化 KL 散度。

欧氏距离和 KL 散度衡量的都是“距离”，二者之间是否存在联系？接下来更加深入地讨论一下“距离”。

2.4.2 Bregman 散度

大家已经看到，最小二乘法和最大似然估计优化的目标分别是欧氏距离和 KL 散度。事实上，二者都是 Bregman 散度的特例。

Bregman 散度的定义如下。

设函数 f 是一个定义在凸集 $\Omega \in \mathbf{R}^d$ 上的可导且严格凸的函数，F 定义域上的任意两点 $\boldsymbol{x}, \boldsymbol{y} \in \Omega$，则在 F 函数上的 Bregman 散度为

$$D_f(\boldsymbol{x} \| \boldsymbol{y}) = f(\boldsymbol{x}) - f(\boldsymbol{y}) - \nabla f(\boldsymbol{y})(\boldsymbol{x} - \boldsymbol{y}) \tag{2.48}$$

其中 $\nabla f(\boldsymbol{x})$ 为 f 函数的梯度。如何理解式 (2.48)？对函数 f 在 $\boldsymbol{y}$ 点进行泰勒展开

$$f(\boldsymbol{x}) = \frac{f(\boldsymbol{y})}{0!} + \frac{\nabla f(\boldsymbol{y})}{1!}(\boldsymbol{x} - \boldsymbol{y}) + R_n(\boldsymbol{x}) \tag{2.49}$$

$$R_n(\boldsymbol{x}) = f(\boldsymbol{x}) - f(\boldsymbol{y}) - \nabla f(\boldsymbol{y})(\boldsymbol{x} - \boldsymbol{y}) \tag{2.50}$$

由式 (2.50) 可以看出，Bregman 散度就是函数 $f(\boldsymbol{x})$ 在 $\boldsymbol{y}$ 点进行一阶泰勒展开的余项 $R_n(\boldsymbol{x})$，即函数 $f(\boldsymbol{x})$ 与其自身的线性近似 (一阶泰勒展开) 之间的“距离”(图 2.1)。

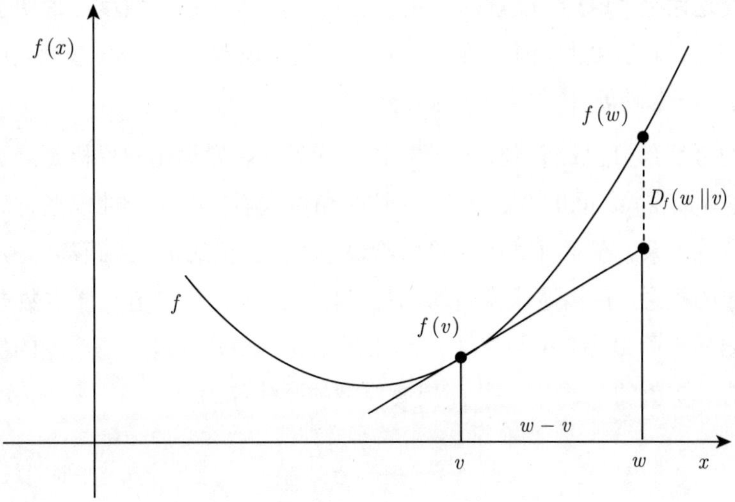

图 2.1 Bregman 散度

不同的函数具有不同的 Bregman 散度。例如，当 $f(x)=\|x\|^2$ 时，其对应的 Bregman 散度为 $D_f(\boldsymbol{x}\|\boldsymbol{y})=\|\boldsymbol{x}-\boldsymbol{y}\|^2$，即欧氏距离；而当 $f(p)=\sum_i p_i\ln p_i$，即熵的相反数时，其对应的 Bregman 散度为 $D_f(p\|q)=\sum_i p_i\ln\dfrac{p_i}{q_i}$，即 KL 散度。

2.5 小结

本章首先提出了广义线性模型的概念，统一了线性回归和逻辑回归。事实上几乎所有属于指数分布簇的分布都对应了一个广义线性模型。我们只需根据预测变量的形式 (连续、二值、整数等) 去假设其服从的分布，然后再由分布确定对应的广义线性模型的链接函数，最后取链接函数的反函数就得到了模型的表达式。紧接着对指数分布簇进行了简单的介绍。所有属于指数分布簇的分布都可以整理成式 (2.3) 的通式形式。有了通式之后就可以很快速地得到对应的广义线性模型的链接函数 (式 (2.13))。因为从广义线性模型的角度来看，预测变量服从某一个分布，因此广义线性模型天然适合使用最大似然估计求解。为了更加深刻地理解最大似然估计，接下来又对其进行了更加深入的探讨。在第一部分探讨中，通过引入 Fisher 信息，发现当数据样本足够多时，最大似然估计得到的参数服从以参数的真实值为均值的正态分布，且该正态分布的方差与 Fisher 信息以及样本数目成反比。在第二部分探讨中，通过引入衡量两个概率分布之间相似性 (距离) 的度量 ——KL 散度，我们发现最大似然估计等价于最小化 KL 散度。之后为了探寻欧氏距离和 KL 散度这两个“距离”度量的关系，又引入了 Bregman 散度并说明了欧氏距离和 KL 散度是 Bregman 散度的两个特例。泰勒展开分析表明 Bregman 散度是函数与其自身的线性近似 (一阶泰勒展开) 之间的“距离”。

在本章的最后部分已经看到，对于有监督学习，模型优化的目标是最小化预测值与真实值 (或样本数据) 之间的“距离”。从这个角度去看，广义线性模型背后所假设的分布似乎显得有些多余。在第 3 章“经验风险最小”中会正式定义“距离”，并在此基础上提出**损失函数**的概念，直接地让模型的优化目标为最小化预测值与样本数据的“距离”；在第 4 章“结构风险最小”中将进一步提出**正则化**的概念，以期望模型的优化目标为最小化预测值与真实值的“距离”，从而提高模型的泛化能力。

参 考 文 献

[1] Efron, Bradley and Trevor Hastie. Computer Age Statistical Inference: Algorithms, Evidence, and Data Science[M]. Cambridge: Cambridge University Press, 2016.

[2] McCullagh, P. and J.A. Nelder. Generalized Linear Models[M], Second Edition. Chapman & Hall, 1989.

[3] Kotz S, Balakrishnan N, Johnson N. Continuous Multivariate Distributions, Volume 1: Models and Applications[M]. Hoboken Wiley & Sons, 2004.

[4] Johnson N, Kotz S, Balakrishnan N. Continuous univariate distributions[M]. Hoboken Wiley & Sons, 1995.

[5] Klugman S, Panjer H, Willmot G. Loss Models: From Data to Decisions[M]. Hoboken Wiley & Sons, 2012.

[6] Collins M, Schapire R E, Singer Y. Logistic Regression, AdaBoost and Bregman Distances[C]// Computational Learing Theory. 2000: 158-169.

第 3 章 Chapter 3 经验风险最小

通过逻辑回归算法，推广泛化为广义线性模型，我们对机器学习中监督学习有了初步的掌握。其实，监督学习，尤其是其中一部分传统的分类问题，能够进一步泛化为一个统一的模型，称为基于分类界限 (Classification Margin) 的结构风险最小 (Structural Risk Minimization) 模型。而要深入解读结构风险最小，就需要理解机器学习中经典分类问题的统计学习基石，就是经验风险最小 (Empirical Risk Minimization)。本质上，结构风险最小模型就是经验风险最小和正则化 (Reguralization) 的组合。有了结构风险最小，我们就能进一步统一逻辑回归、广义线性模型之外分类算法，包括支持向量机、AdaBoost 算法等。

理解基于分类界限的经验风险最小，就要首先理解什么是风险，其次需要懂得为什么要经验风险最小，再次明白什么又是分类界限，最后通过经验风险最小来重新认知逻辑回归和广义线性模型。只有在认知了经验风险最小后，我们才能进一步理解为什么要结构风险最小和什么是正则化。

3.1 经验风险与泛化误差概述

大家已经很直观知道，分类的算法并不唯一，如有逻辑回归和支持向量机算法等。那么就有个很直观的问题，那就是哪个算法更好。在比较算法好坏的时候，有两种模式，一种脱离具体问题，绝对的比较算法。另外一种不脱离具体问题，相对的比较算法。我们在历史上学过一个道理，就是不能脱离历史环境来评价一个人物的好坏。其实，这里也有类似的结论，一个算法的环境或者上下文，就是针对特定的具体问题，即不能脱离具体问题来评价一个算法的好坏。有定理“没有免费的午餐” (No Free Lunch Theorem) 告诉我们，不依赖特定问题来评价算法无法衡量算法的好坏，或者换句话说，如果均匀概率对待所有可能问题，那么不同算法在所有可能问题域上的期望是相同的。这样的话，一个算法如果在部分问题上表现比另外一个算法好，那么这个算法肯定在有些问题上表现不如别的算法。所以，评价一个分类算法的好坏，离不开特定的具体问题，如图 3.1 所示。

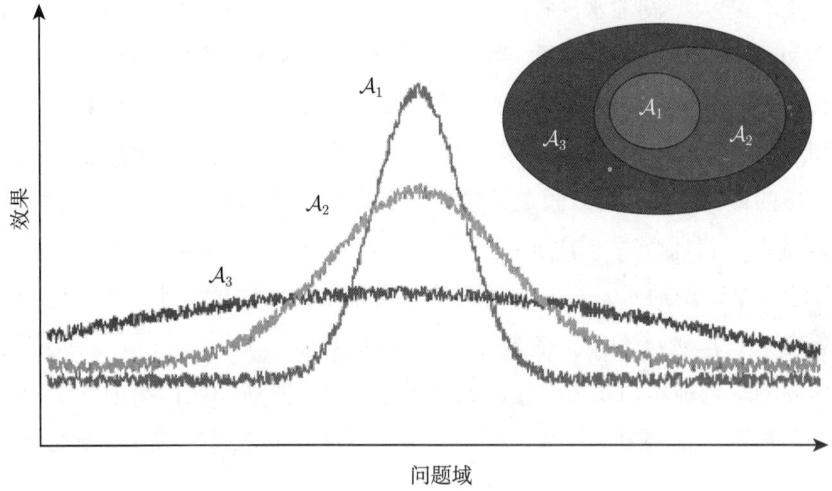

图 3.1　没有免费的午餐定理 (No Free Lunch Theorem) 表明评价一个分类算法的好坏依赖具体问题

如果限定了特定的具体问题，在评价分类算法的时候，还有个限制，就是能不能获得全部数据集合。通常情况下，整个数据集合是无限的，但是只能获得一个有限的样本集合。结合数据集合，又有了新的问题，那就是不同算法，在不同数据集合上评价是否一致。尤其是在一个有限的样本集合上的评价和一个无限的数据集合上的评价是否一致，如果不一致，偏差多少？其实，在不同数据集合上对同一个算法的评价不一定一致。这样，研究偏差多少，变得十分有意义。我们希望知道，一个算法比另外一个算法在有限的样本集合上要好，那么在无限的数据集合上也好可能性有多大。

评价分类算法好坏的上下文是特定的具体问题，并且已知一个有限的样本集合，对应的有一个无限的数据空间。但是，以上的讨论都在比较两个算法的好坏。如果要评价单个算法的好坏呢？这时需要定义一个标杆，对于特定的具体问题和特定数据集合下，表现最优的算法。有了这个标杆，其他算法都和最优算法进行对比。那么，又如何评价这个最优算法呢？就是和理想情况进行对比。由于真实数据世界存在噪声、异常、未知因素等情况，那么假定最优算法未必能达到理想情况是合理的。

举个简单的例子，假设有两个问题，$P_1:\mathbb{X}\to\mathbb{Y}$，根据水的颜色、气味和固体悬浮物 (集合 $\mathbb{X}$) 来判断水质是否合格 (集合 $\mathbb{Y}$) 和 $P_2:\mathbb{A}\to\mathbb{B}$，根据风力、温度和湿度 (集合 $\mathbb{A}$)

来判断明天是否有雨 (集合 $\mathbb{B}$)。我们有 3 个算法，即 f_1 逻辑回归、f_2 支持向量机和 f_3 AdaBoost。我们已经知道，当有无穷个问题 $\{P_1, P_2, \cdots, P_\infty\}$ 时，我们说 f_1 比 f_2 在这所有问题上效果要好是不合理的。那么，我们就考察对于 P_1 问题，哪个算法好。这时引入数据集合例子，$\mathbb{X}$ 为全国大型湖泊水的数据空间。因为受实际限制，只能获取到其中部分样本 $\mathbb{S} \in \mathbb{D}$, 例如江苏大型湖泊水的样本空间，其中 $\mathbb{D} = \{\mathbb{X}, \mathbb{Y}\}$ 是全部数据 (Data)，即全国大型湖泊水和对应水质的数据空间。当然，算法也可以是无穷多种类的 $\{f_1, f_2, \cdots, f_\infty\}$。这样，对于问题 P_1，我们直接能得到的是有限算法集合 $\mathcal{F} = \{f_1, f_2, f_3\}$ 在有限样本集合 $\mathbb{S}$ 上最佳算法 $\hat{f}_{\mathcal{F},S}$ (简写为 $\hat{f}_{\mathcal{F}}$)，这样我们就在 3 个算法里面找到合适江苏湖泊水判别水质是否合格的最佳算法。类似假定无限数据空间 $\mathbb{D}$ 上的最佳算法 $f^*_{\mathcal{F},\mathbb{D}}$(简写为 $f^*_{\mathcal{F}}$)，这是在 3 个算法里面找到合适全国湖泊水判别水质是否合格的最佳算法，那么可以明确的是，这个算法在全国湖泊水水质判别的效果上肯定要比前面的效果好。再进一步扩展到无限算法集合 $\{f_1, f_2, \cdots, f_\infty\}$ 上的最佳算法 $f^*_{\mathbb{D}}$(简写为 f^*)，这样在所有算法里面，找到的适合全国湖泊水判别水质是否合格的最佳算法，这个算法在全国湖泊水水质判别的效果上肯定比前面两种都要好。那么，这 3 个最佳算法之间效果的关系，就是要研究的泛化误差的目标。

3.1.1 经验风险

有了上文对问题、数据和算法的关系的分析，我们要进一步理解经验风险的含义。在理解经验风险前需要理解什么是风险 (Risk)。风险是损失函数 (Loss Function) 在数据集上的期望。但是，我们得不到整个数据集，那么损失函数在有限样本集上的均值，就是经验风险。那么，什么是损失函数呢？就是算法对一个样本的估计值和这个样本对应的真实值之间差异的评估函数。例如，我们有江苏 10 个湖泊的水样本，那么太湖作为其中一个样本，算法告诉我们水质合格，但是真实情况是太湖水质不合格。那么算法的估计值和真实值之间就有了差别。把给这种差别打分的函数，称为损失函数。例如，太湖水质估计的不正确打了 1 分，其余 9 个湖泊水质预测成功损失为 0 分。那么 10 个湖泊水质样本平均下来损失是 0.1 分，而这个 0.1 分就是经验风险。

3.1.2 泛化误差

前面提到的 3 种最佳算法 $\hat{f}_{\mathcal{F}}$、$f^*_{\mathcal{F}}$ 和 f^*，在样本数据集 $\mathbb{S}$ 上的损失函数 (Loss Function) 的平均称为各自的经验风险 (Empirical Risk)。而在全部数据集合 $\mathbb{D}$ 上的损失函数的期望，就称为各自的真实风险 (Ture Risk)。其中 f^* 在 $\mathbb{D}$ 上表现最优，那么真实风险最小，它的风险又被称为贝叶斯风险 (Bayes Risk)，贝叶斯风险是一个理论上算法可以达到的最小的风险。我们知道 $\hat{f}_{\mathcal{F}}$ 就是基于有限样本 $\mathbb{S}$ 根据经验风险最小从有限算法集合 $\mathcal{F}$ 中选出的最佳算法。那么我们很想知道它的真实风险，就是它在 $\mathbb{D}$ 上的表现。并且，也想知道真实风险和贝叶斯风险理论最佳值的差距，这就是我们想探讨的泛化误差。

对应到 $\hat{f}_{\mathcal{F}}$、$f^*_{\mathcal{F}}$ 和 f^* 的真实风险，可分为 3 层理解。

(1) 理论上，我们能预测多好？假设 f^* 的真实风险为 R^*。

(2) 如果限制在有限算法集 $\mathcal{F}$ 条件下，我们能预测多好？假设 $f^*_{\mathcal{F}}$ 的真实风险为 $R^{true}(f^*_{\mathcal{F}})$。

(3) 如果限制在有限算法集 $\mathcal{F}$ 和有限样本 $\mathbb{S}$ 两个条件下，我们能预测多好？假设 $\hat{f}_{\mathcal{F}}$ 的真实风险为 $R^{true}(\hat{f}_{\mathcal{F}})$。

既然是限制条件加强，那么大范围的最优肯定优于子范围的最优，R^* 风险肯定不会大于 $R^{true}(f^*_{\mathcal{F}})$，而 $R^{true}(f^*_{\mathcal{F}})$ 肯定不会大于 $R^{true}(\hat{f}_{\mathcal{F}})$。这样把加了有限算法集 $\mathcal{F}$ 限制后的 $R^{true}(f^*_{\mathcal{F}})-R^*$ 称为近似误差 (Approximation Error)。而将进一步加样本集合 $\mathbb{D}$ 的限制后的 $R^{true}(\hat{f}_{\mathcal{F}})-R^{true}(f^*_{\mathcal{F}})$ 称为估算误差 (Estimation Error)，如图 3.2 所示。而把两个限制加上后的误差 $R^{true}(\hat{f}_{\mathcal{F}})-R^*$ 称为泛化误差 (Generalization Error)。所以泛化误差是近似误差和估算误差之和。这样区分的好处在于，在考虑估算误差的时候，不要考虑算法 $f\in\mathcal{T}$ 的目标空间 $\mathcal{T}$，只考虑 $\mathcal{F}\subset\mathcal{T}$。而在考虑近似误差的时候，不要考虑如何采样得到样本空间 $\mathbb{S}$。

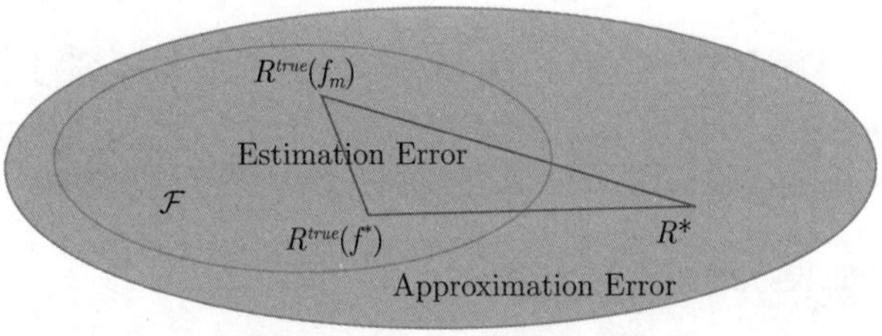

图 3.2 估算误差与近似误差

(1) 近似误差：我们知道新的算法会一直诞生，最优算法本身就是一个理论值，那么只能用算法集来近似。我们希望尽可能发现更有效的算法去逼近理论值，但是永远不会达到。

(2) 估算误差：我们知道要获得全部数据集代价太大，基于有限样本的计算，不管在时间还是计算资源上的代价都是很大的，因此我们来估算全部数据情况下的误差。

(3) 泛化误差：对算法和样本都有限制后的误差是真实风险的误差。泛化就是指从这样有限数据算法情况下到没有任何限制条件下推广会有误差。

要强调的是，上面讲解的是真实风险，真实风险全是在 $\mathbb{D}$ 上的评估。而这样的全数据集的评估代价过于巨大。相比较而言，经验风险是在 $\mathbb{S}$ 上的评估。那么，泛化误差考察的最优算法 $\hat{f}_{\mathcal{F}}$ 就存在 $\mathbb{D}$ 上的真实风险 (泛化误差) 和在样本集 $\mathbb{S}$ 上的经验风险之间的区别。

① 从有限样本来看 $\hat{f}_{\mathcal{F}}$ 的表现？$\hat{f}_{\mathcal{F}}$ 的经验风险标记为 $R^{emp}(\hat{f}_{\mathcal{F}})$。

② 从有限样本来看 $f^*_{\mathcal{F}}$ 的表现？$f^*_{\mathcal{F}}$ 的经验风险标记为 $R^{emp}(f^*_{\mathcal{F}})$。特别要注意的是，$R^{emp}(f^*_{\mathcal{F}}) \geqslant R^{emp}(\hat{f}_{\mathcal{F}})$，因为 $\hat{f}_{\mathcal{F}}$ 的定义就是 $\mathbb{S}$ 上经验风险最小的算法。

引入经验误差之后，再来看估算误差 $R^{true}(\hat{f}_{\mathcal{F}}) - R^{true}(f^*_{\mathcal{F}})$，我们也引入经验风险进行推理。

$$\begin{aligned} ||R^{true}(\hat{f}_{\mathcal{F}}) - R^{true}(f^*_{\mathcal{F}})|| &= ||R^{true}(\hat{f}_{\mathcal{F}}) - R^{emp}(\hat{f}_{\mathcal{F}}) + R^{emp}(\hat{f}_{\mathcal{F}}) - R^{true}(f^*_{\mathcal{F}})|| \quad (3.1) \\ &\leqslant ||R^{true}(\hat{f}_{\mathcal{F}}) - R^{emp}(\hat{f}_{\mathcal{F}})|| + ||R^{emp}(\hat{f}_{\mathcal{F}}) - R^{true}(f^*_{\mathcal{F}})|| \quad (3.2) \end{aligned}$$

如果 $R^{emp}(\hat{f}_{\mathcal{F}}) - R^{true}(f^*_{\mathcal{F}}) \geqslant 0$，根据 $R^{emp}(f^*_{\mathcal{F}}) \geqslant R^{emp}(\hat{f}_{\mathcal{F}})$，那么

$$0 \leqslant R^{emp}(\hat{f}_{\mathcal{F}}) - R^{true}(f^*_{\mathcal{F}}) \leqslant R^{emp}(f^*_{\mathcal{F}}) - R^{true}(f^*_{\mathcal{F}})$$

如果 $R^{emp}(\hat{f}_{\mathcal{F}}) - R^{true}(f^*_{\mathcal{F}}) \leqslant 0$，根据 $R^{true}(f^*_{\mathcal{F}}) \leqslant R^{true}(\hat{f}_{\mathcal{F}})$，那么

$$0 \leqslant R^{true}(f^*_{\mathcal{F}}) - R^{emp}(\hat{f}_{\mathcal{F}}) \leqslant R^{true}(\hat{f}_{\mathcal{F}}) - R^{emp}(\hat{f}_{\mathcal{F}})$$

根据上面的特征，提取 $R^{true}(f) - R^{emp}(f), f \in \mathcal{F}$ 作为研究对象，如果对于 $\forall f \in \mathcal{F}, ||R^{true}(f) - R^{emp}(f)|| \leqslant \Omega(\mathcal{F}, \mathbb{S}, \delta)$ 以概率 $1-\delta$ 成立。那么，就可以把估算误差设置一个上限了。

根据前面推理，如果 $R^{emp}(\hat{f}_{\mathcal{F}}) - R^{true}(f^*_{\mathcal{F}}) \geqslant 0$

$$\begin{aligned} ||R^{true}(\hat{f}_{\mathcal{F}}) - R^{true}(f^*_{\mathcal{F}})|| &\leqslant ||R^{true}(\hat{f}_{\mathcal{F}}) - R^{emp}(\hat{f}_{\mathcal{F}})|| + ||R^{emp}(f^*_{\mathcal{F}}) - R^{true}(f^*_{\mathcal{F}})|| \quad (3.3) \\ &\leqslant 2\Omega(\mathcal{F}, \mathbb{S}, \delta) \quad (3.4) \end{aligned}$$

如果 $R^{emp}(\hat{f}_{\mathcal{F}}) - R^{true}(f^*_{\mathcal{F}}) \leqslant 0$

$$\begin{aligned} ||R^{true}(\hat{f}_{\mathcal{F}}) - R^{true}(f^*_{\mathcal{F}})|| &\leqslant ||R^{true}(\hat{f}_{\mathcal{F}}) - R^{emp}(\hat{f}_{\mathcal{F}})|| + ||R^{true}(\hat{f}_{\mathcal{F}}) - R^{emp}(\hat{f}_{\mathcal{F}})|| \quad (3.5) \\ &\leqslant 2\Omega(\mathcal{F}, \mathbb{S}, \delta) \quad (3.6) \end{aligned}$$

所以，给估算误差找到一个上限 $||R^{true}(\hat{f}_{\mathcal{F}}) - R^{true}(f^*_{\mathcal{F}})|| \leqslant 2\Omega(\mathcal{F}, \mathbb{S}, \delta)||$，如图 3.3 所示。

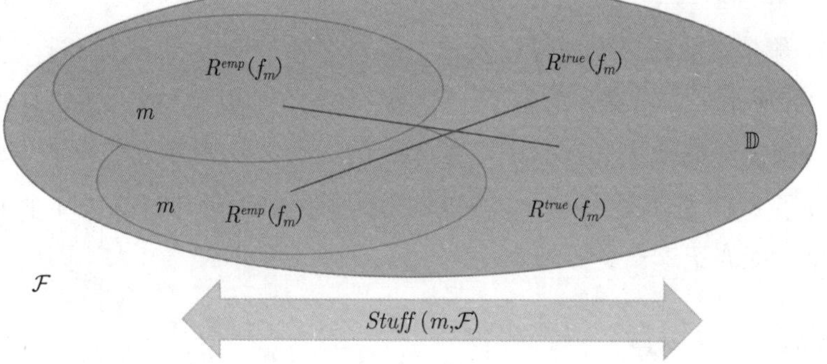

图 3.3 真实风险和经验风险之差的上限

这样把泛化误差分解成了估算误差和近似误差，并成功地给估算误差找了个上界

$$||R^{true}(\hat{f}_{\mathcal{F}}) - R^*|| \leqslant ||R^{true}(\hat{f}_{\mathcal{F}}) - R^{true}(f^*_{\mathcal{F}})|| + ||R^{true}(f^*_{\mathcal{F}}) - R^*|| \tag{3.7}$$

$$\leqslant 2\Omega(\mathcal{F}, \mathbb{S}, \delta) + ||R^{true}(f^*_{\mathcal{F}}) - R^*|| \tag{3.8}$$

很多时候算法的目标空间 $\mathcal{T}$ 是一个未知空间，所以近似误差的分析在近似理论 (Approximation Theory) 上更偏基础理论，离实际应用较远，所以近似误差常常被工程界忽视。但是估算误差对算法的能力有很好的上限描述，对具体算法集合的学习能力有个估算，所以往往得到更多的重视。那么这种算法能力的估算有什么用呢？我们会在后续欠拟合和过拟合中解释。

如果再回到湖水水质判别的问题，我们在江苏的湖水样本上，LR、SVM 和 AdaBoost 3 个分类算法中挑选了最优的算法，如 SVM，SVM 在全国湖水水质检测中的真实风险和采用所有可能算法在全国检测中的真实风险 (Bayes 风险) 的差异为泛化误差。如果采用 0-1 损失，那么真实风险就是错误率 (Error Rate)，也就是 1 减去准确率。如果假定贝叶斯风险对应的错误率为 0，而 SVM 对应的错误率为 0.25，那么泛化误差就是 0.25。但问题是，我们很可能不知道具体贝叶斯风险，因为不知道最好的算法，只有这 3 个算法，我们拿这 3 个算法在全国湖水水质上找到的最好算法，如 AdaBoost，那么 AdaBoost 对应也有错误率，如 0.2。那么这个 0.2 和 Bayes 风险之间的差别就是近似误差，因为我们不知道最好的算法是什么，就先不关心这个近似误差。而 AdaBoost 的 0.2 和 SVM 的 0.25 之间的 0.05 的差别就是估算误差。再进一步考虑可行性，其实这个 0.2 和 0.25 要拿全国的湖水测试，这个可能也拿不到，目前不是只拿到江苏的湖水吗，如 SVM，在江苏湖水的错误率只有 0.1，而 AdaBoost 在江苏湖水上的错误率要稍微差点 0.15，这就是经验风险了。虽然不知道 SVM 和 AdaBoost 的真实风险，但是能够推算 3 个算法中任意一个算法在江苏湖水上的错误率和全国湖水上的错误率之间是有个上限的，如 0.2 (如 SVM 的真实风险 0.25 和经验风险 0.1 之差为 0.15，而 AdaBoost 真实风险 0.2 和经验风险 0.15 之差为 0.05)。那么就能计算出估算误差的上限为 2 倍的 0.2，也就是 0.4。虽然不是很准确，但毕竟我们还是有了个具体的范围，这个范围有什么用呢？我们可以计算到 SVM 用到全国湖水检验上去的效果比在全国湖水上找的 3 个算法中最好的算法 (如 AdaBoost) 的效果最多差了 0.4。是不是很神奇？所以这里面最奥妙的是如何找到那个上限。我们会在后续 VC 维里面介绍这个奥妙。

3.1.3 欠拟合和过拟合

假设有了对算法在样本集和整个数据集上效果的范围 (全数据对应的真实风险和样本数据对应的经验风险之差)，我们是如何使用的呢？在这之前，先假设算法在样本集和整个数据集上效果的几种具体情况。

(1) 算法在样本集效果不好，在整个数据集效果好。这种情况不太可能存在，因为数据集包括了样本集。这也不符合实际情况，实际情况是第一步要找一个在样本集上效果好的算法。

(2) 算法在样本集效果不好，在整个数据集效果也不好。这也是我们最不希望看到的情况。

(3) 算法在样本集效果好，在整个数据集效果不好。这是我们想避免的情况。

(4) 算法在样本集效果好，在整个数据集效果也好。这是最理想的情况，那么在样本集选到对应算法，在整个数据集表现也是好的。

这样，主要考虑上面后三种情况，首先看第二种情况，如果算法在样本和数据集上的效果都不好，那么会觉得这个算法的能力不行，一般称为欠拟合 (Underfitting)，如图 3.4(a) 所示。第三种情况，如果算法在样本上效果好，但是数据集上效果不好，那么会觉得这个算法能力过强了，一般称为过拟合 (Overfitting)，如图 3.4(c) 所示。最好就是正常拟合，这就是第四种情况，如图 3.4(b) 所示。

在研究拟合问题时候，经常会用到模型的拟合能力，在思考拟合能力的时候，又经常使用多项式曲线的拟合能力作为例子。举个多项式拟合的例子，当直接拿直线拟合的时候，会遇到拟合的不好，用来预测背后的线的趋势也不好。当使用高阶多项式拟合，增加阶数，用 3 阶多项式曲线拟合的时候，会发现拟合得很好，趋势预测也很好。但是如果继续增加阶数到 6 阶多项式拟合的时候，会发现拟合得很好，但是趋势完全不对了。一般认为，多项式的阶越高，拟合能力越高。这个的数学上的解释就是著名的泰勒公式展开多项式。随着展开的阶数越高，那么越精确地逼近原函数，所以能力越高。但是也会发现，并非拟合能力越高，预测效果越好。这个如何解释呢？

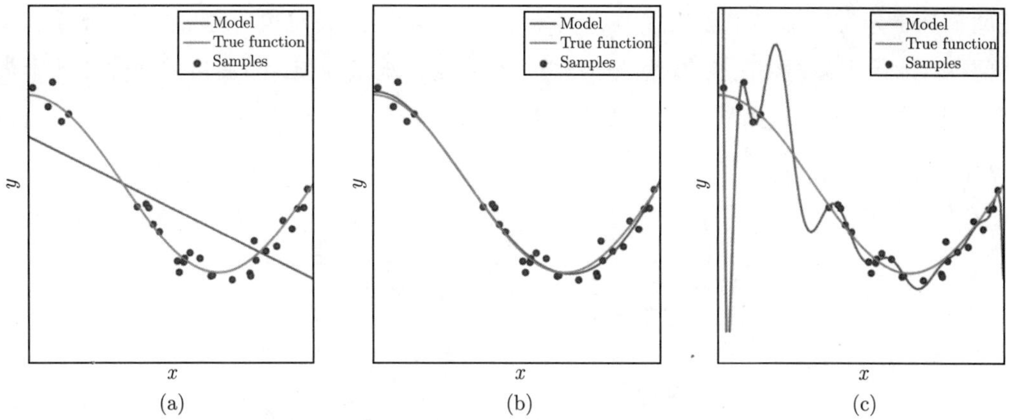

图 3.4 欠拟合 (a)、正常拟合 (b) 和过拟合 (c)

在思考泛化误差的框架下，以上定性分析了存在拟合和过拟合的问题。首先思考如何定性地评价这种现象呢？前面解释不同算法的不同能力的时候谈到 NFL 定理，这里又引入一个算法能力相关的解释，称为奥卡姆剃刀原理 (Principle of Occam’s Razor)。这个原理告诉我们在合理的解释模型里面，最简单的那个模型最佳。用这个原理来解释，3 阶和 6 阶多项式曲线都能较好地解释当前的数据分布了，但是 3 阶要比 6 阶形式上简单很多，所以 3 阶要优于 6 阶。从奥卡姆剃刀原理来说，在选择算法模型的时候，就有以下两种思考。

(1) 增加算法模型复杂度：从简单模型开始尝试，如果效果不好，就增加算法模型的复杂度，直到能够较好地解释当前数据，就停止增加模型的复杂度。

(2) 限制算法模型复杂度：从复杂模型开始尝试，如果效果很好，那么开始限制模型复杂度，直到依然能够较好地解释当前数据，就停止进一步限制模型的复杂度。

第二种思考比第一种思考具有一定优势，即在第一次尝试的时候，就能够明确知道是否将会找到合适的模型。第二种思考，如果这个模型能够解释当前数据，那么接下来只要限制模型就可以找到合适模型。但是第一种思考，却不能有这个直接的判断。所以第二种思考发展出来正则化的方法，作为一种很好地限制模型能力的策略。

有人说奥卡姆剃刀原理和正则化策略的定性思考是挺好的，但是前面的拟合，看上去更像是回归而不是分类问题。如果把这种多项式拟合和分类问题对接起来，当把上述对点的拟合和分类问题联系起来，就能用同样的思考来分析分类问题了 (图 3.5)。首先，多项式拟合看上去是一个回归问题。需要找到合适的线，经过所有的点。但是分类问题，却不是要经过所有的点。用一个两类问题来分析，只考虑两类的边界 (Margin)，假如能拟合出合适的线经过所有边界上的点，那么就能很好地把一个两类问题转换成拟合问题。

这就是基于分类边界的一般性思考。一旦我们能够解决两类问题，就可以合理地解决多类问题，即采用分而治之的思想，先分出一个类别，做二分类。然后再继续分出一个类别，继续做二分类，直到只有两个类别了为止。所以，基于分类边界的思考具有一般性的优点。

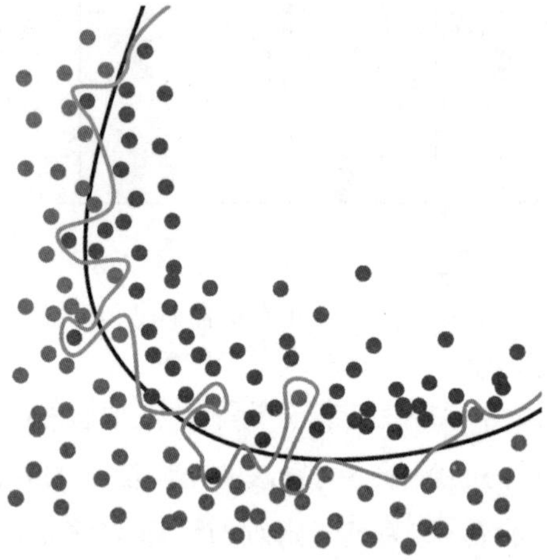

图 3.5 拟合和分类问题

在同一个模型框架下，定性思考的确很好，例如多项式模型，通过增加多项式的阶来增加模型复杂度。但是如何判断不同模型框架的复杂度呢？例如广义线性模型的逻辑回归和非线性的决策树的模型复杂度之间的比较。不同模型框架下，定性思考有一定的局限性，还需要引入定量思考。但是，如何定量思考呢？一种办法就是基于实际数据的分类结果比较，例如基于前面提到的江苏的湖水水质数据来比较逻辑回归和决策树分类。但如果把所有数据作为训练数据，那就无法比较算法的测试效果了，因为没有江苏以外的湖水水质数据了。这时需要数据分组了，一组用来训练，另一组用来测试。可以把江苏水质数据一分为二，一组作为训练集，另一组作为测试集。数据分组要注意尽量随机分，否则选出来的训练分组就没有代表性了。例如把江苏数据分为苏南数据和苏北数据两组，哪一组也不能代表江苏数据。数据分组为训练集和测试集还不够，例如举办个竞赛，测试集是用来看哪个模型最终的效果好。但除了训练集外，需要一个验证集来验证训练好的模型的有效性。这样之前的训练集又分为训练集和验证集。

(1) 训练集 (Train Set)：训练不同的算法模型。

(2) 验证集 (Validation Set)：验证不同模型，选择最合适的模型。

(3) 测试集 (Test Set)：在验证的模型上得到测试准确度。

根据竞赛测试结果，就可以用最好的团队的算法去全国进行湖水水质检验了，进而进入实际应用。所以，验证集是专门设计用来选择模型的。而这里面就包括验证过拟合的情况。如果一个算法在训练集上的效果好，那么该算法的拟合能力肯定更好。是不是过拟合了，再看验证集效果。但是，有时候大家觉得一个模型和另外一个模型的结果，怎么能够通过一次验证结果来确定呢？这时又提出了交叉验证 (Cross Validation) 的思想。

虽然交叉验证思想解决了如何定性考察算法能力。但是这种定性考察有个很大的局限性，就是受具体数据集的限制。如果想脱离具体数据集，如何定性考察模型的拟合能力呢？又回到分类边界的思想，假设模型能够找到一定的边界的，那么这个边界是否能够正确划分任意的数据分布，就要比较找到的分类边界对任意类别数据的划分能力进行考察了，具体就需要引入 VC 维 (Vapnik and Chervonekis Dimension)。

3.1.4 VC 维

VC 维是 Facebook 人工智能实验室 (Facebook AI Research) 的 Vapnik 提出来的。VC 维里面的 V 就是 Vapnik 的缩写。VC 维伟大的地方在于第一次脱离具体样本数据定量地描述算法模型的拟合能力。同时，VC 维也是机器学习里面计算学习理论中最难点的理论之一。这里仅仅分析 VC 维思想的意义，具体的推导和证明可以参考相关书籍①。

首先 VC 维理论的基石是 Valiant 提出的 PAC 学习。PAC 学习的工作使得 Valiant 获得了 2010 图灵奖。PAC 学习伟大的地方在于给出了一个误差可控的数学模型，在这个数学模型下，算法可以被描述成从已知经验中提取假设，然后根据假设对未知数据做出决策。那么一个误差可控的数学模型的优点在哪里呢？这个数学模型可以很好地按概率收敛的数学理论，尤其是各种概率不等式进行很好的衔接。这种衔接使得后续的推理成为可能，如 VC 维和类似的 Rademacher 复杂度理论都是建立在 PAC 学习的基石和各种概率不等式的基础上的。这些概率不等式包括马尔可夫 (Markov) 不等式、切比雪夫 (Chebyshev) 不等式、霍夫丁 (Hoeffding) 不等式、迈克蒂安米德 (Mcdiarmid) 不等式和均衡定理 (Symmetrization Lemma) 等。类似，在凸优化理论里面，凸函数定义、Lipschitz 连续性、光滑性定义是基础，在这个良好定义的基础上就可以应用后续的 Jensen 不等式、Lyapunov 函数等数学工具，推导出算法收敛。

PAC 学习的是一个概率不等式描述下的误差可控模型，它有以下三方面优点。

(1) 通过限制可控误差、比较概率高低来比较算法的好坏。要达到一个可接受误差，大于 50% 的概率才是一个有意义的算法。而通过高低，就可以划分出强学习器和弱学习器，为以 AdaBoost 算法为代表的 Boosting 思想的讨论打下基石。

① 周志华. 机器学习. 北京：清华大学出版社，2016.

(2) 结合算法计算复杂性 (Computational Complexity) 的思想，在限定多项式时间学习前提下，算法是否能够在可接受误差下达到一定概率，来讨论算法模型的可学习性 (Learnable)。

(3) 结合可打散 (Shattering) 的目标，把算法假设随着数据量的增长不再可打散的上限定义为算法复杂度的度量，从而诞生 VC 维。然后基于算法假设的结果状态空间随着样本量增加而增加定义的增长函数 (Growth Function) 来推理误差上限 (图 3.6)。

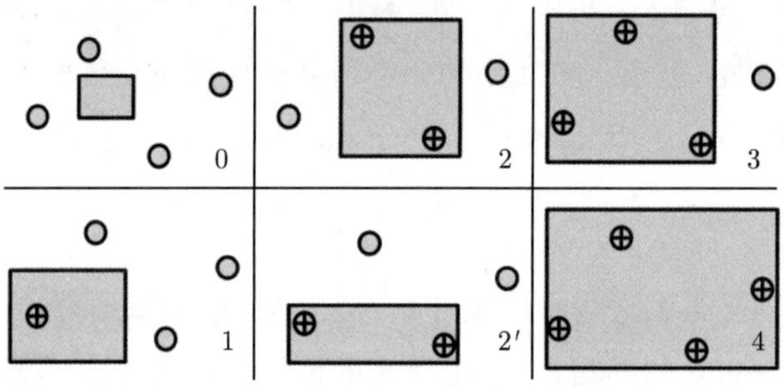

图 3.6 矩形框模型的打散数据量的讨论

对于增长函数，最重要的是它考察的对象是一个集合，当样本数量增加，样本的组合任意变化下会带来结果可能性的变化。大家知道，如果结果的集合对应的可能性越多表示算法的能力越强。但是，受到算法的限制，结果集合组合的可能性不会随着样本的可能性增加而线性地增加。而这种结果集合组合的可能性就是结果状态空间 (图 3.7)。

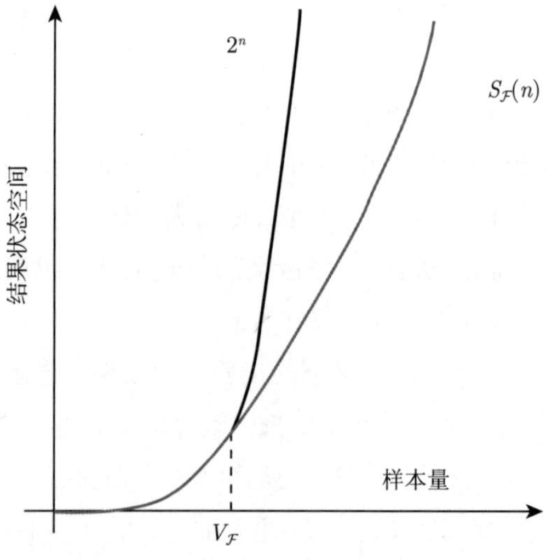

图 3.7 增长函数是用来度量算法的结果状态空间数量是如何随着样本量的增加而增加的

VC 维的考察就是完全看算法的结果集合的状态空间变化，通过增长函数的上限刻画为 VC 维的表达式。这个过程有以下两个步骤。

(1) VC 维的大小：随着样本数的增加，算法存在从可打散到不可打散的临界样本数，而这个样本数被定义为 VC 维。因为样本数量超过 VC 维时就存在不可被打散的情况，也就是说结果状态空间不再以 2^n 的指数增长 (假设二分类问题，n 个输入样本) (图 3.7)。样本数超过 VC 维之后的继续增长，结果状态数就会存在一个上限。

(2) 泛化误差的大小：误差就是结果和算法输出之间的差异，如果样本量局限于 VC 维，算法输出状态空间能覆盖结果状态空间。但如果存在超过 VC 维的样本，那么必然存在一些结果状态是当前算法难以刻画的情况。所以，把理论上的泛化误差和这种超过 VC 维后结果状态难以刻画的情况建立联系，给出泛化误差上限。基于 VC 维的泛化误差完全不考虑数据的分布情况，仅仅考察算法的能力带来的泛化误差上限。

如果考虑样本集的分布，并且把输出结果和随机结果的相关性上限的期望作为一个复杂度，那么就得到了 Rademacher 复杂度。通过类似的基于不等式的证明，还可以将泛化误差建立在这个 Rademacher 复杂度的基础上。因为考虑了数据分布的复杂度，所以 Rademacher 复杂度可以作为比增长函数更为紧致的一个上限。并且 Rademacher 复杂度和增长函数之间存在恒成立的不等关系，使得基于 Rademacher 复杂度很容易推理出基于 VC 维的泛化误差。所以，这个过程有以下 3 个步骤。

(1) Rademacher 复杂度：通过样本和分布的划分，可以分别计算经验 Rademacher 复杂度和 Rademacher 复杂度 (经验 Rademacher 复杂度在数据空间上的期望)。

(2) 基于 Rademacher 复杂度的泛化误差：误差上限，可以用 Rademacher 复杂度构建表示，根据 McDiarmid 不等式，Rademacher 复杂度可以利用经验 Rademacher 复杂度构建上限，这样误差函数就可以基于经验 Rademacher 复杂度来构建上限，而经验 Rademacher 复杂度可以基于分布计算的。所以直观上，就把分布的影响表达出来了。

(3) 基于 VC 维的泛化误差：利用 Rademacher 复杂度和增长函数的不等式关系，可以将基于 Rademacher 复杂度的泛化误差估算换算到基于 VC 维的泛化误差。

无论是基于 VC 维的还是基于 Rademacher 复杂度的泛化误差计算都是基于集合建模的。VC 维利用了集合的可扩散性，Rademacher 复杂度利用了算法输出集合和随机分类结果集合的相关性。但是，并非所有的泛化误差都是基于集合建模的。如果考虑在线学习 (Online Learning)，那么泛化误差的计算就不是基于集合的，而是要考虑数据的顺序关系。这时考察顺序的情况就是基于树 (Tree) 的分析。基于集合的可打散性，那么集合的度量是集合大小 VC 维。而基于树的分析就是树的高度，称为 Littlestone 维 (Littlestone’s Dimension)。如果不是从打散能力出发，依然从随机集合的相关性出发，这时要考虑顺序

Rademacher(Sequential Rademacher) 复杂度。

3.2 经验风险最小的算法

通过前面的学习了解了经验风险最小的意义。那么，如何通过经验风险最小来选择算法呢？如果把带参数的算法簇作为候选集，那么要求经验风险最小，就相当于寻找最优参数的算法。所以，最优参数可对应于最小经验风险。经验风险 (Empirical Risk, ER) 一般是由一组样本的损失函数 (Loss Function) 之和或者均值来定义的

$$ER(\boldsymbol{X},\boldsymbol{Y};\boldsymbol{\theta})=\frac{1}{n}\sum_{1}^{n}\mathrm{Loss}(\boldsymbol{x}_i,\boldsymbol{y}_i;\boldsymbol{\theta}) \tag{3.9}$$

这样根据风险最小，可以计算参数

$$\boldsymbol{\theta}^*=\arg\min_{\boldsymbol{\theta}}ER(\boldsymbol{X},\boldsymbol{Y};\boldsymbol{\theta}) \tag{3.10}$$

其中 $\boldsymbol{X}=(\boldsymbol{x}_1,\cdots,\boldsymbol{x}_n)^\top$, $\boldsymbol{Y}=(\boldsymbol{y}_1,\cdots,\boldsymbol{y}_n)^\top$ 是样本集合。而 $\boldsymbol{\theta}$ 是学习模型的参数。

通常，每个样本的损失函数可以由两种定义角度去定义。

(1) 误差函数 (Error Function, ERF)

$$\mathrm{Loss}(\boldsymbol{x}_i,\boldsymbol{y}_i;\boldsymbol{\theta})=ERF(f(\boldsymbol{x}_i;\boldsymbol{\theta}),\boldsymbol{y}_i) \tag{3.11}$$

$$=\begin{cases}(f(\boldsymbol{x}_i;\boldsymbol{\theta})-\boldsymbol{y}_i)^2 & \text{如果误差函数是平方误差}\\ |f(\boldsymbol{x}_i;\boldsymbol{\theta})-\boldsymbol{y}_i| & \text{如果误差函数是绝对值误差}\end{cases} \tag{3.12}$$

常见的 ERF 有平方误差 (Squared Error, SE) 和绝对值误差 (Absolute Error, AE)。这样对应的经验风险就可以是均方差 (MSE) 或均绝对值差 (MAE)。

(2) 负的 log 似然函数 (Negative Log Likelihood, NLL)

$$\mathrm{Loss}(\boldsymbol{x}_i,\boldsymbol{y}_i;\boldsymbol{\theta})=-\ell(\boldsymbol{\theta};\boldsymbol{x}_i,\boldsymbol{y}_i)=-\ln P(\boldsymbol{x}_i,\boldsymbol{y}_i;\boldsymbol{\theta}) \tag{3.13}$$

当然如果对于连续情况下，也可以直接利用概率密度函数来计算似然函数。

$$\mathrm{Loss}(\boldsymbol{x}_i,\boldsymbol{y}_i;\boldsymbol{\theta})=-\ell(\boldsymbol{\theta};\boldsymbol{x}_i,\boldsymbol{y}_i)=-\ln p(\boldsymbol{x}_i,\boldsymbol{y}_i;\boldsymbol{\theta}) \tag{3.14}$$

那么经验风险就可以看成是样本集合的 NLL。

$$ER(\boldsymbol{X},\boldsymbol{Y};\boldsymbol{\theta})=\frac{1}{n}\sum_{1}^{n}-\ell(\boldsymbol{\theta};\boldsymbol{x}_i,\boldsymbol{y}_i)=\frac{1}{n}\sum_{1}^{n}-\ln p(\boldsymbol{x}_i,\boldsymbol{y}_i;\boldsymbol{\theta}) \tag{3.15}$$

$$=-\frac{1}{n}\ln\prod_{1}^{n}p(\boldsymbol{x}_i,\boldsymbol{y}_i;\boldsymbol{\theta}) \tag{3.16}$$

$$=-\frac{1}{n}\ln p(\boldsymbol{X},\boldsymbol{Y};\boldsymbol{\theta}) \tag{3.17}$$

这两种方式内在是有一定的联系的。如果定义残差 (Residual) 为学习模型预测值与真实值之差

$$r(\boldsymbol{x}_i, \boldsymbol{y}_i; \boldsymbol{\theta}) = f(\boldsymbol{x}_i; \boldsymbol{\theta}) - \boldsymbol{y}_i \tag{3.18}$$

那么，最小平方误差等价于残差符合高斯分布 (正态分布) 下的最小 NLL。而最小绝对值误差等价于残差符合拉普拉斯分布下的最小 NNL，具体推理过程就省略了。

$$r(\boldsymbol{x}_i, \boldsymbol{y}_i; \boldsymbol{\theta}) \sim \mathcal{N}(0, \sigma^2) \Longrightarrow \tag{3.19}$$

$$\arg\min_{\boldsymbol{\theta}}(f(\boldsymbol{x}_i; \boldsymbol{\theta}) - \boldsymbol{y}_i)^2 \Leftrightarrow \arg\min_{\boldsymbol{\theta}} - \ln \frac{1}{\sigma\sqrt{2\pi}} \mathrm{e}^{-\frac{(f(\boldsymbol{x}_i;\boldsymbol{\theta})-\boldsymbol{y}_i)^2}{2\sigma^2}} \tag{3.20}$$

$$r(\boldsymbol{x}_i, \boldsymbol{y}_i; \boldsymbol{\theta}) \sim \mathcal{L}aplace(0, b) \Longrightarrow \tag{3.21}$$

$$\arg\min_{\boldsymbol{\theta}}|f(\boldsymbol{x}_i; \boldsymbol{\theta}) - \boldsymbol{y}_i| \Leftrightarrow \arg\min_{\boldsymbol{\theta}} - \ln \frac{1}{2b} \mathrm{e}^{-\frac{|f(\boldsymbol{x}_i;\boldsymbol{\theta})-\boldsymbol{y}_i|}{b}} \tag{3.22}$$

下面来比较一下损失函数是平方误差和绝对值误差这两种不同情况。

(1) 平方误差。

① 等价于残差符合高斯分布的 NLL。

② 残差较小 (< 1) 的数据分配的权重较小，而残差较大 (> 1) 数据分配权重较大，因此对残差较大项的有抑制效果 (图 3.8)。

③ 连续光滑，容易求梯度 (导数)。

(2) 绝对值误差。

① 等价于残差符合拉普拉斯分布的 NLL。

② 对残差较小 (< 1) 和较大 (> 1) 的数据分配权重平均，因此对不同的残差项同等看待 (图 3.8)。

③ 不光滑，不容易求梯度 (因此有人提出了光滑绝对值误差 (Smoothed Absolute Error)，是一个分段函数，称为 Huber 函数)。

上面简单描述了经验风险的两大类损失函数，即误差函数和负对数似然。并且解释了常见的两种误差，即平方误差和绝对值误差，两种误差都可以利用负对数似然来解释。不过，两种常见的损失函数一般都是用于回归分析。例如，对于最小二乘法的回归，就是设定线性的回归线，然后基于平方误差与经验风险最小，就可以求解到最小二乘法的值。如果用向量表示，假设线性回归线为 $f(\boldsymbol{X}; \boldsymbol{\beta}) = \boldsymbol{X}\boldsymbol{\beta}$，那么经验风险就是。

$$ER(\boldsymbol{X}, \boldsymbol{Y}; \boldsymbol{\beta}) = (f(\boldsymbol{X}; \boldsymbol{\beta}) - \boldsymbol{Y})^\top (f(\boldsymbol{X}; \boldsymbol{\beta}) - \boldsymbol{Y}) \tag{3.23}$$

$$= (\boldsymbol{X}\boldsymbol{\beta} - \boldsymbol{Y})^\top (\boldsymbol{X}\boldsymbol{\beta} - \boldsymbol{Y}) \tag{3.24}$$

$$= \boldsymbol{Y}^\top \boldsymbol{Y} - 2\boldsymbol{\beta}^\top \boldsymbol{X}^\top \boldsymbol{Y} + \boldsymbol{\beta}^\top \boldsymbol{X}^\top \boldsymbol{X}\boldsymbol{\beta} \tag{3.25}$$

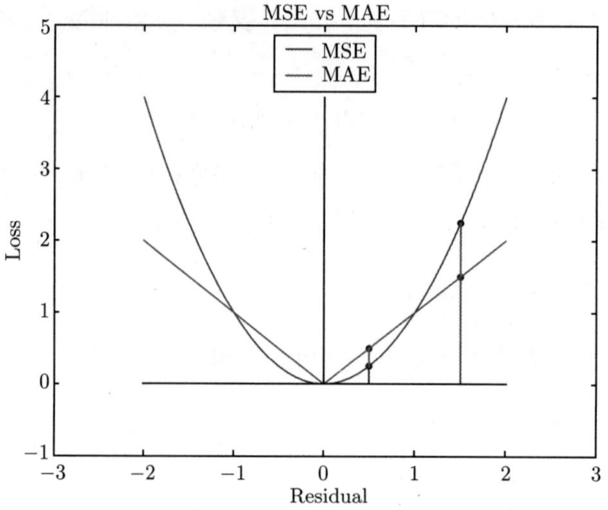

图 3.8　比较平方误差和绝对值误差

根据最小经验风险，对参数 $\boldsymbol{\beta}$ 求导

$$\frac{\partial ER(\boldsymbol{X},\boldsymbol{Y};\boldsymbol{\beta})}{\partial \boldsymbol{\beta}} = -2\boldsymbol{X}^\top \boldsymbol{Y} + 2\boldsymbol{X}^\top \boldsymbol{X}\boldsymbol{\beta} = 0 \tag{3.26}$$

那么，求解结果就是最小二乘法的矩阵表示

$$\boldsymbol{\beta}^* = \arg\min_{\boldsymbol{\beta}} ER(\boldsymbol{X},\boldsymbol{Y};\boldsymbol{\beta}) = (\boldsymbol{X}^\top \boldsymbol{X})^{-1}\boldsymbol{X}^\top \boldsymbol{Y} = \boldsymbol{A}^+\boldsymbol{Y} \tag{3.27}$$

3.3　分类边界

分类是一种特殊的回归，因此常用的损失函数不太一样，一般分类中都是基于基本的两类问题，那么结果 $\boldsymbol{y}_i \in \{0,1\}$，但是 0/1 的标签对称性不好，所以也常利用 $\boldsymbol{y}_i \in \{-1,1\}$。那么这两种分类标签会带来什么不同呢？我们基于逻辑回归分类算法来解读一下。

3.3.1　分类算法的损失函数

例如，逻辑回归分类算法，一般如何计算损失呢？假设一个两类问题 $y_i \in \{0,1\}$，最直接的方法就是数一下样本分错的数目，即 0-1 指示函数 (Indicator Function)。

$$Err = \sum_{1}^{n} \mathbb{I}(y_i \neq f(\boldsymbol{x}_i;\boldsymbol{\theta})) \tag{3.28}$$

在最初介绍逻辑回归中，对应的目标的 y_i 取值是 0 或 1，这样在把损失函数定义为负的对数似然 (NLL) 时形式可以很简洁。如果分类问题 y_i 取值换成是 −1 或 1 这样一个对

称的形式，其实更具有优势。这样定义之后，y_i 与 $f(\boldsymbol{x}_i|\boldsymbol{\theta})$ 同号即表示样本分类分对了，定义

$$\mathbb{I}(y_i = f(\boldsymbol{x}_i;\boldsymbol{\theta})) \Leftrightarrow y_i * f(\boldsymbol{x}_i;\boldsymbol{\theta}) = 1 \Leftrightarrow -y_i * f(\boldsymbol{x}_i;\boldsymbol{\theta}) = -1 \tag{3.29}$$

$$\mathbb{I}(y_i \neq f(\boldsymbol{x}_i;\boldsymbol{\theta})) \Leftrightarrow y_i * f(\boldsymbol{x}_i;\boldsymbol{\theta}) = -1 \Leftrightarrow -y_i * f(\boldsymbol{x}_i;\boldsymbol{\theta}) = 1 \tag{3.30}$$

这样损失函数便可以写成单位阶跃函数 (Heaviside Step Function) 的形式

$$\text{Loss} = \mathbb{H}(-y_i * f(\boldsymbol{x}_i;\boldsymbol{\theta})) \Longleftrightarrow \mathbb{H}(x) = \begin{cases} 0, & x < 0 \\ 1, & x \geqslant 0 \end{cases} \tag{3.31}$$

一般地，分类问题的损失函数通常表示为 $y_i * f(\boldsymbol{x}_i;\boldsymbol{\theta})$ 形式的函数。

$$\text{Loss}(f(\boldsymbol{x}_i;\boldsymbol{\theta}), y_i) = \phi(y_i f(\boldsymbol{x}_i;\boldsymbol{\theta})) \Longleftrightarrow \phi(x) = \begin{cases} 0, & x > 0 \\ 1, & x \leqslant 0 \end{cases} = \mathbb{I}(x \leqslant 0) \tag{3.32}$$

在前面章节中逻辑回归中的损失函数以负的对数似然来定义，如果把 y_i 的取值由 $\{0,1\}$ 变成了 $\{-1,1\}$，损失函数需要相应地发生变化 (依然以负的对数似然的方式来定义)。对于样本 $(\boldsymbol{x}_i, y_i)$，Logistic 函数同样可以理解为 $y_i = 1$ 时的概率

$$P(\boldsymbol{x}_i) = \frac{1}{1+\mathrm{e}^{-\boldsymbol{\theta}^\top \boldsymbol{x}_i}} \tag{3.33}$$

此时，逐步代入具体 Logistic 表达式，那么损失函数为

$$\text{Loss}(\boldsymbol{x}_i, y_i, \boldsymbol{\theta}) = \begin{cases} -\ln P(\boldsymbol{x}_i), & y_i = 1 \\ -\ln 1 - P(\boldsymbol{x}_i), & y_i = -1 \end{cases} \tag{3.34}$$

$$= \begin{cases} -\ln \dfrac{1}{1+\mathrm{e}^{-\boldsymbol{\theta}^\top \boldsymbol{x}_i}}, & y_i = 1 \\ -\ln 1 - \dfrac{1}{1+\mathrm{e}^{-\boldsymbol{\theta}^\top \boldsymbol{x}_i}}, & y_i = -1 \end{cases} \tag{3.35}$$

$$= \begin{cases} \ln 1 + \mathrm{e}^{-\boldsymbol{\theta}^\top \boldsymbol{x}_i}, & y_i = 1 \\ -\ln \dfrac{\mathrm{e}^{-\boldsymbol{\theta}^\top \boldsymbol{x}_i}}{1+\mathrm{e}^{-\boldsymbol{\theta}^\top \boldsymbol{x}_i}}, & y_i = -1 \end{cases} \tag{3.36}$$

$$= \begin{cases} \ln 1 + \mathrm{e}^{-\boldsymbol{\theta}^\top \boldsymbol{x}_i}, & y_i = 1 \\ \ln \dfrac{1+\mathrm{e}^{-\boldsymbol{\theta}^\top \boldsymbol{x}_i}}{\mathrm{e}^{-\boldsymbol{\theta}^\top \boldsymbol{x}_i}}, & y_i = -1 \end{cases} \tag{3.37}$$

$$= \begin{cases} \ln 1 + \mathrm{e}^{-\boldsymbol{\theta}^\top \boldsymbol{x}_i}, & y_i = 1 \\ \ln \mathrm{e}^{\boldsymbol{\theta}^\top \boldsymbol{x}_i} + 1, & y_i = -1 \end{cases} \tag{3.38}$$

$$= \begin{cases} \ln 1 + \mathrm{e}^{-\boldsymbol{\theta}^\top \boldsymbol{x}_i}, & y_i = 1 \\ \ln 1 + \mathrm{e}^{\boldsymbol{\theta}^\top \boldsymbol{x}_i}, & y_i = -1 \end{cases} \tag{3.39}$$

$$= \ln 1 + \mathrm{e}^{-y_i(\boldsymbol{\theta}^\top \boldsymbol{x}_i)} \tag{3.40}$$

则经验风险为

$$ER(\boldsymbol{X}, \boldsymbol{Y}; \boldsymbol{\theta}) = \frac{1}{n}\sum_{1}^{n} \ln 1 + \mathrm{e}^{-y_i(\boldsymbol{\theta}^\top \boldsymbol{x}_i)} \tag{3.41}$$

再来对比一下逻辑回归的两种损失函数形式，虽然都是对数似然函数 (NLL)。

第一种，Logistic 函数输出值可以解读成概率值 $P(\boldsymbol{x}_i;\boldsymbol{\theta}) = \dfrac{1}{1+\mathrm{e}^{-\boldsymbol{\theta}\boldsymbol{x}_i}}$，而目标标签又是 $\boldsymbol{y}_i \in \{0,1\}$。那么对于概率表示的似然度 (Likelihood) 有

$$L(\boldsymbol{\theta}; \boldsymbol{x}_i, \boldsymbol{y}_i) = \begin{cases} P(\boldsymbol{x}_i;\boldsymbol{\theta}), & \boldsymbol{y}_i = 1 \\ 1 - P(\boldsymbol{x}_i;\boldsymbol{\theta}), & \boldsymbol{y}_i = 0 \end{cases} \tag{3.42}$$

这时为了表示为统一的表达式，利用了 0/1 指数的良好性质有

$$L(\boldsymbol{\theta}; \boldsymbol{x}_i, \boldsymbol{y}_i) = P(\boldsymbol{x}_i;\boldsymbol{\theta})^{\boldsymbol{y}_i}(1 - P(\boldsymbol{x}_i;\boldsymbol{\theta}))^{1-\boldsymbol{y}_i} \tag{3.43}$$

第二种，目标是对称的 $\boldsymbol{y}_i \in \{-1,1\}$，那么

$$L(\boldsymbol{\theta}; \boldsymbol{x}_i, \boldsymbol{y}_i) = \begin{cases} P(\boldsymbol{x}_i;\boldsymbol{\theta}) = \dfrac{1}{1+\mathrm{e}^{-\boldsymbol{\theta}\boldsymbol{x}_i}}, & \boldsymbol{y}_i = 1 \\ 1 - P(\boldsymbol{x}_i;\boldsymbol{\theta}) = \dfrac{1}{1+\mathrm{e}^{\boldsymbol{\theta}\boldsymbol{x}_i}}, & \boldsymbol{y}_i = -1 \end{cases} \tag{3.44}$$

这时，利用 $-1/1$ 的良好对称性

$$L(\boldsymbol{\theta}; \boldsymbol{x}_i, \boldsymbol{y}_i) = \frac{1}{1+\mathrm{e}^{-\boldsymbol{y}_i\boldsymbol{\theta}\boldsymbol{x}_i}} \tag{3.45}$$

所以，大家要注意的是逻辑回归采用不同的目标数字化标签，对数的似然度是不一样的，那么对应的损失是负的对数似然度也不一样。如果采用 $\boldsymbol{y}_i \in \{0,1\}$，那么损失为

$$\mathrm{Loss}(\boldsymbol{x}_i, \boldsymbol{y}_i; \boldsymbol{\theta}) = -\ln\{P(\boldsymbol{x}_i;\boldsymbol{\theta})^{\boldsymbol{y}_i}(1 - P(\boldsymbol{x}_i;\boldsymbol{\theta}))^{1-\boldsymbol{y}_i}\} \tag{3.46}$$

$$= -\left[\boldsymbol{y}_i \ln\left\{\frac{1}{1+\mathrm{e}^{-\boldsymbol{\theta}\boldsymbol{x}_i}}\right\} + (1-\boldsymbol{y}_i)\ln\left\{1 - \frac{1}{1+\mathrm{e}^{-\boldsymbol{\theta}\boldsymbol{x}_i}}\right\}\right] \tag{3.47}$$

$$= \boldsymbol{y}_i \ln\{1+\mathrm{e}^{-\boldsymbol{\theta}\boldsymbol{x}_i}\} + (1-\boldsymbol{y}_i)\ln\{1+e^{\boldsymbol{\theta}\boldsymbol{x}_i}\} \tag{3.48}$$

但如果采用 $\boldsymbol{y}_i \in \{-1,1\}$，那么损失为

$$\mathrm{Loss}(\boldsymbol{x}_i, \boldsymbol{y}_i; \boldsymbol{\theta}) = -\ln\left\{\frac{1}{1+\mathrm{e}^{-\boldsymbol{y}_i\boldsymbol{\theta}\boldsymbol{x}_i}}\right\} \tag{3.49}$$

$$= \ln\{1 + \mathrm{e}^{-\boldsymbol{y}_i \boldsymbol{\theta} \boldsymbol{x}_i}\} \tag{3.50}$$

对应的表达式 $\boldsymbol{y}_i \in \{-1, 1\}$ 要明显简单。

3.3.2 分类算法的边界

如果把 $f(\boldsymbol{x}_i) = \boldsymbol{\theta}\boldsymbol{x}_i$ 看成样本空间上的一条直线。那么，$\boldsymbol{y}_i\boldsymbol{\theta}\boldsymbol{x}_i = \boldsymbol{y}_i f(\boldsymbol{x}_i)$ 被称为边界 (Margin)。事实上，$y_i f(\boldsymbol{x}_i)$(其中 $y_i \in \{-1, 1\}$) 这个定义来自支持向量机。对于一个二分类问题，在线性可分的情况下 (图 3.9)，分属于两个类别的数据 $(\boldsymbol{x}_i, y_i = 1)$ 和 $(\boldsymbol{x}_j, y_j = -1)$，有如下关系成立

$$\begin{cases} f(\boldsymbol{x}_i) = \boldsymbol{\theta}^\top \boldsymbol{x}_i + b \geqslant 1, & y_i = 1 \\ f(\boldsymbol{x}_j) = \boldsymbol{\theta}^\top \boldsymbol{x}_j + b \leqslant -1, & y_j = -1 \end{cases} \Leftrightarrow yf(\boldsymbol{x}) \geqslant 1 \tag{3.51}$$

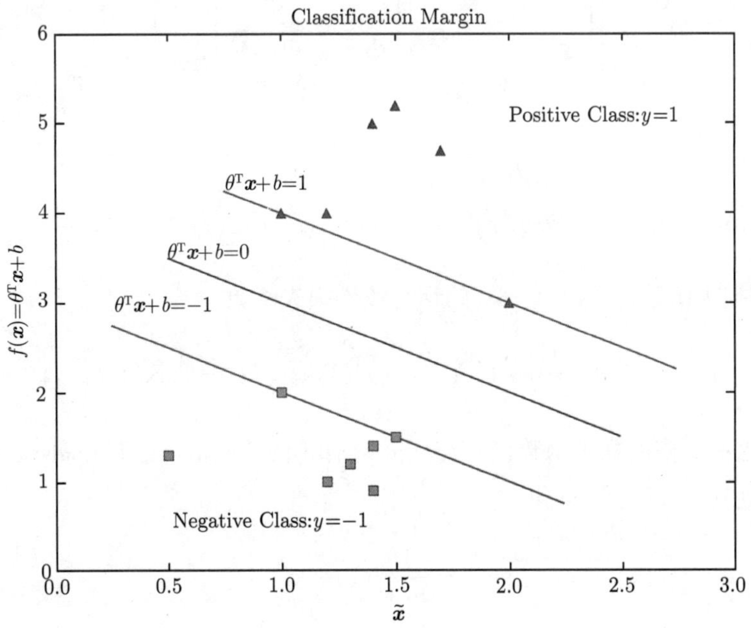

图 3.9 分类界限

这样就把分类边界 (Classification Margin) 定义如下

$$CM(\boldsymbol{x}, y; \boldsymbol{\theta}) = yf(\boldsymbol{x}; \boldsymbol{\theta}) \tag{3.52}$$

从图 3.9 可以看出，两条边界 (支持向量所在直线) 之间 $f(\boldsymbol{x})$ 值相差了 2。而 $2 = 2yf(\boldsymbol{x})$，所以有些教材也把分类界限定义成 $2yf(\boldsymbol{x})$。边界的含义也比较清楚，就是 $f(\boldsymbol{x}_i)$

是样本空间上的一个划分面，如果正确分类，根据目标标签 $\boldsymbol{y}_i \in \{-1, 1\}$ 的对称性，那么期望 $f(\boldsymbol{x}_i)$ 与 $\boldsymbol{y}_i$ 的符号相同。当错误分类时，$f(\boldsymbol{x}_i)$ 与 $\boldsymbol{y}_i$ 的符号相异。那么，$\boldsymbol{y}_i f(\boldsymbol{x}_i) < 0$ 就是错误分类的情况，需要计算损失。最简单的是 0-1 计数损失。

$$L(\boldsymbol{y}_i f(\boldsymbol{x}_i)) = \begin{cases} 0, & \boldsymbol{y}_i f(\boldsymbol{x}_i) > 0 \\ 1, & \boldsymbol{y}_i f(\boldsymbol{x}_i) < 0 \end{cases} \tag{3.53}$$

但是逻辑回归的计算表达式是 $\ln\{1 + \mathrm{e}^{-\boldsymbol{y}_i f(\boldsymbol{x}_i)}\}$。在 SVM 中，对应的损失称为链损失 (Hinge Loss)，对应的表达式为 $\max(0, 1 - \boldsymbol{y}_i f(\boldsymbol{x}_i))$ (参考图 3.10)。更进一步，有时边界对应的不是一条直线，而是组合线，如 AdaBoost 对应的损失函数是指数函数 $\mathrm{e}^{-\boldsymbol{y}_i H(\boldsymbol{x}_i)}$，其中 $H(\boldsymbol{x}_i) = \mathrm{sign}(a_1 h_1(\boldsymbol{x}) + a_2 h_2(\boldsymbol{x}) + a_3 h_3(\boldsymbol{x}))$。

损失函数 $H(\boldsymbol{x})$ 是一个线性组合 (参考图 3.10)。

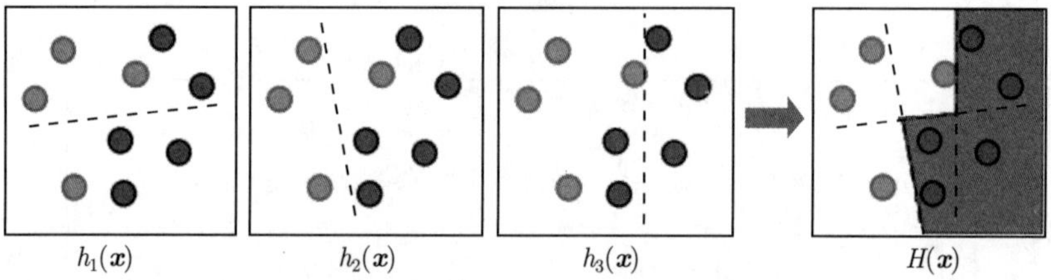

图 3.10　AdaBoost 对应的组合边界 $H(\boldsymbol{x}) = \mathrm{sign}(a_1 h_1(\boldsymbol{x}) + a_2 h_2(\boldsymbol{x}) + a_3 h_3(\boldsymbol{x}))$

SVM 的损失函数，以 CM 来写的话是铰链损失函数

$$\mathrm{Loss}(\boldsymbol{x}, y|\boldsymbol{\theta}) = \max(0, 1 - yf(\boldsymbol{x}|\boldsymbol{\theta})) \Leftrightarrow \phi(x) = \max(0, 1 - x) \tag{3.54}$$

为了让这些不同的损失函数在 $CM = 0$ 时有相同的取值，对于 Logistic Loss 通常做一个归一化处理

$$\phi(x) = \frac{1}{\ln 2} \ln\{1 + \mathrm{e}^{-x}\} \tag{3.55}$$

于是可以把 Logistic Loss 和 Hinge Loss 可以看成是 0-1 Loss 的一个上限 (参见图 3.11)，而 0-1 Loss 的另外一个常用的上限是指数损失 (Exponential Loss)

$$\mathbb{I}(x \leqslant 0) \leqslant \mathrm{e}^{-x} \Leftrightarrow \phi(x) = \mathrm{e}^{-x} \tag{3.56}$$

而这个对数损失对应的就是 AdaBoost 算法的损失函数 (参见图 3.12)。这个上限在 AdaBoost 误差收敛性证明中也会用到。

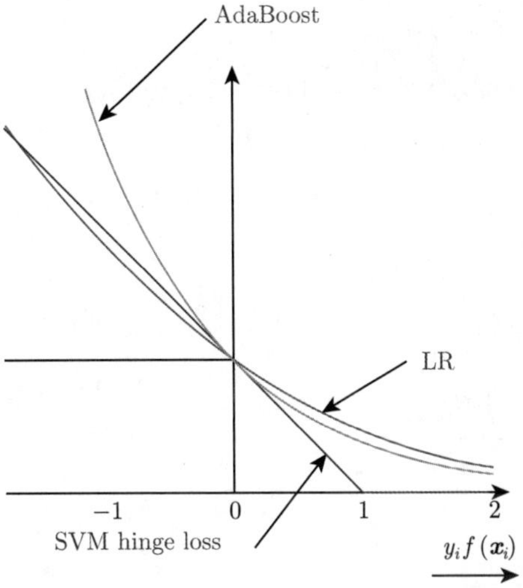

图 3.11 AdaBooost 的指数损失、0-1 计数损失、LR 的 log 损失和 SVM 的 hinge 损失

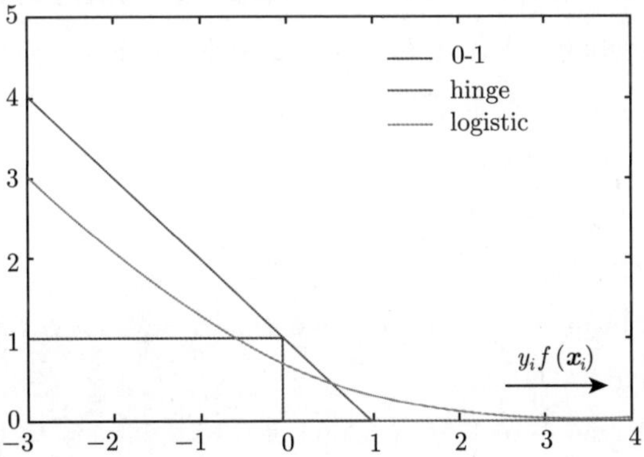

图 3.12 0-1 计数损失、LR 的 log 损失和 SVM 的 hinge 损失

损失函数对应的算法如表 3.1 所示。

表 3.1 损失函数

损失函数	函数形式	对应算法
0-1 损失 (Zero-One Loss)	$\mathbb{I}(x \leqslant 0)$	Linear Binary Classification
铰链损失 (Hinge Loss)	$\phi(x) = \max(0, 1 - x)$	SVM
逻辑损失 (Logistic Loss)	$\phi(x) = \dfrac{1}{\ln 2} \ln\{1 + \mathrm{e}^{-x}\}$	Logistic Regression
指数损失 (Exponential Loss)	$\phi(x) = \mathrm{e}^{-x}$	AdaBoost

表 3.1 总结了这四种损失函数对应的函数形式及对应的算法。基于经验风险最小和对应的损失函数，那么得到对应的逻辑回归，支持向量机和 AdaBoost 算法的表达式

如下。

$$\hat{\boldsymbol{w}}_{\mathrm{LR}} = \arg\min_{\boldsymbol{w}} \left\{ \frac{1}{n} \sum_{i=1}^{n} \ln\{1+\exp(-y_i(\boldsymbol{w}^\top \boldsymbol{x}_i + b))\} \right\} \tag{3.57}$$

$$\hat{\boldsymbol{w}}_{\mathrm{SVM}} = \arg\min_{\boldsymbol{w}} \left\{ \frac{1}{n} \sum_{i=1}^{n} \max\{0, 1-y_i(\boldsymbol{w}^\top \boldsymbol{x}_i + b))\} + \lambda \boldsymbol{w}^\top \boldsymbol{w} \right\} \tag{3.58}$$

$$\hat{\boldsymbol{w}}_{\mathrm{AdaBoost}} = \arg\min_{w_i, h_i} \left\{ \frac{1}{n} \sum_{i=1}^{n} \exp\{-y_i H(\boldsymbol{x}_i)\} \right\}, \quad H(\boldsymbol{x}_i) = \mathrm{sign} \sum_{t=1}^{T} w_t h_t(\boldsymbol{x}_i) \tag{3.59}$$

其中支持向量机部分的形式有点不一样，后面的二次项 $\boldsymbol{w}^\top \boldsymbol{w}$ 是正则化项，将在下一章深入解释。

3.4 小结

通过泛化误差理论引述了经验风险最小的意义，然后通过经验风险最小，描述了通用的损失函数的形式，并区分了回归和分类问题的损失函数。强调了在定义分类问题的损失函数时目标编码的意义。最后通过两类问题的编码，引出分类边界的思想和基于分类边界的常用算法及对应的损失函数。

参 考 文 献

[1] Barron, Andrew R. Approximation and Estimation Bounds for Artificial Neural Networks[J]. Machine Learning, 1994, 115-133.

[2] Kearns, Michael J. and Umesh V. Vazirani. An Introduction to Computational Learning Theory[M]. Cambridge: MIT Press.

[3] Manurangsi, Pasin and Aviad Rubinstein. Inapproximability of VC Dimension and Littlestone's Dimension[J]. CoRR abs/1705.09517. arXiv: 1705. 09517. url: http://arxiv.org/abs/1705.09517.2007.

[4] Rosasco, Lorenzo et al. Are Loss Functions All the Same?[J] Neural Comput. 2004, 1063-1076.

[5] Valiant, Leslie. Probably Approximately Correct: Nature's Algorithms for Learning and Prospering in a Complex World. Basic Books, 2013.

[6] Vapnik, V. N. and A. Ya. Chervonenkis. On the Uniform Convergence of Relative Frequencies of Events to Their Probabilities[J]. Theory of Probability & Its Applications, 1971.

[7] Wolpert, D. H. and W. G. Macready. No Free Lunch Theorems for Optimization[J]. Trans. Evol. Comp, 1997.

[8] 周志华. 机器学习 [M]. 北京：清华大学出版社，2016.

第 4 章 Chapter 4

结构风险最小

经验风险没有考虑模型学习能力和数据的匹配度。在讨论泛化误差时，若模型学习能力过强，则很容易造成过拟合。除了换一种学习能力弱的学习模型，另一种方法是添加正则化 (Regularization)。在经验风险最小的同时，兼顾平衡模型的学习能力与数据的匹配，避免出现过拟合的新目标，就是结构风险最小 (Structural Risk Minimization)。结构风险最小也是由 Vapnik 提出的，他基于 VC 维来分析了算法的学习能力，推理了泛化误差, 然后提出了结构风险最小的思想。

4.1 经验风险最小和过拟合

大家知道，经验风险就是对训练误差的一个估算，但是训练的学习模型最后要用来做预测，所以更加关注测试误差。一般把训练学习模型的过程称为拟合，拟合过程中，根据经验风险来训练模型，但最终目标是泛化误差最小。在具体问题中，经验风险对应训练误差，而泛化误差对应测试误差。通常在拟合完成之后会遇到下面两种情况。

(1) 训练误差大，且测试误差大，那么可能是欠拟合。

① 一般学习模型不够复杂。

② VC 定理就是用来度量学习模型的拟合能力的一种尺度。

(2) 训练误差小，但测试误差大，那么可能是发生了过拟合。

① 选用的学习模型过于复杂。

② 使用交叉验证来进行确认是否过拟合。

问题是选定了某个学习能力强的算法模型之后，如何防止过拟合的发生呢？我们必须限制算法模型的复杂度 (表 4.1)。如图 4.1 所示，随着所选择模型的复杂度 (s_i) 的增加，开始有助于降低经验风险，但是随着复杂度继续增加，对应的泛化误差并没有相应下降，反而可能增大。所以最佳模型是对经验风险和泛化误差的整体最佳。

表 4.1　防止过拟合

方法	依据
选择适合拟合能力的学习模型	学习模型的 VC 维
选择合适参数、结构	正则化
评估是否过拟合	交叉验证

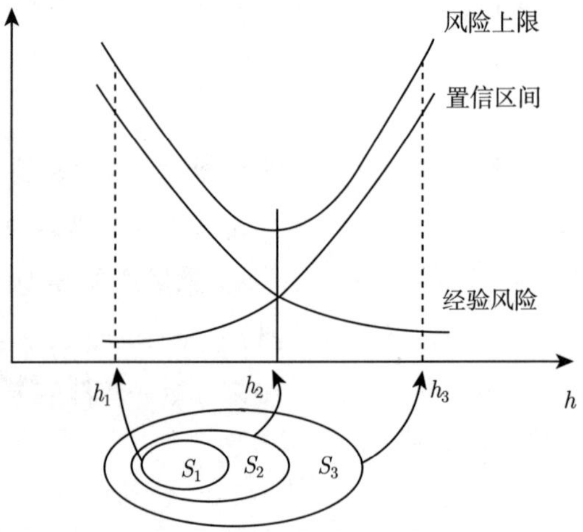

图 4.1　结构风险最小

当使用了强大的模型，只能通过限制模型复杂度来进行选择，这就是结构风险最小 (Structural Risk Minimization, SRM) 的目标，而这种模型复杂性的限制，一般描述为正则化，用来约束模型参数范围。下面进一步通过逻辑回归的过拟合来说明经验风险最小的不足。

先探讨一下逻辑回归的过拟合情况处理。逻辑回归很容易导致过拟合，尤其在样本数据比较稀疏或属性维度特别大的情况下。避免过拟合一般有以下三类方法。

(1) 增加样本数量和压缩特征属性数量：当特征属性很多且特种数目相对于训练样本较大时，训练数据变得极为稀疏，此时逻辑回归训练结果不稳定，且很容易陷入过拟合。可以考虑合理地增加样本数量，以及进行特征选择 (Feature Selection, FS) 和特征抽取 (Feature Extraction, FE)。

① 特征选择：常用过滤 (Filter) 方法、根据相关度 (Correlation)、互信息 (Mutual Information) 等；也可以利用包裹 (Wrapper) 方法，暴力筛选特征；还有内嵌 (Embeded)

方法，根据其他对数据稀疏或者高维特征属性空间不敏感的算法模型 (SVM、KNN 等) 进行特征选择。

② 特征提取：常用投影的方法、对于没有目标属性情况下的主成分分析 (Principle Component Analysis, PCA)、自组织神经网络 (Self-Organizing Mapping, SOM) 可用于无监督特征提取。在使用目标属性 (Supervised) 参考的情况下，线性判别分析 (Linear Discriminant Analysis, LDA) 或者投影寻踪 (Projection Pursuit, PP) 可用于监督特征提取。

(2) 提前退出训练 (Early Stopping)：在发现测试误差有增大趋势时，停止训练，但是这种方法并不能保证一定改善。

(3) 结构风险最小和正则化 (L_1 或者 L_2):

$$\boldsymbol{\theta}^* = \arg\min_{\boldsymbol{\theta}} SR(X, Y|\boldsymbol{\theta}) = \arg\min_{\boldsymbol{\theta}} \frac{1}{n}\sum_{1}^{n} \ln 1 + \mathrm{e}^{-y_i\boldsymbol{\theta}^\top \boldsymbol{x}_i} + \lambda\|\boldsymbol{\theta}\|_p^p \tag{4.1}$$

$$\boldsymbol{\theta}^* = \arg\min_{\boldsymbol{\theta}} \frac{1}{n}\sum_{1}^{n} \ln 1 + \mathrm{e}^{-y_i\boldsymbol{\theta}^\top \boldsymbol{x}_i} + \lambda\sum_{k=0}^{|\boldsymbol{\theta}|} |\theta_k|^p \tag{4.2}$$

如果样本和特征固定，则选择的算法模型、逻辑回归也固定，那么对于过拟合的处理只能依赖正则化。尤其上面的提前退出，说明在过拟合的风险情况下，继续追求经验风险最小的求解变得意义不大。接下来详细解释结构风险最小和正则化。

4.2 结构风险最小和正则化

在拟合的过程中有两个方面需要考虑：**经验风险最小和正则化**。把经验风险最小和正则化联合起来的训练方法就是结构风险最小。因此结构风险的定义为

$$SR(\boldsymbol{X}, \boldsymbol{Y}; \boldsymbol{\theta}) = ER(\boldsymbol{X}, \boldsymbol{Y}; \boldsymbol{\theta}) + \lambda \cdot \text{Reguralization}(\boldsymbol{\theta}) \tag{4.3}$$

而结构风险最小就是

$$\boldsymbol{\theta}^* = \arg\min_{\boldsymbol{\theta}} \ SR(\boldsymbol{X}, \boldsymbol{Y}; \boldsymbol{\theta}) = \arg\min_{\boldsymbol{\theta}}(ER(\boldsymbol{X}, \boldsymbol{Y}; \boldsymbol{\theta}) + \lambda \cdot \text{Reguralization}(\boldsymbol{\theta})) \tag{4.4}$$

其中 λ 是正则化系数。如果采用更为一般的描述，把不同参数的函数看成正则化对象，那么对于一个函数簇 $f \in \mathcal{F}$，有

$$f^* = \arg\min_{f\in\mathcal{F}} \ SR(\boldsymbol{X}, \boldsymbol{Y}; f) = \arg\min_{f\in\mathcal{F}}(ER(\boldsymbol{X}, \boldsymbol{Y}; f) + \lambda \cdot \text{Reguralization}(f)) \tag{4.5}$$

这样正则化就可以包含一些非参数 (Non-parametric) 模型，如决策树的剪枝 (Pruning) 等。

那么，如何确定正则化限制形式，以及如何确定正则化比例系数 λ 呢？下面从最常见的正则化项入手进行说明。最常见的正则化项是 L_p 正则化项，它是 L_p 空间的模 (Norm)，假设 $\boldsymbol{x}=(x_1,x_2,\cdots,x_n)$，那么

$$\|\boldsymbol{x}\|_p=(|x_1|^p+|x_2|^p+\cdots+|x_n|^p)^{\frac{1}{p}}. \tag{4.6}$$

在通常情况下，不是直接用 $L_p=\|\boldsymbol{\theta}\|_p$ 模，而是用 $L_p^p=\|\boldsymbol{\theta}\|_p^p$，即

$$\text{Reguralization}(\boldsymbol{\theta})=\|\boldsymbol{\theta}\|_p^p=\sum_{k=1}^{|\boldsymbol{\theta}|}|\theta_k|_p \tag{4.7}$$

图 4.2 给出不同 p 值的 L_p 模为 1 的图形。这个图形描述了对参数分布的限制区域。

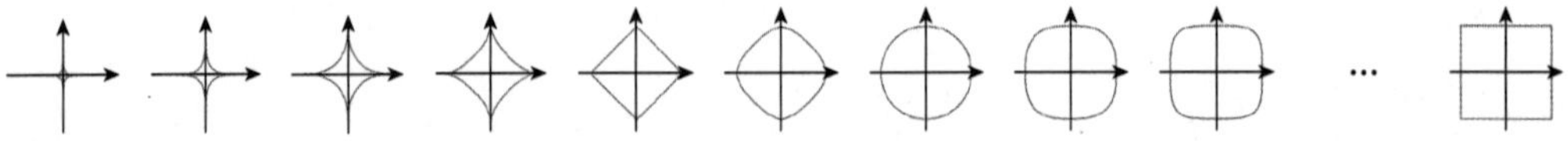

图 4.2 不同 p 取值的 L_p 模为 1 的图形

通过定义的结果风险最小的形式，给出了最常见的正则化项，再进一步解释如何使用正规化项之前，先深入介绍结构风险最小 (SRM)。

4.2.1 从空间角度理解 SRM

在经验风险最小理论基础上加入了正则化思想并最终提出了结构风险最小理论。下面将在此基础上进行数学推导，深入理解结构风险最小，特别是正则化项的意义。注意 ERM 中的损失函数有两种定义方式 —— 误差函数和负的对数似然。下面所出现的损失函数是以误差函数来定义的。

首先从拉格朗日乘子法出发来获取结构风险最小的形式

$$\begin{cases}\min f(x)\\ g(x)\leqslant 0\end{cases}\Leftrightarrow \min_x\max_\lambda \mathcal{L}(x,\lambda)=\min_x\max_\lambda f(x)+\lambda\cdot g(x) \tag{4.8}$$

根据 KKT 条件之一，$\lambda\cdot g(x)=0$，当 $\lambda\neq 0$ 时，有 $g(x)=0$。设

$$\lambda^*=\arg\max_\lambda \mathcal{L}(x,\lambda)\neq 0 \tag{4.9}$$

即可获取结构风险最小的近似形式，即

$$
\begin{cases} \min f(x) \\ g(x) \leqslant 0 \end{cases} \Leftrightarrow \min_{x} f(x) + \lambda^* g(x) \tag{4.10}
$$

如果把 x 替换成参数 $\boldsymbol{\theta}$，然后令其中的 $f(\boldsymbol{\theta})$ 和 $g(\boldsymbol{\theta})$ 分别为 $ERM(\boldsymbol{X}, \boldsymbol{Y}; \boldsymbol{\theta})$ 和 $R_{L_p}(\boldsymbol{\theta}) - C$，且 $\lambda^* \neq 0$，即

$$
\begin{cases} f(\boldsymbol{\theta}) = ERM(\boldsymbol{X}, \boldsymbol{Y}; \boldsymbol{\theta}) \\ g(\boldsymbol{\theta}) = R_{L_p}(\boldsymbol{\theta}) - C \end{cases} \tag{4.11}
$$

则有

$$
\arg\min_{\boldsymbol{\theta}} SRM(\boldsymbol{X}, \boldsymbol{Y}; \boldsymbol{\theta}) \Leftrightarrow \arg\min_{\boldsymbol{\theta}} \left(ERM(\boldsymbol{X}, \boldsymbol{Y}; \boldsymbol{\theta}) + \lambda^*(R_{L_p}(\boldsymbol{\theta}) - C)\right) \tag{4.12}
$$

$$
\Leftrightarrow \begin{cases} \min_{\boldsymbol{\theta}} ERM(\boldsymbol{X}, \boldsymbol{Y}; \boldsymbol{\theta}) \\ R_{L_p}(\boldsymbol{\theta}) \leqslant C \end{cases} \tag{4.13}
$$

由式 (4.13) 可知，正则化相当于存在某个常数 C，当 $g(\boldsymbol{\theta}) = R_{L_p}(\boldsymbol{\theta}) - C = 0$ 时，恰好 $\lambda^* \neq 0$ 且

$$
\lambda^* = \arg\max_{\lambda} \left(ERM(\boldsymbol{X}, \boldsymbol{Y}; \boldsymbol{\theta}) + \lambda(R_{L_p}(\boldsymbol{\theta}) - C)\right) \tag{4.14}
$$

直观来说，正则化项的数学意义就是限制了 $R_{L_p}(\boldsymbol{\theta}) = C$，而这个 C 是由正则化系数 λ^* 来决定的。因此 SRM 的意义就是，**在满足正则化项对参数 $\boldsymbol{\theta}$ 的限制条件时，求经验风险 $ERM(\boldsymbol{X}, \boldsymbol{Y}; \boldsymbol{\theta})$ 最小的模型 $f(\boldsymbol{\theta})$**。

如果用图形来描述，根据拉格朗日示意图 (图 4.3)，在 $g(x, y) = c$ 的限制条件下，求 $f(x, y)$ 的最值，拉格朗日乘数法就是找到以 $f(x, y) = d_n$ 定义的等高线上，找到与 $g(x, y) = c$ 相切的点。

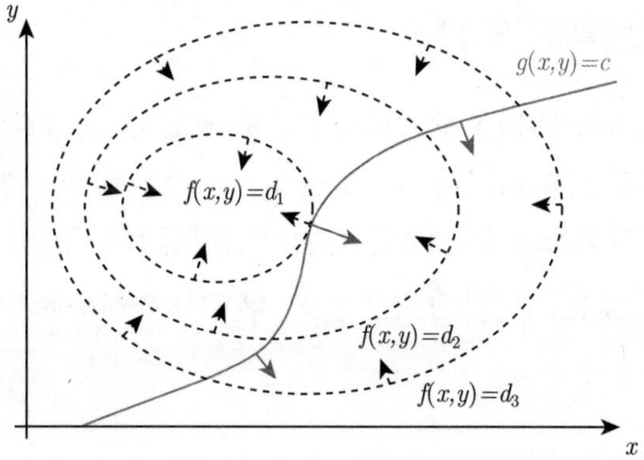

图 4.3 拉格朗日图示求最值，$f(x, y) = d_n$ 的等高线与 $g(x, y) = c$ 相切

类比到结构风险最小，就是在 $R_{L_p}(\boldsymbol{\theta}) = C$ 的线上求与 $ERM(\boldsymbol{X}, \boldsymbol{Y}; \boldsymbol{\theta}) = d_n$ 的等高线相切的点 (图 4.4)。只是这里的 C 是通过正则化系数 λ 间接进行确定的。

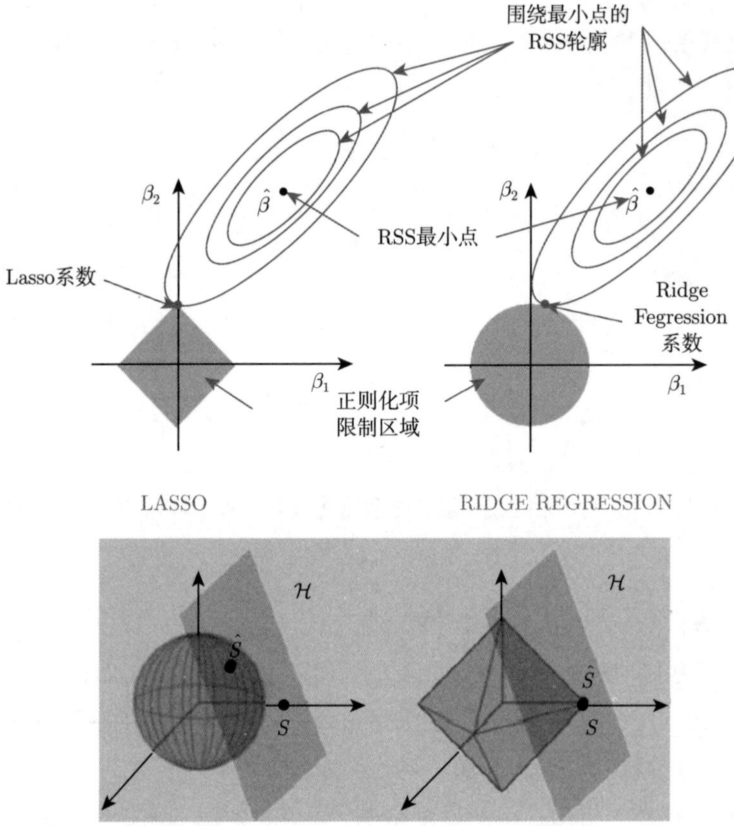

图 4.4 比较 L_1 和 L_2 正则化

4.2.2 从贝叶斯观点理解 SRM

前面把结构风险最小中的损失函数以误差函数来定义，并依据拉格朗日乘子法进行形式化解，从空间的角度对结构风险最小进行了一个直观理解。现在以负的对数似然来看待损失函数，再从贝叶斯概率分布的观点给出结构风险最小的另一个直观解释。

根据第 3 章对损失函数的两种方式的定义，我们知道损失函数同时可以定义为负的对数似然

$$SRM(\boldsymbol{X}, \boldsymbol{Y}; \boldsymbol{\theta}) = ERM(\boldsymbol{X}, \boldsymbol{Y}; \boldsymbol{\theta}) + \lambda R_{L_p}(\boldsymbol{\theta}) \tag{4.15}$$

$$= -\frac{1}{n} \ln p(\boldsymbol{X}, \boldsymbol{Y}; \boldsymbol{\theta}) + \lambda R_{L_p}(\boldsymbol{\theta}) \tag{4.16}$$

$$= -\frac{1}{n}\ln p(\boldsymbol{X}, \boldsymbol{Y}; \boldsymbol{\theta}) + \left(-\frac{1}{n}\ln \mathrm{e}^{-n\lambda R_{L_p}(\boldsymbol{\theta})}\right) \tag{4.17}$$

$$= -\frac{1}{n}\ln p(\boldsymbol{X}, \boldsymbol{Y}; \boldsymbol{\theta})\mathrm{e}^{-n\lambda R_{L_p}(\boldsymbol{\theta})} \tag{4.18}$$

其中 $0 \leqslant \mathrm{e}^{-n\lambda R_{L_p}(\boldsymbol{\theta})} \leqslant \mathrm{e}^0 = 1$，进行一个替换，令

$$\text{prior}(\boldsymbol{\theta}) = \mathrm{e}^{-n\lambda R_{L_p}(\boldsymbol{\theta})} \in [0, 1] \tag{4.19}$$

则 $\text{prior}(\boldsymbol{\theta})$ 看成是参数 $\boldsymbol{\theta}$ 的先验概率 (Prior Probability)，那么经验风险最小理解为极大似然估计

$$\arg\min_{\boldsymbol{\theta}} ERM(\boldsymbol{X}, \boldsymbol{Y}; \boldsymbol{\theta}) \Leftrightarrow \arg\max_{\boldsymbol{\theta}} p(\boldsymbol{X}, \boldsymbol{Y}; \boldsymbol{\theta}) \Leftrightarrow \boldsymbol{\theta}_{\mathrm{MLE}(\boldsymbol{X}, \boldsymbol{Y}; \boldsymbol{\theta})} \tag{4.20}$$

加上正则化转换后的先验概率，结构风险最小就理解为最大后验概率 (Maximum A Posteriori Probability, MAP)

$$\arg\min_{\boldsymbol{\theta}} SRM(\boldsymbol{X}, \boldsymbol{Y}; \boldsymbol{\theta}) \Leftrightarrow \arg\max_{\boldsymbol{\theta}} p(\boldsymbol{X}, \boldsymbol{Y}; \boldsymbol{\theta})\mathrm{e}^{-n\lambda R_{L_p}(\boldsymbol{\theta})} \tag{4.21}$$

$$= \arg\max_{\boldsymbol{\theta}} p(\boldsymbol{X}, \boldsymbol{Y}; \boldsymbol{\theta})\text{prior}(\boldsymbol{\theta}) \tag{4.22}$$

$$\Leftrightarrow \boldsymbol{\theta}_{\mathrm{MAP}(\boldsymbol{X}, \boldsymbol{Y}; \boldsymbol{\theta})} \tag{4.23}$$

所以从负的对数似然出发理解损失函数，再用贝叶斯观点来看待，正则化就是给模型的参数加了个先验分布的限制条件

$$\text{prior}(\boldsymbol{\theta}) = \left(\mathrm{e}^{-\lambda R_{L_p}(\boldsymbol{\theta})}\right)^n = \left(\mathrm{e}^{-\frac{R_{L_p}(\boldsymbol{\theta})}{\lambda^{-1}}}\right)^n \tag{4.24}$$

相当于每个样本对应一个 $\mathrm{e}^{-\lambda R_{L_p}(\boldsymbol{\theta})}$ 的先验概率。

这样分别从两种理解损失函数的角度出发，再分别通过拉格朗日乘子法和贝叶斯后验概率的转换角度，对结构风险最小中的正则化进行了解读。两种解读的结论类似：一个是从参数空间上对参数进行限制；另一个是从参数分布上对参数进行限制。

4.3 回归的正则化

主流回归模型包括线性回归、多项式回归 (Polynomial Regression)、岭回归 (Ridge Regression)、Lasso 回归 (Lasso Regression)、ElasticNet 回归 (ElasticNet Regression)、LARS (Least Angle Regression)。其他模型回归包括 RANSAC 回归 (RANdom SAmple Consensus Regression)、SVR(Support Vector Regression)、Boosting 回归树、随机森林回归等。其中

带正则化回归主要有 3 个，包括岭回归、Lasso 回归和 ElasticNet 回归。除此之外，其中 SVR 也可以理解成带正则化的回归。但是支持向量机、Boosting 和随机森林是分类算法，因此更多地用在分类问题中。

岭回归、Lasso 回归和 ElasticNet 回归分别对应 L_2 正则化、L_1 正则化，以及 L_1 和 L_2 加权的正则化。在有了结构风险最小的空间和贝叶斯两种解释的基础上，以下更深入地介绍两种最常用的正则化方法 ——L_1 正则化和 L_2 正则化。

4.3.1 L_2 正则化和岭回归

首先从空间的角度来分别讨论 L_2 正则化。同样地，在空间解释中 ERM 部分的损失函数为误差函数，即

$$R_{L_2}(\boldsymbol{\theta}) = \|\boldsymbol{\theta}\|_2^2 = \|\boldsymbol{\theta}\|^2 = \theta_1^2 + \theta_2^2 + \cdots + \theta_m^2 \tag{4.25}$$

假设是二维问题，在参数 $\boldsymbol{\beta} = (\beta_1, \beta_2)$ 的情况下，L_2 正则化相当于把参数 $\boldsymbol{\beta}$ 的取值范围限定在了以原点为圆心半径为 C 的圆中 (图 4.4)，即

$$R_{L_2}(\boldsymbol{\beta}) = \beta_1^2 + \beta_2^2 = C \Leftrightarrow \beta_1^2 + \beta_2^2 = C \geqslant 0 \tag{4.26}$$

假设 ERM 的损失函数是 MSE，那么 $\mathrm{ERM}(\boldsymbol{X}, \boldsymbol{Y}; \boldsymbol{\beta})$ 在线性回归 $\boldsymbol{Y} = \boldsymbol{\beta}^\top \boldsymbol{X}$ 前提下也是二次曲线。这种情况称为岭回归 (Ridge Regression)。

$$\mathrm{ERM}(\boldsymbol{X}, \boldsymbol{Y}, \boldsymbol{\beta}) = \frac{1}{n}\sum_{1}^{n}(\boldsymbol{\beta}^\top \cdot x_i - y_i)^2 \tag{4.27}$$

$$\mathrm{SRM}(\boldsymbol{X}, \boldsymbol{Y}, \boldsymbol{\beta}) = \frac{1}{n}\sum_{1}^{n}(\boldsymbol{\beta}^\top \cdot x_i - y_i)^2 + \|\boldsymbol{\beta}\|_2^2 \tag{4.28}$$

$$\hat{\boldsymbol{\beta}} = (\boldsymbol{X}^\top \boldsymbol{X} + \lambda I)^{-1}\boldsymbol{X}^\top \boldsymbol{Y} \tag{4.29}$$

岭回归有以下三方面优点。

(1) 根据结果公式，很明显的一个好处是有共线性 (Multicollinearity) 时，$\boldsymbol{X}^\top \boldsymbol{X}$ 虽然是半正定的但却是奇异的 (Singular)。而在加上 λI 之后，结果变得可以求逆了。

(2) 根据图 4.4，岭回归会把 $\boldsymbol{\beta}$ 限制在一定的范围内，使得对 $\boldsymbol{\beta}$ 的估计从最佳线性无偏估计 (Best Linear Unbiased Estimate，BLUE) 变成了最小方差估计 (Minimum Variance Unbiased Estimator，MVUE)。从 BLUE 到 MVUE 体现了参数估计中以牺牲偏差 (Bias) 来换取更小方差 (Variance) 的偏差方差权衡 (Bias Variance Tradeoff) 的思想。为什么更小的方差有好处呢？方差越小模型对数据较小的扰动更稳定。否则，若数据引入很小的突

变点 (Outlier)，则学习的模型会迅速退化，与原模型差异较大，这不是我们想要的结果。但是如果偏差较大，使得模型在较小的方差情况下难以覆盖未训练数据，则导致泛化误差变大，有点类似欠拟合。正则化系数 λ 越大，会导致方差越小，偏差越大。如何找到合适的 λ 达到偏差和方差平衡，目前还没有特别好的办法。

$$\begin{aligned}
\mathbb{E}\big[(y-\hat{f})^2\big] &= \mathbb{E}[y^2+\hat{f}^2-2y\hat{f}] \\
&= \mathbb{E}[y^2]+\mathbb{E}[\hat{f}^2]-\mathbb{E}[2y\hat{f}] \\
&= \mathrm{Var}[y]+\mathbb{E}[y]^2+\mathrm{Var}[\hat{f}]+\mathbb{E}[\hat{f}]^2-2f\mathbb{E}[\hat{f}] \\
&= \mathrm{Var}[y]+\mathrm{Var}[\hat{f}]+(f-\mathbb{E}[\hat{f}])^2 \\
&= \mathrm{Var}[y]+\mathrm{Var}[\hat{f}]+\mathbb{E}[f-\hat{f}]^2 \\
&= \sigma^2+\mathrm{Var}[\hat{f}]+\mathrm{Bias}[\hat{f}]^2
\end{aligned} \tag{4.30}$$

其中

$$\hat{f}=\boldsymbol{x}\cdot\boldsymbol{\beta}$$

(3) L_2 正则化还有一个好处就是正则项是二次的，因此连续且二次可导，和 MSE 同次同构，所以不会增加计算的复杂度。求解原问题可以使用的最优化方法 (可以是要求二次可导的牛顿法)，正则化后依然可以继续使用。

4.3.2 L_1 正则化和 Lasso 回归

接下来是 L_1 正则化

$$R_{L_1}(\boldsymbol{\theta})=\|\boldsymbol{\theta}\|_1=|\theta_1|+|\theta_2|+\cdots+|\theta_m| \tag{4.31}$$

当损失函数是 MSE，而正则化是 L_1 模时，这时称为 Lasso 回归 (Least Absolute Shrinkage and Selection Operator Regression，Lasso) 最小绝对值缩选算符。

同样假设是二维问题，在参数 $\boldsymbol{\beta}=(\beta_1,\beta_2)$ 的情况下，正则化曲线为第一象限直线，其他象限轴对称，合起来是一个正方形 (图 4.4)

$$R_{L_1}(\boldsymbol{\beta})=|\beta_1|+|\beta_2|=C \Leftrightarrow \begin{cases} \beta_1+\beta_2=C, & \beta_1>0\&\&\beta_2>0 \\ \text{轴对称图形}, & \text{除了第一象限} \end{cases} \tag{4.32}$$

Lasso 回归有以下 3 个特点。

(1) Lasso 最大的特征就是，由于 $R_{L_1}(\boldsymbol{\beta})=C$ 是方体，因此在各个轴上的点比较突出，于是 $ERM(\boldsymbol{X},\boldsymbol{Y};\boldsymbol{\beta})$ 很容易与顶点相切。于是使得这些轴上的 $\boldsymbol{\beta}$ 被优先选中。而这些轴上的点具有的特征在其他方向上是 0。对于立体的情况，两个轴上连线的顶点也由于突出容易被切到。这样使得存在一个优先级的被切到：从各个轴的顶点，较少的轴的连线，然后再到更多轴的连接面。在这样的优先性选择下使得大部分轴为 0。也就是说 m 个特征向量中尽可能多的维度变成了 0，因此在对稀疏性有要求的情况下特别适用。

(2) Lasso 的这种内在稀疏性，成为特征选择的主要方法之一。在监督学习的特种选择 (Feature Selection) 中，相对于过滤 (Filter)、包裹 (Wrapper)①，属于内嵌 (Embeded) 方法的正则化 (主要是 Lasso) 集中了 Filter 在计算性方面的优势，同时又有 Wrapper 在自动化方面的优势。

(3) 由于 Lasso 是绝对值函数，因此不能二次求导 (牛顿法和共轭梯度法 (Conjugate Gradient) 需要二次求导)，这样在最优化方法的选择上就有了限制，需要利用坐标下坡 (Corrdinate Descent) 或者近端梯度法 (Proximal Gradient) 进行求解。

从贝叶斯角度来看，$\boldsymbol{\theta}$ 的先验分布 $\mathrm{e}^{-\lambda R_{L_p}(\boldsymbol{\theta})}$ 在 L_2 和 L_1 的情况下分别对应了高斯分布和拉普拉斯分布。

$$\mathrm{e}^{-\lambda\|\boldsymbol{\theta}\|_2} \Leftrightarrow \boldsymbol{\theta} \sim N\left(0, \sqrt{\frac{1}{2\lambda}}\right) \tag{4.33}$$

$$\mathrm{e}^{-\lambda\|\boldsymbol{\theta}\|_1} \Leftrightarrow \boldsymbol{\theta} \sim \mathrm{Laplace}\left(0, \frac{1}{\lambda}\right) \tag{4.34}$$

从图 4.5 可以看到相比较高斯分布，拉普拉斯分布更加尖锐一些。

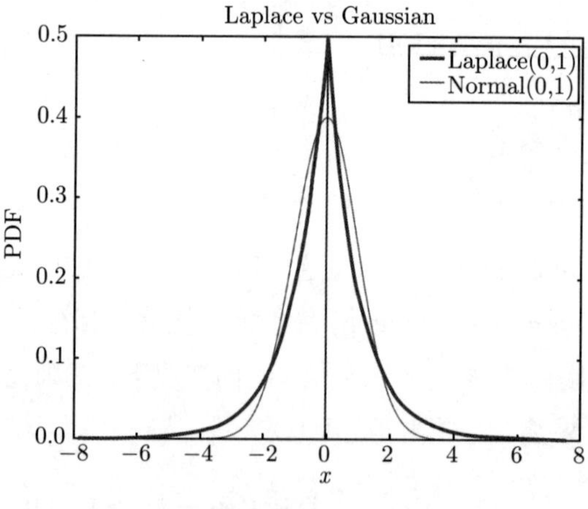

图 4.5　拉普拉斯分布与高斯分布

4.3.3　L_1、L_2 组合正则化和 ElasticNet 回归

既然 L_2 和 L_1 分别具有不同的优势，那么把两者结合起来是不是会更好呢？这就

① Wrapper 翻译成包裹，参见：周志华. 机器学习. 北京：清华大学出版社，2016.

是 ElasticNet 的想法。从图 4.6 来看，它既有比较突出的顶点在坐标轴上，又接近圆形限制。这样对共线性和稀疏化都有很大帮助。虽然 ElasticNet 的效果与 Lasso 非常相似，但是 Lasso 对共线性是比较敏感的，会随机选择其中一个特征并把其他特征的系数置 0。而 ElasticNet 则会在两者之间选择一个平衡的点进行加权。

$$\lambda R_{EN}(\boldsymbol{\theta}) = \alpha\lambda_1 R_{L_1}(\boldsymbol{\theta}) + (1-\alpha)\lambda_2 R_{L_2}(\boldsymbol{\theta}) \Leftrightarrow \tag{4.35}$$

$$R_{EN}(\boldsymbol{\theta}) = \alpha\frac{\lambda_1}{\lambda}\|\boldsymbol{\theta}\|_1 + (1-\alpha)\frac{\lambda_2}{\lambda}\|\boldsymbol{\theta}\|_2 \tag{4.36}$$

$$= \frac{\lambda_1}{\lambda}\left(\alpha\|\boldsymbol{\theta}\|_1 + (1-\alpha)\frac{\lambda_2}{\lambda_1}\|\boldsymbol{\theta}\|_2\right) \tag{4.37}$$

$$= \frac{\lambda_1}{\lambda}\left(\alpha\|\boldsymbol{\theta}\|_1 + (1-\alpha)\frac{\lambda_2}{\lambda_1}\|\boldsymbol{\theta}\|_2\right) \tag{4.38}$$

$$= \alpha\|\boldsymbol{\theta}\|_1 + (1-\alpha)\frac{1}{2}\|\boldsymbol{\theta}\|_2 \tag{4.39}$$

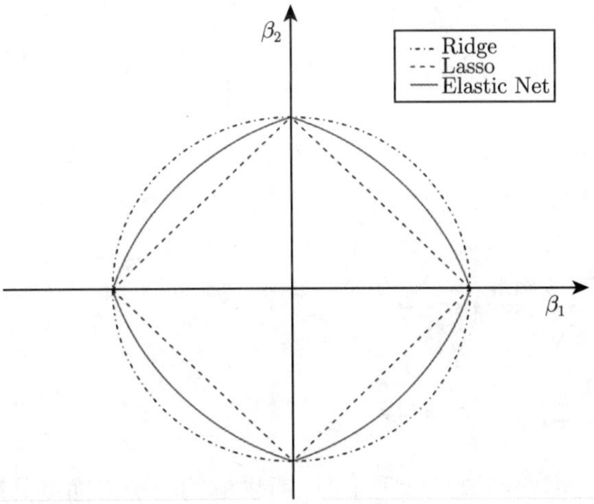

图 4.6 Elastic Net 回归的限制域处于 Ridge 和 Lasso 之间

当 $\alpha=1$ 时 $R_{EN}(\boldsymbol{\theta}) \sim R_{L_1}(\boldsymbol{\theta})$ 而当 $\alpha=0$ 时 $R_{EN}(\boldsymbol{\theta}) \sim \frac{1}{2}R_{L_2}(\boldsymbol{\theta})$，所以 α 又称为 L_1 比率。

但是，目前还有很明显的问题没有解决：λ 如何选择？ElasticNet 中的 L_1 比率 α 如何选择？

当没有好办法时，只能做 Try-and-Fail。这时需要利用交叉验证来通过测试误差判断正则化系数的好坏。而对一组 λ 和一组 α 进行交叉验证比较，然后选择最优的 λ 和 α 的技术称为网格搜索 (Grid Search)。它是暴力查找优化参数的办法。另外的办法就随机搜索 (Random Search)。

4.4 分类的正则化

主流的分类算法包括广义线性模型的逻辑回归、超面分割的支持向量机和线性判别分析 (Linear Discriminant Analysis)、决策树的 CART、集成学习的 AdaBoost 和随机森林、贝叶斯学习的 Naive Bayes，还有神经网络。其中主流的带正则化的分类包括支持向量机、Boosting 算法的 XGBoost，以及深度神经网络。在前面讲解的逻辑回归、支持向量机和 AdaBoost 对应的目标函数分别如下

$$\hat{\boldsymbol{w}}_{\mathrm{LR}} = \arg\min_{\boldsymbol{w}} \left\{ \frac{1}{n} \sum_{i=1}^{n} \ln\{1 + \exp(-y_i(\boldsymbol{w}^\top \boldsymbol{x}_i + b))\} \right\} \tag{4.40}$$

$$\hat{\boldsymbol{w}}_{\mathrm{SVM}} = \arg\min_{\boldsymbol{w}} \left\{ \frac{1}{n} \sum_{i=1}^{n} \max\{0, 1 - y_i(\boldsymbol{w}^\top \boldsymbol{x}_i + b))\} + \lambda \boldsymbol{w}^\top \boldsymbol{w} \right\} \tag{4.41}$$

$$\hat{\boldsymbol{w}}_{\mathrm{AdaBoost}} = \arg\min_{w_i, h_i} \left\{ \frac{1}{n} \sum_{i=1}^{n} \exp\{-y_i H(\boldsymbol{x}_i)\} \right\}, H(\boldsymbol{x}_i) = \mathrm{sign} \sum_{t=1}^{T} w_t h_t(\boldsymbol{x}_i) \tag{4.42}$$

其中，支持向量机的二次项 $\boldsymbol{w}^\top \boldsymbol{w}$，理解为正则化项。把逻辑回归也引入了 L_2 正则化，可以看到这两种方法的相似性

$$\hat{\boldsymbol{w}}_{\mathrm{LR}_{L_2}} = \arg\min_{\boldsymbol{w}} \left\{ \frac{1}{n} \sum_{i=1}^{n} \ln\{1 + \exp(-y_i(\boldsymbol{w}^\top \boldsymbol{x}_i + b))\} + \lambda \boldsymbol{w}^\top \boldsymbol{w} \right\} \tag{4.43}$$

4.4.1 支持向量机和 L_2 正则化

在介绍基于分类界面的经验风险最小时，所讲解的分类界面就是起源于对支持向量机的再认识。我们知道，支持向量机最早的目标是要求固定支持向量的直线 $\boldsymbol{w}^\top \boldsymbol{x} + b = \pm 1$，要求边界之间的距离最小，如图 4.7 所示。

$$\hat{\boldsymbol{w}}_{\mathrm{SVM}} = \arg\max_{\boldsymbol{w}} \left\{ \frac{2}{\|\boldsymbol{w}\|} \right\} = \arg\min_{\boldsymbol{w}} \left\{ \frac{1}{2} \boldsymbol{w}^\top \boldsymbol{w} \right\} \tag{4.44}$$

在考虑异常值 (Outlier) 情况下，引入 ξ 软边界 (Soft Margin)，重新要求

$$\hat{\boldsymbol{w}}_{\mathrm{SVM}} = \arg\min_{\boldsymbol{w}} \left\{ C \sum_{i=1}^{n} \xi_i + \frac{1}{2} \boldsymbol{w}^\top \boldsymbol{w} \right\} \tag{4.45}$$

$$\text{st. } y_i(\boldsymbol{w}^\top \boldsymbol{x}_i + b) \geqslant 1 - \xi_i; \xi_i \geqslant 0 \tag{4.46}$$

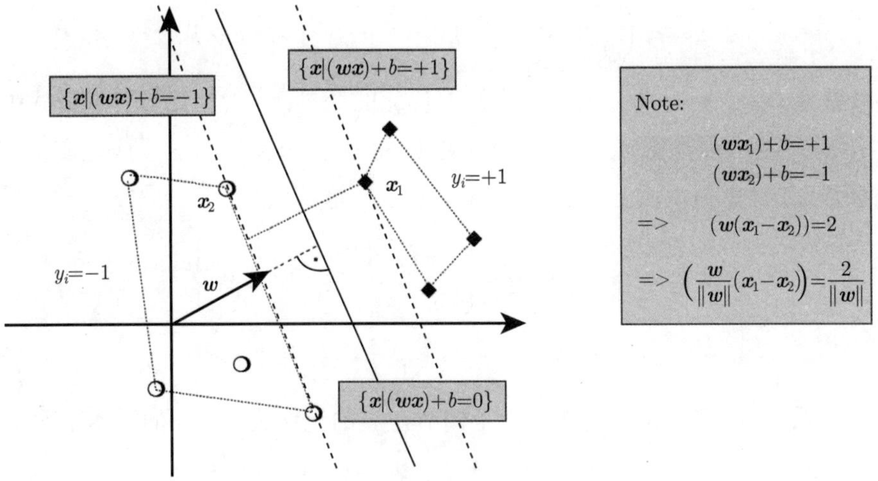

图 4.7 支持向量机的边界 (Margin)

如果把软边界稍微整理一下，则有

$$\begin{cases}\xi_i \geqslant 1 - y_i(\boldsymbol{w}^\top \boldsymbol{x}_i + b) \\ \xi_i \geqslant 0\end{cases} \quad \Leftrightarrow \xi_i \geqslant \max\{0, 1 - y_i(\boldsymbol{w}^\top \boldsymbol{x}_i + b)\} \tag{4.47}$$

ξ_i 最小就取值 $\max\{0, 1 - y_i(\boldsymbol{w}^\top \boldsymbol{x}_i + b)\}$，得到

$$\hat{\boldsymbol{w}}_{\text{SVM}} = \arg\min_{\boldsymbol{w}} \left\{ C\sum_{i=1}^{n} \max\{0, 1 - y_i(\boldsymbol{w}^\top \boldsymbol{x}_i + b))\} + \frac{1}{2}\boldsymbol{w}^\top \boldsymbol{w} \right\} \tag{4.48}$$

替换 $\lambda = \dfrac{1}{2C}$，可以得到前面对应的支持向量机的目标表达式。所以，最早的边界最大的目标，在以 Hinge 函数为损失函数的结构风险最小的表达式中解释成了 L_2 正则化，反而是软边界对异常值兼容考量成了支持向量机的目标损失 Hinge 函数了。所以，在支持向量机里面，目标和正则化的理解，不仅奠定了分类边界的思想，也奠定了结构风险最小中正则化理解的基本思想。根据结构风险最小，最小化的目标分成了损失函数和正则化项了，而两者之间是通过比例系数 λ 来控制的。以更为泛化的眼光来看，哪一项是损失函数、哪一项是正则化也并不需要那么明确。至于这个正则化系数 λ 如何确认，除了前面谈到的试错法和网格搜索外，在支持向量机中还有进一步的扩展，就是 ν-SVM 和 C-SVM 的差异。

先令 $C = \dfrac{1}{\rho}$ 和 $\boldsymbol{w} = \dfrac{\boldsymbol{w}'}{\rho}, \xi = \dfrac{\xi'}{\rho}, b = \dfrac{b'}{\rho}$，做替换得

$$\hat{\boldsymbol{w}}_{\nu\text{-SVM}} = \arg\min_{\boldsymbol{w}'} \left\{ \frac{1}{\rho}\sum_{i=1}^{n} \frac{\xi_i'}{\rho} + \frac{1}{2\rho^2}\boldsymbol{w}'^\top \boldsymbol{w}' \right\} \tag{4.49}$$

$$\text{st.}y_i\left(\frac{1}{\rho}\boldsymbol{w}'^{\top}\boldsymbol{x}_i+\frac{b'}{\rho}\right)\geqslant 1-\frac{\xi_i'}{\rho};\frac{\xi_i'}{\rho}\geqslant 0;\rho>0 \tag{4.50}$$

稍微整理一下，同时把 ρ 看成一个需要优化的变量，在拉格朗日目标公式中引入 ρ 和系数 ν。当不想设置参数 C 时做了个 ρ 替换，并且把替换后的 ρ 看成是变量，同时设置 ρ 的参数 ν。这就是本质上 ν-SVM 和 C-SVM 的差异。

$$\hat{\boldsymbol{w}}_{\nu\text{-SVM}}=\arg\min_{\boldsymbol{w}'}\left\{\sum_{i=1}^{n}\xi_i'+\frac{1}{2}\boldsymbol{w}'^{\top}\boldsymbol{w}'-\nu\rho\right\} \tag{4.51}$$

$$\text{st. }y_i(\boldsymbol{w}'^{\top}\boldsymbol{x}_i+b')\geqslant\rho-\xi_i';\xi_i'\geqslant 0;\rho>0 \tag{4.52}$$

当引入了 ν 系数后，我们发现 ν 本质上是调节在 ρ 的泛化边界里面的样本个数占所有样本个数的比例：

$$\nu\propto\frac{\#\{i:y_i(\boldsymbol{w}'^{\top}\boldsymbol{x}_i+b')<\rho\}}{n} \tag{4.53}$$

这样，在 C-SVM 里面对松弛变量 L_1 正则化如何设置 $C(\lambda)$ 也是一个很不确定的问题。ν-SVM 通过对 C 在最大 Margin 中意义的探讨，用一个 $\nu\in[0,1]$ 来替代了 C，这样需要根据支持向量的个数来设置 C 的大小，变成了根据支持向量数量的占比 ν 来设置。但是 ν 本身也没有好的最优化设置。

4.4.2 XGBoost 和树正则化

除了 L_1 和 L_2 正则化，还有其他广泛应用在分类问题里面的正则化，其中使用最广泛的就是树的正则化。例如，XGBoost 算法，其渊源就是 GradientBoost 加上树的正则化和并行加速。而 GradientBoost 的思想又来源于 AdaBoost。AdaBoost，顾名思义，是 Adaptive Boost，所以既包括 Boost 思想的部分，也包括 Adaptive 迭代更新。

(1) Boost 思想：Boost 就是加权多个弱学习器 $h(\boldsymbol{x})$ 可以生成一个强学习器 $H(\boldsymbol{x})=\text{sign}\sum_{t=1}^{T}\alpha_t h_t(\boldsymbol{x}_i)$，要求每个学习器至少是弱学习器，即错误率要求小于 50%，所以可通过计算错误率判断是否是弱学习器。错误率的计算比较简单，就是计算错误的样本出现的概率之和，对应离散情况下的概率权重和连续情况的分布，即

$$\epsilon_t=\begin{cases}\displaystyle\sum_{i=0}^{n}\omega_i[h(\boldsymbol{x}_i)\neq y_i] & \text{离散情况}\\ P_{\boldsymbol{x}\sim\mathcal{D}_t(h(\boldsymbol{x}_i)\neq y_i)} & \text{连续情况}\end{cases} \tag{4.54}$$

(2) Adaptive 迭代更新思想：每个弱学习器都会有个加权权重，即

$$\alpha_t=\frac{1}{2}\ln\frac{1-\epsilon_t}{\epsilon_t} \tag{4.55}$$

这个加权权重，还可以用来更新样本的概率分布，其中 Z_t 是归一化因子，即

$$\omega_{i,t+1} = \frac{\omega_{i,t}\mathrm{e}^{-\alpha_t y_i h_t(\boldsymbol{x}_i)}}{Z_t} \tag{4.56}$$

前面解释了目标函数是指数损失，即

$$\hat{\boldsymbol{w}}_{\text{AdaBoost}} = \arg\min_{w_i,h_i}\left\{\frac{1}{n}\sum_{i=1}^{n}\exp\{-y_i H(\boldsymbol{x}_i)\}\right\}, H(\boldsymbol{x}_i) = \operatorname{sign}\sum_{t=1}^{T}\alpha_t h_t(\boldsymbol{x}_i) \tag{4.57}$$

这就是 Gradient Boost 思想的起源，也是经验风险最小的应用。在 $k=t$ 时，对某个样本 $\boldsymbol{x}_i$ 的估算为 $\hat{y_i, t} = H_t(\boldsymbol{x}_i) = \sum\limits_{k=1}^{t}\alpha_k h_k(\boldsymbol{x}_i)$，那么 $k=t+1$ 时，估算变为

$$y_i,\hat{t+1} = H_{t+1}(\boldsymbol{x}_i) = \sum_{k=1}^{t+1}\alpha_k h_k(\boldsymbol{x}_i)H_t(\boldsymbol{x}_i) = H_t(\boldsymbol{x}_i) + \alpha_{t+1}h_{t+1}(\boldsymbol{x}_i) \tag{4.58}$$

我们探讨这个过程中如何确定 α_{t+1} 的值，根据经验风险最小有

$$ER(\boldsymbol{X}, \boldsymbol{Y}; \alpha_{t+1}) = \sum_{i=1}^{n}\mathrm{e}^{-y_i(H_t(\boldsymbol{x}_i)+\alpha_{t+1}h_{t+1}(\boldsymbol{x}_i))} \tag{4.59}$$

$$= \sum_{i=1}^{n}\mathrm{e}^{-y_i H_t(\boldsymbol{x}_i)}\mathrm{e}^{-y_i\alpha_{t+1}h_{t+1}(\boldsymbol{x}_i)} \tag{4.60}$$

根据最小值情况下偏导数为 0 来进行求解，即

$$0 = \frac{\partial ER(\boldsymbol{X}, \boldsymbol{Y}; \alpha_{t+1})}{\partial\alpha_{t+1}} \tag{4.61}$$

$$= \sum_{i=1}^{n}(-y_i h_{t+1}(\boldsymbol{x}_i))\mathrm{e}^{-y_i H_t(\boldsymbol{x}_i)}\mathrm{e}^{-y_i\alpha_{t+1}h_{t+1}(\boldsymbol{x}_i)} \tag{4.62}$$

$$= \sum_{y_i h_{t+1}=-1}\mathrm{e}^{-y_i H_t(\boldsymbol{x}_i)}\mathrm{e}^{\alpha_{t+1}} - \sum_{y_i h_{t+1}=1}\mathrm{e}^{-y_i H_t(\boldsymbol{x}_i)}\mathrm{e}^{-\alpha_{t+1}} \tag{4.63}$$

$$= \sum_{y_i\neq h_{t+1}}\mathrm{e}^{-y_i H_t(\boldsymbol{x}_i)}\mathrm{e}^{\alpha_{t+1}} - \sum_{y_i=h_{t+1}}\mathrm{e}^{-y_i H_t(\boldsymbol{x}_i)}\mathrm{e}^{-\alpha_{t+1}} \tag{4.64}$$

于是可以计算

$$\alpha_{t+1} = \frac{1}{2}\ln\frac{\sum\limits_{y_i=h_{t+1}}\mathrm{e}^{-y_i H_t(\boldsymbol{x}_i)}}{\sum\limits_{y_i\neq h_{t+1}}\mathrm{e}^{-y_i H_t(\boldsymbol{x}_i)}} \tag{4.65}$$

$$= \frac{1}{2}\ln\frac{\sum\mathrm{e}^{-y_i H_t(\boldsymbol{x}_i)} - \sum\limits_{y_i\neq h_{t+1}}\mathrm{e}^{-y_i H_t(\boldsymbol{x}_i)}}{\sum\limits_{y_i\neq h_{t+1}}\mathrm{e}^{-y_i H_t(\boldsymbol{x}_i)}} \tag{4.66}$$

$$= \frac{1}{2}\ln\frac{1-\epsilon_t}{\epsilon_t}$$

其中

$$\epsilon_t = \sum_{y_i \neq h_{t+1}} \frac{\mathrm{e}^{-y_i H_t(\boldsymbol{x}_i)}}{\sum \mathrm{e}^{-y_i H_t(\boldsymbol{x}_i)}} \tag{4.67}$$

根据最优化求解出来的，就是 Adaptive 迭代更新的权重求解，AdaBoost 就是目标损失函数为指数函数的梯度下降。GradientBoost 进一步泛化了这个过程，从 t 到 $t+1$ 步 GradientBoost 做了 3 个泛化。

(1) 权重参数泛化成分类器：不再求解 α_{t+1}，而认为求新的 $f_{t+1}(\boldsymbol{x}_i) = \alpha_{t+1}h_{t+1}(\boldsymbol{x}_i)$ 直接作为目标，这样对于一些无参数分类器就可以适用了，如决策树。

(2) 重复使用上次预测结果计算：不再直接利用 $H_t(\boldsymbol{x}_i)$，而是直接用 $\hat{y}_{i,t} = H_t(\boldsymbol{x}_i)$，这样 $H_{t+1}(\boldsymbol{x}_i) = \hat{y}_{i,t} + f_{t+1}(\boldsymbol{x}_i)$。

(3) 损失函数一般化：不再特指指数损失 $\mathrm{e}^{-y_i(H_t(\boldsymbol{x}_i)+\alpha_{t+1}h_{t+1}(\boldsymbol{x}_i))}$，而是求解一般损失，即

$$f_{t+1}^* = \arg\min_f ER(\boldsymbol{X}, \boldsymbol{Y}; f_{t+1}) = \arg\min_f \sum_{i=1}^{n} \mathrm{Loss}(y_i, \hat{y}_{i,t} + f_{t+1}(\boldsymbol{x}_i)) \tag{4.68}$$

这样损失函数就可以随意选择了，如均方误差。

所以在 GradientBoost 泛化之后，可以基于结构风险最小的思想，引入正则化 $\Omega(f_{t+1})$，即

$$f_{t+1}^* = \arg\min_f SR(\boldsymbol{X}, \boldsymbol{Y}; f_{t+1}) \tag{4.69}$$

$$= \arg\min_f \sum_{i=1}^{n} \mathrm{Loss}(y_i, \hat{y}_{i,t} + f_{t+1}(\boldsymbol{x}_i)) + \Omega(f_{t+1}) \tag{4.70}$$

对应的树的模型的正则化如何设定呢？我们可以分析树的复杂度，一般来说树的高度或叶子的节点数就是一个很好的指标。在 XGBoost 里面采用了如下的树正则化：

$$\Omega(f_{t+1}) = \gamma N_{\mathrm{leaf}} + \frac{1}{2}\lambda\sum_{j=1}^{N_{\mathrm{leaf}}} \omega_j^2 \tag{4.71}$$

上面这个表达式中，N_{leaf} 非常容易理解，但是后面每个叶子节点的数值 ω_j^2 主要有以下两个方面的理解。

(1) ω_j 是回归树的数值：分类树和回归树不太一样，回归树的每个叶子节点是对应一个数值的。

(2) ω_j 的平方是有意义的：这个与 Boosting 方法的思想有关系。在 Boosting 迭代过程中，$H_0(\boldsymbol{x}_i)$ 在某种意义上已经是主干了，其余可以作为偏差 (Bias)，对于偏差的情况，肯定希望偏差的平方和越小越好，类似偏差的方差，和 L_2 正则化的思想不约而同。

$$\text{Variance of Bias}\left(\sum_{t=2}^{T} f_t\right) = \sum_{t=2}^{T} \lambda_t \sum_{j=1}^{N_{\text{leaf}}^{f_t}} \omega_{j,f_t}^2 \tag{4.72}$$

当然在正则化树的基础上，XGBoost 还有很多并行优化的实现。

4.4.3 神经网络和 DropOut 正则化

在介绍了参数的正则化、树的正则化之后，还想提一下网络的正则化。树的结构的复杂度之一可以用高度来表示，那么网络的结构复杂度如何表示呢？一般来说，在训练模型的时候，网络的点和边数是网络复杂度的重要参数。当然网络的层数和宽度也可以看成是复杂度的一种，但是这个参数的影响很大。所以，更细粒度的节点数和边数就是重要的网络复杂度参数。

因此，预设了一个复杂的网络之后，正则化的目标之一就是简化网络，可以采用 DropOut 正则化。

(1) 节点的 DropOut: 在训练的时候，可以设置 DropOut 的比例，然后神经网络会随机地让某些节点的所有连接都不参与训练。这个过程中，每次会有不同部分的网络进行学习。最后测试时，所有的节点参与预测，类似集成学习的过程 (图 4.8)。

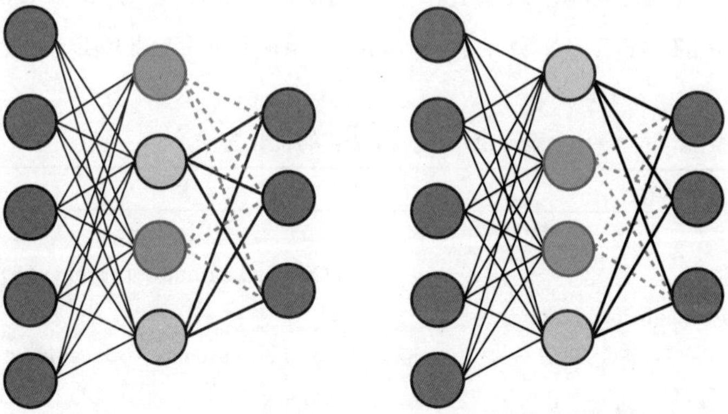

图 4.8 网络 DropOut 节点

(2) 边的 DropConnect: 对于节点的 DropOut 的颗粒度依然太大，因为某个节点被忽略，那么所有连接的边都会被忽略。所以可以为每条边设置一个概率值。这样可以更为精细地控制网络复杂度 (图 4.9)。

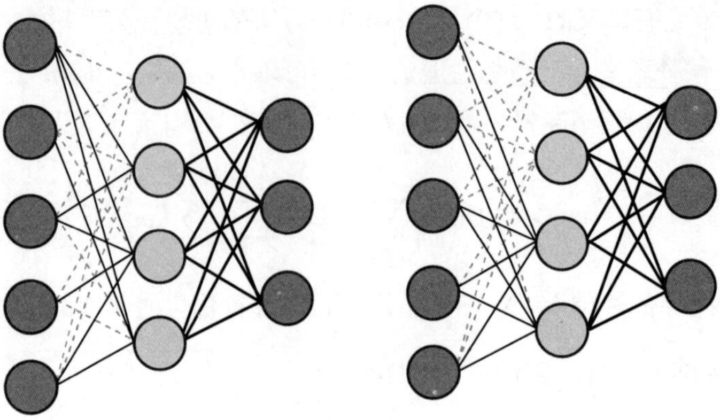

图 4.9　网络 DropConnect 边

4.4.4　正则化的优缺点

前面谈到了大量正则化带来的好处，包括让算法模型尽快收敛稳定、作为特征选择的手段、更好的防止过拟合等。但是，某些正则化也会带来计算复杂性。以经典的回归正则化中的 L_2 和 L_1 正则化举例，在最优化求解方面，L_2 具有多次可导的特性，可以使用衍生的共轭梯度 (Preconditioned Conjugate Gradient, PCG) 和衍生的牛顿算法 (Limited Memory BFGS, L-BFGS)。而 L_1 由于二次不可导，就没有那么简单了，通常要使用一些近似的替代算法 (Surrogate) 来逼近不可导的部分，如 Coordinate Descent 的 CDN 算法，quasi-Newton 的 OWL-QN 算法和 Proximal Gradient 的 COGD 算法 (参考表 4.2)。

表 4.2　L_2 和 L_1 的优化方法

算法类别	适合 L_2	适合 L_1
递度下降	Adam	Adam
坐标下降		Cyclic Coordinate Descent (CDN)
共轭递度	Preconditioned CG	
拟牛顿	L-BFGS	Orthant-Wise Limited-memory Quasi-Newton (OWL-QN)
近端递度		Composite Objective GD (COGD)

更为细致的优化求解，将会在后续章节深入介绍。

对 L_1 和 L_2 训练曲线进行比较，在相同的参数设置情况下，训练相同步数，L_1 能较快获得较低的错误率 (参考图 4.10)。

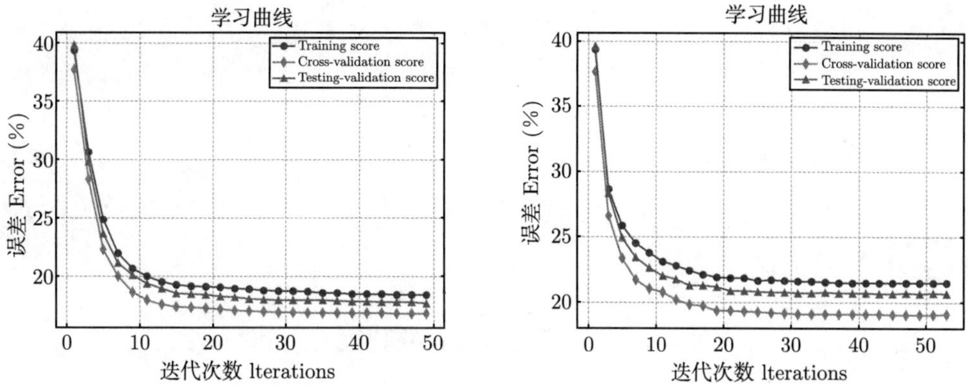

(a) L_1训练曲线　(b) L_2训练曲线

图 4.10　L_1 和 L_2 训练曲线比较

4.5　小结

本章在经验风险最小的基础上介绍了过拟合的可能性。如何更好地处理过拟合问题，结构风险最小给出了比较好的回答。正则化是结构风险最小中主要的限制模型复杂度的思路。我们讨论了常见的 L_1 和 L_2 回归正则化，并且深入理解了它们背后的解释。然后针对主流的分类算法，我们讨论了支持向量机里暗含的正则化、决策树的正则化和神经网络的正则化。最后在讨论正则化缺点的同时，引出最优化求解的方法，这会在后续章节深入介绍。

参 考 文 献

[1] Chen, Pai-Hsuen, Chih-Jen Lin, et al. A tutorial on support vector machines[J]. Applied Stochastic Models in Business and Industry, 2005, 21(2): 111-136.

[2] Crisp, David J, Christopher J C Burges. A Geometric Interpretation of vSVM Classifiers[M]. Advances in Neural Information Processing Systems 12. Ed. Cambridge: MIT Press, 2000.

[3] Goodfellow, Ian, Yoshua Bengio, Aaron Courville. Deep Learning[M]. Cambridge: MIT Press, 2016.

[4] Hastie, Trevor, Robert Tibshirani, et al. The Elements of Statistical Learning. Springer Series in Statistics[M]. New York: Springer New York Inc, 2001.

[5] Vapnik V. Principles of Risk Minimization for Learning Theory[C]. Proceedings of the 4th International Conference on Neural Information Processing Systems. NIPS'91. Denver, Colorado: Morgan Kaufmann Publishers Inc., 1991.

第 5 章 Chapter 5

贝叶斯统计与熵

前面章节提到了最小二乘法、广义线性模型、最大似然估计、指数分布簇及其中的累计量生成函数等概念，但是没有详细地解释这些概念背后的关系。本章首先介绍常见的参数估计的方法，以及它们背后的联系，然后在此基础上深入介绍统计尤其是贝叶斯统计，在贝叶斯统计的基础上深入分析熵的作用，并将前面这些概念串起来。

5.1 统计学习的基础：参数估计

参数估计是统计学习的基础之一，最早的参数估计是高斯提出的最小二乘法，之后英国的统计学开创者皮尔逊提出了矩估计 (Moment Method Estimation)，皮尔逊的继任者费希尔提出了最大似然估计，之后这三大参数估计成为了统计学习的基础。在讲解贝叶斯统计之前，先了解一下这三大参数估计的思想和关系。

5.1.1 矩估计

矩估计的思想就是通过理论计算的带参数的矩和样本矩之间的对应关系建立方程组，如果有 k 个参数，就列出前 1 到 k 阶矩估计的等式，来求解这 k 个参数。

假设有 $\theta_1, \theta_2, \cdots, \theta_k$ 个变量，根据对应的分布 $f_X(x;\boldsymbol{\theta})$ 就能求解对应的矩：

$$\mu_1 \equiv E[X] = \int_X x f(x;\boldsymbol{\theta})\,\mathrm{d}x = g_1(\theta_1, \theta_2, \cdots, \theta_k) \tag{5.1}$$

$$\mu_2 \equiv E[X^2] = \int_X x^2 f(x;\boldsymbol{\theta})\,\mathrm{d}x = g_2(\theta_1, \theta_2, \cdots, \theta_k) \tag{5.2}$$

$$\vdots \tag{5.3}$$

$$\mu_k \equiv E[X^k] = \int_X x^2 f(x;\boldsymbol{\theta})\,\mathrm{d}x = g_k(\theta_1, \theta_2, \cdots, \theta_k) \tag{5.4}$$

再根据对应的样本 $x_1, x_2, \cdots, x_n$ 计算样本矩，与前面的矩一一对应起来，就能建立 k 个方程求解 k 个参数。

$$\hat{\mu}_1 = \frac{1}{n}\sum_{i=1}^{n} x_i = g_1(\theta_1, \theta_2, \cdots, \theta_k) \tag{5.5}$$

$$\hat{\mu}_2 = \frac{1}{n}\sum_{i=1}^{n} x_i^2 = g_2(\theta_1, \theta_2, \cdots, \theta_k) \tag{5.6}$$

$$\vdots \tag{5.7}$$

$$\hat{\mu}_k = \frac{1}{n}\sum_{i=1}^{n} x_i^k = g_k(\theta_1, \theta_2, \cdots, \theta_k) \tag{5.8}$$

矩估计简单好用，但是有一个缺点，即求出来的参数很可能不符合参数的应有的范围，也就是说没有考虑是否为充分统计量 (Sufficient Statistic)。举个简单的例子，假设有一个均匀分布 $\mathcal{U}[0, \theta]$，如果有 4 个样本 3、5、6、18，那么要估算 θ，根据矩估计得到一阶期望

$$E[X] = \frac{0+\theta}{2} = \frac{1}{n}\sum_{i=1}^{n} x_i = \frac{3+5+6+18}{4} = 8 \tag{5.9}$$

$$\theta = 16 \tag{5.10}$$

很明显 3、5、6、18 属于 $\mathcal{U}[0, 16]$，不符合参数范围的要求 $\theta \geqslant \max\{3, 5, 6, 18\}$。

5.1.2 最大似然估计

最大似然估计是费希尔认识到了矩估计的不足之后定义并证明的。可以从矩估计来证明最大似然估计。

假设已知分布 $f_X(x; \boldsymbol{\theta})$，那么一阶矩估计为

$$E[X] = \int_X x f(x; \boldsymbol{\theta})\,\mathrm{d}x = \frac{1}{n}\sum_{i=1}^{n} x_i \tag{5.11}$$

如果引入 $Y = h(X)$ 进行替换，那么

$$E[Y] = \int_X h(X) f(x; \boldsymbol{\theta})\,\mathrm{d}x = \frac{1}{n}\sum_{i=1}^{n} h(x_i) \tag{5.12}$$

将其具体化，得

$$h(X) = \frac{\partial}{\partial \boldsymbol{\theta}} \ln f_X(x; \boldsymbol{\theta}) \tag{5.13}$$

得到

$$\frac{1}{n}\sum_{i=1}^{n}\frac{\partial}{\partial\boldsymbol{\theta}}\ln f_X(x_i;\boldsymbol{\theta})=\int_X\left[\frac{\partial}{\partial\boldsymbol{\theta}}\ln f_X(x;\boldsymbol{\theta})\right]f(x;\boldsymbol{\theta})\,\mathrm{d}x \tag{5.14}$$

$$=\int_X\left[\frac{\frac{\partial}{\partial\boldsymbol{\theta}}f_X(x;\boldsymbol{\theta})}{f_X(x;\boldsymbol{\theta})}\right]f(x;\boldsymbol{\theta})\,\mathrm{d}x \tag{5.15}$$

$$=\int_X\frac{\partial}{\partial\boldsymbol{\theta}}f_X(x;\boldsymbol{\theta})\,\mathrm{d}x \tag{5.16}$$

$$=\frac{\partial}{\partial\boldsymbol{\theta}}\int_X f_X(x;\boldsymbol{\theta})\,\mathrm{d}x \tag{5.17}$$

$$=\frac{\partial}{\partial\boldsymbol{\theta}}1=0 \tag{5.18}$$

于是得到

$$\frac{\partial}{\partial\boldsymbol{\theta}}\ell(\boldsymbol{\theta})=\frac{\partial}{\partial\boldsymbol{\theta}}\left[\frac{1}{n}\sum_{i=1}^{n}\ln f_X(x_i;\boldsymbol{\theta})\right] \tag{5.19}$$

$$=\frac{1}{n}\sum_{i=1}^{n}\frac{\partial}{\partial\boldsymbol{\theta}}\ln f_X(x_i;\boldsymbol{\theta})=0 \tag{5.20}$$

这样再根据似然函数 $\ell(\boldsymbol{\theta})$ 导数为零对应到求最值，可以证明最大似然估计。但是这种证明有个局限性，要求分布函数可导。更为一般的证明，在后续可以从最大熵的角度给出。

极大似然估计拥有充分统计的好处，如对于前面均匀分布 $\mathcal{U}[0,\theta]$ 的例子。

分布函数为

$$f(x,\theta)=\begin{cases}\dfrac{1}{\theta}, & 0\leqslant x\leqslant\theta\\ 0, & \text{其他}.\end{cases} \tag{5.21}$$

那么根据最大似然估计，有

$$L(X;\theta)=\prod_{i=1}^{n}f(x_i,\theta) \tag{5.22}$$

$$=\begin{cases}\dfrac{1}{\theta^n}, & \max\{x_1,x_2,\cdots,x_n\}\leqslant\theta\\ 0, & \text{其他}\end{cases} \tag{5.23}$$

又因为 $\dfrac{1}{\theta^n}$ 是单调递减的，所以

$$\theta^*=\arg\max L(\theta;X)=\max\{x_1,x_2,\cdots,x_n\}=\max\{3,5,6,18\}=18 \tag{5.24}$$

所以，这就是最大似然估计被广泛应用的原因。

5.1.3 最小二乘法

最小二乘法是高斯发现的，也是三大估计中最早被发现的，可以看成最大似然估计在正态分布下的一个推论。假设有 $x_1, x_2, \cdots, x_n$ 对应 $y_1, y_2, \cdots, y_n$，要估计最佳参数 (α, β) 使得 $y = \alpha + \beta x$。并且对应的残差 $r_i = y_i - (\alpha + \beta x_i)$ 满足正态分布 $\mathcal{N}(0, \sigma)$，则有

$$r_i \sim f(r \mid \sigma^2) = \frac{1}{\sqrt{2\pi\sigma^2}} \mathrm{e}^{-\frac{r^2}{2\sigma^2}} \tag{5.25}$$

根据最大似然估计, 有

$$\ell(\alpha, \beta) = \ln L(\alpha, \beta; R) = \sum_{i=0}^{n} \ln \frac{1}{\sqrt{2\pi\sigma^2}} \mathrm{e}^{-\frac{r_i^2}{2\sigma^2}} \tag{5.26}$$

$$= \sum_{i=0}^{n} -\frac{1}{2} \ln(2\pi\sigma^2) - \sum_{i=0}^{n} \frac{r_i^2}{2\sigma^2} \tag{5.27}$$

由此通过最大似然估计得到最小二乘法的表达式为

$$\alpha^*, \beta^* = \arg\max_{\alpha,\beta} \ell(\alpha, \beta) \tag{5.28}$$

$$= \arg\min_{\alpha,\beta} \sum_{i=0}^{n} r_i^2 = \arg\min_{\alpha,\beta} \sum_{i=0}^{n} (y_i - (\alpha + \beta x_i))^2 \tag{5.29}$$

其实高斯发现最小二乘法要早于正态分布，他是根据当时天文学上一条经验法则测量多次，用均值来表示最后的测量值的经验。假设有一组测量值 $t_1, t_2, \cdots, t_n$，那么均值为

$$\bar{t} = \frac{1}{n} \sum_{i=0}^{n} t_i \tag{5.30}$$

假设该均值是求某种目标函数 $f(x)$ 的最优值，则最优值点的导数为零，即

$$f'(\bar{t}) = 0 \tag{5.31}$$

进一步假设采用最简单的线性函数为

$$f'(x) = g(x) = x - \bar{t} = x - \frac{1}{n} \sum_{i=0}^{n} t_i \tag{5.32}$$

$$= \frac{1}{n} \sum_{i=0}^{n} (x - t_i) \tag{5.33}$$

那么根据导数方程，可以得到

$$f(x) = \frac{1}{2n}\sum_{i=0}^{n}(x - t_i)^2 \tag{5.34}$$

这样就有了均方差最小的优化目标函数。对于 $t_1, t_2, \cdots, t_n$，求解一个目标变量 $\hat{y} = \alpha$，得

$$\alpha^* = \arg\min_{\alpha} \frac{1}{n}\sum_{i=0}^{n}(t_i - \alpha)^2 = \bar{t} \tag{5.35}$$

对于 $t_1, t_2, \cdots, t_n$，如果增加自由度，两个目标变量 $\hat{y} = \alpha + \beta t$，那么

$$\alpha^*, \beta^* = \arg\min_{\alpha,\beta} \frac{1}{n}\sum_{i=0}^{n}(y_i - (\alpha + \beta t_i))^2 \tag{5.36}$$

所以，发明最小二乘法是高斯基于经验的泛化，在发现正态分布之后，它的合理性又可以通过最大似然估计来阐述。

在对三大参数估计方法比较后，我们还需要对概率分布进行一些探讨。例如，对于指数分布簇来说，最大似然估计和一阶矩估计是一致的，因为指数分布簇的导数是存在的。而前面举的例子是均匀分布，它的导数是不存在的，这时最大似然估计的效果就凸显了。

5.2 概率分布与三大统计思维

概率分布中最经典的就是正态分布，根据大数定理，很多分布都与正态分布有联系。在统计学习上有 3 种经典的思维，分别是频率派 (Frequentist)、经验派 (也称费希尔派 (Fisherian)) 和贝叶斯派 (Bayesian)。本节从每个派别如何看待正态分布的角度来讨论它们之间的差别。

5.2.1 频率派和正态分布

除了高斯以外，有一种说法说正态分布最早是由法国数学家棣莫弗 (de Moivre) 发现的，为此法国和德国为正态分布的命名争论很久，最后才将其命名为正态分布，但是由于高斯名气太大，因此也通常称为高斯分布。

棣莫弗发现高斯分布的过程可称为频率派的经典，频率派通过频率的极限来发现并计算分布。例如，二项分布就是伯努利分布的叠加，如果叠加到一定极限就是正态分布

$$Pr(k;n,p)=\Pr(X=k)=\binom{n}{k}p^k(1-p)^{n-k}=\frac{n!}{k!(n-k)!}p^k(1-p)^{n-k} \tag{5.37}$$

当 $n\to\infty$ 时，根据斯特林 (Stirling) 公式有如下逼近

$$n!=n^n\mathrm{e}^{-n}\sqrt{2\pi n}\left[1+\mathcal{O}\left(\frac{1}{n}\right)\right] \tag{5.38}$$

如果通过代入斯特林公式重新认识二项分布，则有

$$\begin{aligned}
f(k)&=\frac{n!}{k!(n-k)!}p^k(1-p)^{n-k} &(5.39)\\
&\approx\frac{n^n\mathrm{e}^{-n}\sqrt{2\pi n}}{k^k\mathrm{e}^{-k}\sqrt{2\pi k}(n-k)^{(n-k)}\mathrm{e}^{-(n-k)}\sqrt{2\pi(n-k)}}p^k(1-p)^{n-k} &(5.40)\\
&=\left(\frac{p}{k}\right)^k\left(\frac{1-p}{n-k}\right)^{(n-k)}n^n\sqrt{\frac{n}{2\pi k(n-k)}} &(5.41)\\
&=\left[\sqrt{\frac{n}{2\pi k(n-k)}}\right]\left[\left(\frac{np}{k}\right)^k\left(\frac{n(1-p)}{n-k}\right)^{(n-k)}\right] &(5.42)\\
&=h(k)\mathrm{e}^{t(k)} &(5.43)
\end{aligned}$$

令均值 $\mu=np$, 方差 $\sigma=\sqrt{np(1-p)}$，$k=\mu+x$ ，那么

$$\sigma^2=np(1-p)=\frac{np(n-np)}{n}=\frac{\mu(n-\mu)}{n} \tag{5.44}$$

把 $f(k)$ 中的 $h(k)$ 进行替换，得

$$\begin{aligned}
H(x)=h(\mu+x)=h(k)&=\sqrt{\frac{n}{2\pi k(n-k)}} &(5.45)\\
&=\sqrt{\frac{n}{2\pi(\mu+x)(n-\mu-x)}} &(5.46)\\
&=\sqrt{\frac{n}{2\pi\mu(n-\mu)\left(1+\frac{x}{\mu}\right)\left(1-\frac{x}{n-\mu}\right)}} &(5.47)\\
&=\sqrt{\frac{1}{2\pi\sigma^2\left(1+\frac{x}{\mu}\right)\left(1-\frac{x}{n-\mu}\right)}} &(5.48)\\
&=\frac{1}{\sqrt{2\pi\sigma^2\left(1+\mathcal{O}\left(\frac{1}{\mu}\right)\right)\left(1-\mathcal{O}\left(\frac{1}{n-\mu}\right)\right)}} &(5.49)
\end{aligned}$$

把 $f(k)$ 中的 $t(k)$ 进行替换，得

$$
\begin{aligned}
T(x) = t(\mu + x) = t(k) &= \ln\left[\left(\frac{np}{k}\right)^k \left(\frac{n(1-p)}{n-k}\right)^{(n-k)}\right] &(5.50)\\
&= k\ln\left(\frac{np}{k}\right) + (n-k)\ln\left(\frac{n(1-p)}{n-k}\right) &(5.51)\\
&= (\mu+x)\ln\left(\frac{\mu}{\mu+x}\right) + (n-\mu-x)\ln\left(\frac{n-\mu}{n-\mu-x}\right) &(5.52)\\
&= -(\mu+x)\ln\left(1+\frac{x}{\mu}\right) - (n-\mu-x)\ln\left(1-\frac{x}{n-\mu}\right) &(5.53)
\end{aligned}
$$

根据 $\ln(1+x) = x - \dfrac{1}{2}x^2 + \mathcal{O}(x^3)$，当 $n \to \infty$ 时，$\mu = np \to \infty$，那么 $\dfrac{x}{\mu} \to 0$，并且 $\dfrac{x}{n-\mu} \to 0$, 做近似替换, 得

$$
\begin{aligned}
T(x) = &-(\mu+x)\left(\frac{x}{\mu} - \frac{x^2}{2\mu^2} + \mathcal{O}\left(\frac{x^3}{\mu^3}\right)\right) &(5.54)\\
&-(n-\mu-x)\left(-\frac{x}{n-\mu} - \frac{x^2}{2(n-\mu)^2} - \mathcal{O}\left(\frac{x^3}{(n-\mu)^3}\right)\right) &(5.55)\\
= &-\left(x + \frac{x^2}{\mu} - \frac{x^2}{2\mu} - \frac{x^3}{2\mu^2}\right) - (\mu+x)\mathcal{O}\left(\frac{x^3}{\mu^3}\right) &(5.56)\\
&-\left(-x - \frac{x^2}{2(n-\mu)} + \frac{x^2}{n-\mu} + \frac{x^3}{2(n-\mu)^2}\right) + (n-\mu-x)\mathcal{O}\left(\frac{x^3}{(n-\mu)^3}\right) &(5.57)\\
= &-\left(\frac{x^2}{2\mu} + \frac{x^2}{2(n-\mu)}\right) + \mathcal{O}\left(\frac{1}{\mu^2}\right) + \mathcal{O}\left(\frac{1}{(n-\mu)^2}\right) &(5.58)\\
= &-\frac{nx^2}{2\mu(n-\mu)} + \mathcal{O}\left(\frac{1}{\mu^2}\right) + \mathcal{O}\left(\frac{1}{(n-\mu)^2}\right) &(5.59)\\
= &-\frac{x^2}{2\sigma^2} + \mathcal{O}\left(\frac{1}{\mu^2}\right) + \mathcal{O}\left(\frac{1}{(n-\mu)^2}\right) &(5.60)
\end{aligned}
$$

再来看 $n \to \infty$ 时，$\mu = np \to \infty$，那么 $\dfrac{1}{\mu} \to 0$，并且 $\dfrac{1}{n-\mu} \to 0$，有

$$
\begin{aligned}
F(x) &= f(\mu+x) = f(k) &(5.61)\\
&\approx \frac{1}{\sqrt{2\pi\sigma^2\left(1+\mathcal{O}\left(\frac{1}{\mu}\right)\right)\left(1-\mathcal{O}\left(\frac{1}{n-\mu}\right)\right)}} \mathrm{e}^{-\frac{x^2}{2\sigma^2}+\mathcal{O}\left(\frac{1}{\mu^2}\right)+\mathcal{O}\left(\frac{1}{(n-\mu)^2}\right)} &(5.62)\\
&\approx \frac{1}{\sqrt{2\pi\sigma^2}}\mathrm{e}^{-\frac{x^2}{2\sigma^2}} &(5.63)
\end{aligned}
$$

我们可以看到，基于斯特林公式，将二项分布以 $\mu = np$ 为中心，在固定 $\sigma = \sqrt{np(1-p)}$ 的大小，随着 $n \to \infty$，二项分布会收敛到正态分布，如图 5.1 所示。

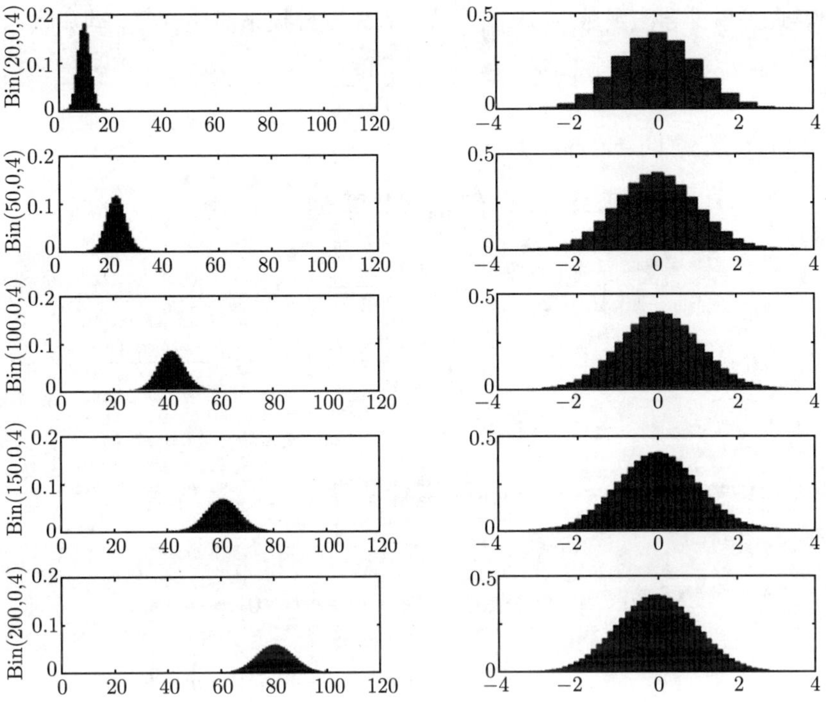

图 5.1 二项分布和正态分布

5.2.2 经验派和正态分布

还有一种说法认为正态分布最早是高斯发现的，当时高斯是基于天文学数据处理的一条经验发现的，这条经验依然是均值最优。如果有 $x_1, x_2, \cdots, x_n$ 个样本，那么均值 $\bar{x} = \dfrac{1}{n}\sum x_i$。假设最优值为未知参数 θ，偏差为 $r_i = x_i - \theta$，假设偏差满足某个分布 $f(r)$，则根据最大似然估计，有

$$\ell(\theta) = \sum_{i=1}^{n} \ln f(r_i) \tag{5.64}$$

$$= \sum_{i=1}^{n} \ln f(x_i - \theta) \tag{5.65}$$

根据均值最优的经验，有

$$\bar{x} = \theta^* = \arg\max_{\theta} \ell(\theta) = \arg\max_{\theta} \sum_{i=1}^{n} \ln f(x_i - \theta) \tag{5.66}$$

最优值点导数为零，即

$$\left.\frac{\partial \ell(\theta)}{\partial \theta}\right|_{\theta=\bar{x}} = -\sum_{i=1}^{n} \left.\frac{f'(x_i - \theta)}{f(x_i - \theta)}\right|_{\theta=\bar{x}} = 0 \tag{5.67}$$

通过这个等式关系推导出函数 $f(x)$ 的形式。首先做替换来简化计算，即

$$g(x) = \frac{f'(x)}{f(x)} \tag{5.68}$$

当取 $n=2$ 时，对任意的 x_1, x_2，有

$$g\left(x_1 - \frac{x_1+x_2}{2}\right) + g\left(x_2 - \frac{x_1+x_2}{2}\right) = 0 \tag{5.69}$$

$$g\left(\frac{x_1-x_2}{2}\right) + g\left(\frac{x_2-x_1}{2}\right) = 0 \tag{5.70}$$

$$g\left(\frac{x_1-x_2}{2}\right) = -g\left(-\frac{x_1-x_2}{2}\right) \tag{5.71}$$

$$g(t) = -g(-t)\ \big|_{t=\frac{x_1-x_2}{2}} \tag{5.72}$$

可见 $g(x)$ 是奇函数。当取 $n=m+1$ 时，对任意的 $x_1 = x_2 = \cdots = x_m = t, x_{m+1} = -mt$ 成立，那么 $\bar{x}=0$，即

$$\sum_{i=1}^{n} g(x_i - \bar{x}) = mg(t-0) + g(-mt-0) = 0 \tag{5.73}$$

$$mg(t) = -g(-mt) = g(mt) \tag{5.74}$$

可见 $g(x)$ 还是线性的。于是可以得到如下表达式：

$$\frac{f'(x)}{f(x)} = g(x) = Cx \tag{5.75}$$

计算偏微分方程得到

$$f(x) = M\mathrm{e}^{\frac{C}{2}x^2} \tag{5.76}$$

再根据分布的要求，有

$$\int_{-\infty}^{\infty} f(x)\mathrm{d}x = \int_{-\infty}^{\infty} M\mathrm{e}^{\frac{C}{2}x^2}\mathrm{d}x = 1 \tag{5.77}$$

取 $C=-1, M=\dfrac{1}{\sqrt{2\pi}}$，可得到标准正态分布。

通过天文学的经验，测量值的均值最优，那么就可以推理到误差应该满足正态分布的形式。相比频率派的极限求解，似乎要简单些。当然这个过程使用了最大似然估计。

5.2.3 贝叶斯派和正态分布

当我们希望找到一个分布，限制了分布的期望和方差，使得 $E(X)=0$，方差 $E(X^2)=\sigma^2$，并且满足最大熵 $H(f(x)) = -\displaystyle\int f(x)\ln f(x)\mathrm{d}x$ 的分布，即

$$\max_{f(x)} -\int f(x)\ln f(x)\mathrm{d}x \tag{5.78}$$

$$\text{s.t. } f(x) \geqslant 0 \tag{5.79}$$

$$\int f(x)\mathrm{d}x = 1 \tag{5.80}$$

$$\int xf(x)\mathrm{d}x = 0 \tag{5.81}$$

$$\int x^2 f(x)\mathrm{d}x = \sigma^2 \tag{5.82}$$

那么，根据拉格朗日乘子法求解，得

$$\begin{aligned}\mathcal{L}(f,\theta_1,\theta_2,\lambda_1,\lambda_2) = &-\int f(x)\ln f(x)\mathrm{d}x + \theta_1\int xf(x)\mathrm{d}x + \theta_2\left(\int x^2 f(x)\mathrm{d}x - \sigma^2\right)\\ &+\lambda_1\left(-\int f(x)\mathrm{d}x\right) + \lambda_2\left(\int f(x)\mathrm{d}x - 1\right)\end{aligned} \tag{5.83}$$

$$\frac{\partial\mathcal{L}(f,\theta_1,\theta_2,\lambda_1,\lambda_2)}{\partial f(x)} = -(1+\ln f(x)) + \theta_1 x + \theta_2 x^2 + (\lambda_2 - \lambda_1) = 0 \tag{5.84}$$

$$f(x) = \mathrm{e}^{\theta_1 x + \theta_2 x^2 - 1 - \lambda_1 + \lambda_2} \tag{5.85}$$

代入第一个限制条件

$$\int \mathrm{e}^{\theta_1 x + \theta_2 x^2 - 1 - \lambda_1 + \lambda_2}\mathrm{d}x = 1 \tag{5.86}$$

$$\mathrm{e}^{\lambda_2 - \lambda_1 - 1} = \frac{1}{\int \mathrm{e}^{\theta_1 x + \theta_2 x^2}\mathrm{d}x} \tag{5.87}$$

再代入第二个限制条件

$$\int x\mathrm{e}^{\theta_1 x + \theta_2 x^2 - 1 - \lambda_1 + \lambda_2}\mathrm{d}x = 0 \tag{5.88}$$

$$\int \mathrm{d}\mathrm{e}^{\theta_1 x + \theta_2 x^2 - 1 - \lambda_1 + \lambda_2} = \int(\theta_1 + 2\theta_2 x)\mathrm{e}^{\theta_1 x + \theta_2 x^2 - 1 - \lambda_1 + \lambda_2}\mathrm{d}x \tag{5.89}$$

$$\mathrm{e}^{\theta_1 x + \theta_2 x^2 - 1 - \lambda_1 + \lambda_2}\,|_{-\infty}^{\infty} = \theta_1\int \mathrm{e}^{\theta_1 x + \theta_2 x^2 - 1 - \lambda_1 + \lambda_2}\mathrm{d}x = \theta_1 \tag{5.90}$$

如果左边存在，那么必然 $\theta_2 < 0$，并且 $\theta_1 = 0$。

再代入第三个限制条件

$$\int x^2\mathrm{e}^{\theta_1 x + \theta_2 x^2 - 1 - \lambda_1 + \lambda_2}\mathrm{d}x = \sigma^2 \tag{5.91}$$

$$\int x^2\mathrm{e}^{\theta_2 x^2}\mathrm{d}x = \frac{\sigma^2}{\mathrm{e}^{\lambda_2 - \lambda_1 - 1}} = \sigma^2\int \mathrm{e}^{\theta_2 x^2}\mathrm{d}x \tag{5.92}$$

$$\int x^2\mathrm{e}^{\theta_2 x^2}\mathrm{d}x = \sigma^2\left[x\mathrm{e}^{\theta_2 x^2}\,|_{-\infty}^{\infty} - \int x\mathrm{d}\mathrm{e}^{\theta_2 x^2}\right] \tag{5.93}$$

$$\int x^2 \mathrm{e}^{\theta_2 x^2} \mathrm{d}x = -\sigma^2 \int 2\theta_2 x^2 \mathrm{e}^{\theta_2 x^2} \mathrm{d}x \tag{5.94}$$

$$-2\theta_2 \sigma^2 = 1 \tag{5.95}$$

可以推导出 $\theta_2 = -\dfrac{1}{2\sigma^2}$。

$$\mathrm{e}^{\lambda_2 - \lambda_1 - 1} = \frac{1}{\int \mathrm{e}^{-\frac{x^2}{2\sigma^2}} \mathrm{d}x} \tag{5.96}$$

$$\begin{aligned}
\int \mathrm{e}^{-\frac{x^2}{2\sigma^2}} \mathrm{d}x &= \sqrt{\int \mathrm{e}^{-\frac{x^2}{2\sigma^2}} \mathrm{d}x \int \mathrm{e}^{-\frac{y^2}{2\sigma^2}} \mathrm{d}y} \\
&= \sqrt{\int\int \mathrm{e}^{-\frac{x^2+y^2}{2\sigma^2}} \mathrm{d}x\mathrm{d}y} \\
&= \sqrt{\int_0^{2\pi} \int_0^{\infty} \mathrm{e}^{\frac{-r^2}{2\sigma^2}} r\mathrm{d}r\mathrm{d}\theta} \\
&= \sqrt{\int_0^{2\pi} \mathrm{d}\theta \int_0^{\infty} \mathrm{e}^{\frac{-r^2}{2\sigma^2}} r\mathrm{d}r} \\
&= \sqrt{2\pi \left(-\sigma^2 \mathrm{e}^{\frac{-r^2}{2\sigma^2}} \Big|_0^{\infty} \right)} \\
&= \sqrt{2\pi\sigma^2}
\end{aligned} \tag{5.97}$$

由此，可以推导出

$$f(x) = \frac{1}{\int \mathrm{e}^{-\frac{x^2}{2\sigma^2}} \mathrm{d}x} \mathrm{e}^{-\frac{x^2}{2\sigma^2}} = \frac{1}{\sqrt{2\pi\sigma^2}} \mathrm{e}^{-\frac{x^2}{2\sigma^2}} \tag{5.98}$$

我们发现这刚好就是正态分布 $\mathcal{N}(0, \sigma^2)$。从上面过程，可以看到满足期望和方差限制的最大熵分布刚好就是正态分布。甚至，对均值和方差的限制变成不等式时依然成立，即

$$\max_{f(x)} -\int f(x) \ln f(x) \mathrm{d}x \tag{5.99}$$

$$\text{s.t. } f(x) \geqslant 0 \tag{5.100}$$

$$\int f(x) \mathrm{d}x = 1 \tag{5.101}$$

$$\int x f(x) \mathrm{d}x \leqslant \mu \tag{5.102}$$

$$\int x^2 f(x) \mathrm{d}x \leqslant \sigma^2 \tag{5.103}$$

当对正态分布的认识从经验转换到最大熵时，我们发现所要求的数据量最小。

5.2.4 贝叶斯统计和熵的关系

从上面可以看到熵的神奇，即在没有太多经验，也不需要理解极限带来变化的情况下重新认识分布。在描述了熵的理解、基于熵的度量以及最大熵原理下，不仅能够推导出最大熵的分布，还能够更为完整地证明最大似然估计。尤其可以看到，整个指数分布簇都满足最大熵的分布。

因而在贝叶斯统计中，从最大熵的角度重建了整个分布和参数估计的思想，再通过贝叶斯推理完成了统计学习。所以，接下来要详细分析对熵的理解和如何从最大熵的角度理解最大似然估计及指数分布簇。

5.3 信息熵的理解

本节从信息熵出发来解释并最终证明这些概念都可以从熵推导出来，进一步讲述如何从熵的角度结合贝叶斯推理来理解概率分布。

鲁道夫・克劳修斯 (Rudolf Clausius) 第一次定义了热力学中的熵 (Entropy)；玻尔兹曼 (Ludwig Boltzman) 引入了对数形式，并且进行了统计上的解释；最后，香农 (Claude Shannon) 提出了信息熵，从此信息熵成为信息学科的重大基础。

5.3.1 信息熵简史

信息熵和贝叶斯统计诞生过程中的著名的科学家如图 5.2 所示。

鲁道夫・克劳修斯 (Rudolf Clausius) 是出生自波兰科沙林的物理学家，他从能量守恒的角度重新认识了尼古拉・卡诺 (Nicolas Sadi Carnot) 提出的卡诺热机和循环的卡诺原理，从而建立了热力学第二定律，并命名了熵 (Entropy)。尼古拉・卡诺是法国的天才物理学家，写下《论火的动力》，因此成为热力学之父。克劳修斯坚持了 15 年的研究，成为第一个理解并命名熵的巨人。

约西亚・吉布斯 (Josiah Gibbs)，美国第一个理学博士，统计热力学的三剑客之一，他把统计引入热力学，在克劳修斯的基础上，提出了能量变化的计算。统计热力学的另外两位剑客是詹姆斯・麦克斯韦 (James Maxwell) 和路德维希・玻尔兹曼 (Ludwig Boltzman)，一个来自剑桥大学，另一个来自维也纳大学。

玻尔兹曼是第一个把熵定义为乱序的统计科学家，他从统计的角度解释熵，并且引入对数形式。后来吉布斯对此进行改进，其理论成为统计热力学的基石。艾尔文・薛定谔 (Erwin Schrodinger)，量子力学奠基人，第一次把概率倒数解释为状态数量，这样衍生出来后，对数形式就可以解释成编码长度，并且引入了负号。

克劳德·香农 (Claude Shannon) 将薛定谔的解释正式引入信号处理中，从此建立了信息熵，开创了信息理论。他和约翰·冯·诺依曼 (John von Neumann) 正式把信息熵定义为不确 (定性) 的测度，并且给出了 H 函数的定义。

埃德温·杰恩斯 (Edwin T. Jaynes) 是普林斯顿的杰出统计学家，开创性地通过逻辑解释统计，通过最大熵解释统计，由此开创了统计分析的贝叶斯学派。正是这些科学家的卓越贡献，才使信息熵理论成为诸多信息理论基石。

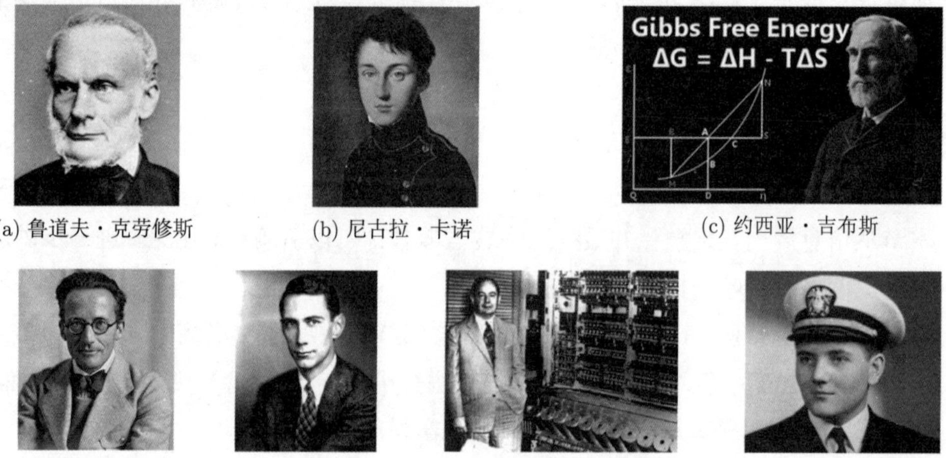

(a) 鲁道夫·克劳修斯　(b) 尼古拉·卡诺　(c) 约西亚·吉布斯

(d) 艾尔文·薛定谔　(e) 克劳德·香农　(f) 约翰·冯·诺依曼　(g) 埃德温·杰恩斯

图 5.2　信息熵和贝叶斯统计诞生过程中的著名的科学家

5.3.2　信息熵定义

香农信息熵是对数据分布的不确定性进行度量：假设 X 是来自分布 $\mathcal{X}$ 的随机样本，对每个样本的概率常见的标记有 $P(x_i) = P(X = x_i) = p_{x_i}$，那么信息量 $I(X)$ 为

$$I(X) = -\ln_2(P(X)) \tag{5.104}$$

而信息熵的定义是其在概率上的期望，即

$$\begin{aligned}\mathbb{H}(X) &= \mathbb{E}[I(X)] &(5.105)\\ &= \sum_{i=1}^{n} P(x_i)\, I(x_i) &(5.106)\\ &= -\sum_{i=1}^{n} P(x_i) \ln_2 P(x_i), &(5.107)\end{aligned}$$

对信息熵的含义的两种解释由来如下。

(1) 期望编码 (Coding) 长度解释：基于信道编码理论，按概率分布对采样信息的二进制编码的计算期望。

(2) 不确定性公理化 (Aximatic) 解释：是满足不确定性公理化假设的唯一数学形式。

5.3.3 期望编码长度解释

薛定谔提出了对 H 熵基于状态数的解释。香农借鉴了这种状态数的解释，把 H 熵的状态数解释类比过来便是信息熵的期望编码长度解释。假设有 N 个状态数，那么每个状态的概率 $p_i = 1/N$，则 $N = 1/p_i$。如果对 N 个状态数进行二进制编码，前缀码 (Prefix Codes) 的种类数为 N，那么二进制码的长度必须要为

$$Len(p_i) = \log_2 N = \log_2 \frac{1}{p_i} \tag{5.108}$$

假设有一组概率值 $\{p_1, p_2, \cdots, p_n\}$，那么我们要求平均编码长度为

$$\mathbb{E}(Len(p_i)) = \sum_{i=1}^{n} p_i Len(p_i) = \sum_{i=1}^{n} p_i \log_2 \frac{1}{p_i} = -\sum_{i=1}^{n} p_i \log_2 p_i \tag{5.109}$$

期望编码长度的解释比较直观。首先通过概率倒数来解释成状态数，然后通过编码长度来解释 log 的作用 (图 5.3)。

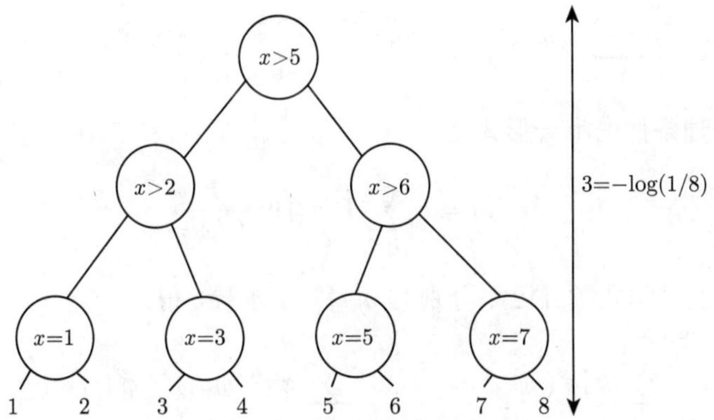

图 5.3 编码长度和概率的关系

其实，这种解释离不开冯·诺依曼，他是在看了香农对通信系统的一个度量不确定性的公式后给出了建议，将信息熵和玻尔兹曼在热力学中提出的 H 熵联系了起来。薛定谔提出了对 H 熵基于状态数的解释就可以被借鉴参考了。而香农是如何推理这个通信系统不确定性的呢？

5.3.4 不确定性公理化解释

分布概率的不确定性 $\mathbb{H}(X) \equiv \mathbb{H}(p_1, p_2, \cdots, p_N)$，必须满足不确定性公理的四大假设。

(1) 非负假设：$\mathbb{H}(p_1, p_2, \cdots, p_N) \geqslant 0$

(2) 连续性假设：$\mathbb{H}(p_1, p_2, \cdots, p_N)$ 对全部自变量 p_i 是连续的。

(3) 单调性假设：如果所有 $p_i = 1/N$，那么 $\mathbb{H}(p_1, p_2, \cdots, p_N)$ 必须随着 N 的增加而不确定性增大。

(4) 叠加性假设：不确定性是随着概率分布生成过程来进行叠加的。下面举几个例子。

① 例如，A 变量是通过 X、Y、Z 来生成的，$X = x_1, x_2$，当 x_1 满足对应 Y，x_2 满足对应 Z 时，如下关系成立

$$\mathbb{H}(A) = \mathbb{H}(X) + P(x_1)\mathbb{H}(Y) + P(x_2)\mathbb{H}(Z) \tag{5.110}$$

② 其中一种特殊情况是 $A = X_1, X_2, \cdots, X_n$，那么

$$\mathbb{H}(A) = \sum_{i=1}^{n} \mathbb{H}(X_i) \tag{5.111}$$

③ 另一种特殊情况是，有相互独立的两个事件 $Y = y_1, y_2, \cdots, y_n$ 和 $Z = z_1, z_2, \cdots, z_m$，那么

$$\mathbb{H}(YZ) = \sum_{i=1}^{n}\sum_{j=1}^{m} \phi(y_i z_j) = \sum_{i=1}^{n} \phi(y_i) + \sum_{j=1}^{m} \phi(z_j) = \mathbb{H}(Y) + \mathbb{H}(Z) \tag{5.112}$$

满足上面 4 个公理条件的唯一形式是

$$\mathbb{H}(X) = K \sum_{i=1}^{n} P(x_i) \ln \frac{1}{P(x_i)} \tag{5.113}$$

根据连续性假设和式 (5.112)，分别对 y_k 和 y_t 求导，得

$$\sum_{j=1}^{m} z_j \phi'(y_k z_j) = \phi'(y_k), \quad \sum_{j=1}^{m} z_t \phi'(y_t z_j) = \phi'(y_t) \tag{5.114}$$

$$\sum_{j=1}^{m} z_j [\phi'(y_k z_j) - \phi'(y_t z_j)] = \phi'(y_k) - \phi'(y_t) \tag{5.115}$$

而上述表达式的右边部分是跟 z_j 没有关系的。

$$\sum_{j=1}^{m} z_j [\phi'(y_k z_j) - \phi'(y_t z_j) - (\phi'(y_k) - \phi'(y_t))] = 0 \tag{5.116}$$

对任意独立的 Y、Z，在上述公式都成立的情况下，可以进一步推导出

$$\phi'(y_k z_j) - \phi'(y_t z_j) - (\phi'(y_k) - \phi'(y_t)) = 0 \tag{5.117}$$

$$\phi'(y_k z_j) - \phi'(y_t z_j) = \phi'(y_k) - \phi'(y_t) \tag{5.118}$$

如果设 $y_t = 1$，则

$$\phi'(y_k z_j) - \phi'(y_t z_j) = \phi'(y_k) - \phi'(y_t) \tag{5.119}$$

$$\phi'(y_k z_j) - \phi'(z_j) = \phi'(y_k) - \phi'(1) \tag{5.120}$$

$$\phi'(y_k z_j) = \phi'(y_k) + \phi'(z_j) - \phi'(1) \tag{5.121}$$

当然这也可以从式 (5.112) 进行证明。

$$\phi'(y_k z_j) = \phi'(y_k) + \phi'(z_j) - \phi'(1) \tag{5.122}$$

$$\phi'(y_k z_j) = \phi'(y_k) + \phi'(z_j) \tag{5.123}$$

由此，转化成柯西函数公式 (Cauchy's Function Equation) 的 $f(x) = Ax + B$，得

$$f(x+y) = f(x) + f(y) \tag{5.124}$$

$$f(\ln y_k + \ln z_j) = f(\ln y_k) + f(\ln z_j) \tag{5.125}$$

$$\phi'(x) = f(\ln x) \tag{5.126}$$

$$\phi'(x) = K \ln x + B \tag{5.127}$$

$$\phi(x) = Kx \ln x + (B-K)x + C \tag{5.128}$$

另外根据不确定性定义，概率为 0 和 1 都是确定的情况，因此有 $\phi(0) = 0$，$\phi(1) = 0$，于是得到 $C = 0, B - K = 0$，由此可得

$$\phi(x) = Kx \ln x \tag{5.129}$$

$$\mathbb{H}(X) = \phi(P(X)) = \phi(\{P(x_1), \cdots, P(x_n)\}) \tag{5.130}$$

$$= \sum_{i=1}^{n} KP(x_i) \ln \frac{1}{P(x_i)} \tag{5.131}$$

$$= K \sum_{i=1}^{n} P(x_i) \ln \frac{1}{P(x_i)} \tag{5.132}$$

这样，通过公理化的假设可以推出信息熵的一般形式，虽然这种形式晦涩难懂，解释起来比较困难，但却是对期望编码长度解释的很好的数学论证。

5.3.5 基于熵的度量

1. 相对熵

在香农信息熵的基础上，可以很容易地得到相对熵 (Relative Entropy, RE) 的定义

$$
\begin{aligned}
RE(P\|Q) &= -\sum_i P(i)\ \ln\frac{P(i)}{Q(i)} \\
&= \sum_i P(i)\,(\ln\frac{1}{P(i)} - \ln\frac{1}{Q(i)})
\end{aligned} \tag{5.133}
$$

式 (5.133) 可以这样理解：给定 Q 分布，想知道在 P 分布情况，于是就用 P 的编码长度减去 Q 的编码长度在 P 分布下的期望作为一种衡量。

2. KL 散度

从相对熵的概念可以定义出两个分布的散度。由于相对熵恒小于 0，且散度定义要求其必须非负，所以在相对熵的前面加一个负号，就得到了需要的散度，即 KL 散度

$$
\begin{aligned}
D_{\mathrm{KL}}(P\|Q) &= \sum_i P(i)\ \ln\frac{P(i)}{Q(i)} \\
&= \sum_i P(i)\left(\ln\frac{1}{Q(i)} - \ln\frac{1}{P(i)}\right)
\end{aligned} \tag{5.134}
$$

给定 Q 分布，P 分布与 Q 分布的 KL 散度即为 Q 的编码长度与 P 的编码长度之差 $\ln\dfrac{1}{Q(i)} - \ln\dfrac{1}{P(i)}$ 在 P 上面的期望。从图 5.4 可以看到编码长度之差可能有正有负，然后按 P 的概率密度积分就是编码长度之差的期望了。

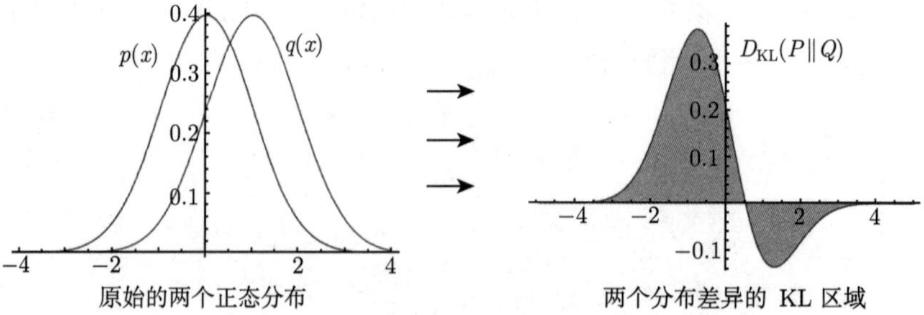

图 5.4 KL 散度 (Kullback-Leibler Divergence)

KL 散度除了从相对熵去理解，还可以从 Bregman 散度去理解。在前面的章节详细解释过这种理解，就是 KL 散度是熵函数空间上的 Bregman 散度

$$
D_f(P\|Q) = f(P) - f(Q) - \nabla f(P)(P-Q) \tag{5.135}
$$

其中函数

$$F(p) = \sum_i p(i) \ln p(i) \tag{5.136}$$

由此可得广义的 KL 距离

$$D_{\mathrm{KL}}(P\|Q) = D_F(p,q) = \sum p(i) \ln \frac{p(i)}{q(i)} - \sum p(i) + \sum q(i) \tag{5.137}$$

3. 互信息

互信息 (Mutual Information, MI) 的定义如下

$$\mathbb{I}(X;Y) = \sum_{x,y} p(x,y) \ln \frac{p(x,y)}{p(x)p(y)} \tag{5.138}$$

$$= \sum_{x,y} p(x,y) \left(\ln \frac{1}{p(x)p(y)} - \ln \frac{1}{p(x,y)} \right) \tag{5.139}$$

假设 X 与 Y 相互独立，那么 $p(x,y) = p(x)p(y)$，于是互信息的直观意义就是 X、Y 在假设独立情况下和真实的非独立情况下的编码长度之差在 X 和 Y 联合分布上的期望。

对这个式子进一步化解，有

$$\mathbb{I}(X;Y) = \sum_{x,y} p(x,y) \ln \frac{p(x,y)}{p(x)p(y)} \tag{5.140}$$

$$= \sum_y p(y) \sum_x p(x|y) \ln \frac{p(x|y)}{p(x)} \tag{5.141}$$

$$= \sum_y p(y)\ D_{\mathrm{KL}}(p(x|y)\|p(x)) \tag{5.142}$$

$$= \mathbb{E}_Y\{D_{\mathrm{KL}}(p(x|y)\|p(x))\} \tag{5.143}$$

因此互信息也可以看成条件分布 $p(x|y)$ 到分布 $p(x)$ 的 KL 散度在 Y 上的期望。

此外，互信息还和条件熵有着极大关系——互信息可以看成是熵和条件熵之差 (图 5.5)，即

$$\mathbb{I}(X;Y) = \sum_{x,y} p(x,y) \ln \frac{p(x,y)}{p(x)p(y)} \tag{5.144}$$

$$= \sum_{x,y} p(x,y) \ln \frac{p(x,y)}{p(x)} - \sum_{x,y} p(x,y) \ln p(y) \tag{5.145}$$

$$= \sum_{x,y} p(x)p(y|x) \ln p(y|x) - \sum_{x,y} p(x,y) \ln p(y) \tag{5.146}$$

$$= \sum_x p(x) \left(\sum_y p(y|x) \ln p(y|x) \right) - \sum_y \ln p(y) \left(\sum_x p(x,y) \right) \tag{5.147}$$

$$= -\sum_{x} p(x)H(Y|X=x) - \sum_{y} \ln p(y)p(y) \tag{5.148}$$

$$= -H(Y|X) + H(Y) \tag{5.149}$$

$$= H(Y) - H(Y|X) \tag{5.150}$$

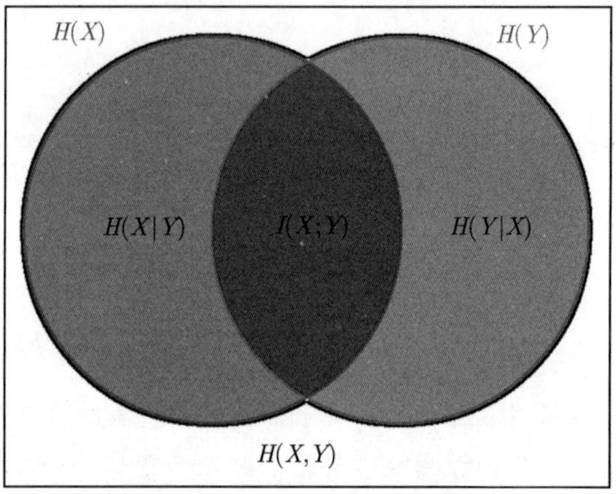

图 5.5　互信息 (Mutual Information)

5.4　最大熵原理

有了熵作为基础，下面讲述熵的一个重要理论基础——最大熵原理。

5.4.1　最大熵的直观理解

假设总有 N 的定额配量 (quanta) 分到 M 个状态中，若每个状态中分到 n_i，那么处在那个状态的概率为

$$p_i = \frac{n_i}{N} \tag{5.151}$$

现在的问题是如何配置 p_i，使得分配 N 个球到 M 个状态的状态数最大。这个过程类似于 N 次掷 M 面骰子的多项式分布，那么会掷出多少种不同的状态数呢？根据多项式组合，有

$$W = \frac{N!}{n_1!\,n_2!\,\cdots\,n_m!} \tag{5.152}$$

每次掷骰子可能有 M 种情况，因此总数为 m^N 次，由此概率为

$$P(\boldsymbol{p}) = \frac{W}{m^N} \tag{5.153}$$

概率越大，或者说 W 越大 (或者说哪种状态分配下，可以选择的排列数越多)，表示该种状态分配的不确定性越大，即熵越大。则最大不确定性就是要最大 W。假设固定状态数 M，让实验数 $N \to \infty$，根据玻尔兹曼的定义形式，有

$$\frac{1}{N}\ln W = \frac{1}{N}\ln\frac{N!}{n_1!\,n_2!\,\cdots\,n_m!} \tag{5.154}$$

$$= \frac{1}{N}\ln\frac{N!}{(Np_1)!\,(Np_2)!\,\cdots\,(Np_m)!} \tag{5.155}$$

$$= \frac{1}{N}\left(\ln N! - \sum_{i=1}^{m}\ln((Np_i)!)\right) \tag{5.156}$$

当 N 趋于无穷大的时候，根据斯特林公式近似

$$\ln n! = n\ln n - n + O(\ln n) \tag{5.157}$$

可以得到

$$\lim_{N\to\infty}\left(\frac{1}{N}\ln W\right) = \frac{1}{N}\left(N\ln N - N - \sum_{i=1}^{m}(Np_i\ln(Np_i) - Np_i)\right) \tag{5.158}$$

$$= \ln N - \sum_{i=1}^{m}p_i\ln(Np_i) - N\left(1-\sum_{i=1}^{m}p_i\right) \tag{5.159}$$

$$= \ln N - \ln N\sum_{i=1}^{m}p_i - \sum_{i=1}^{m}p_i\ln p_i \tag{5.160}$$

$$= \left(1-\sum_{i=1}^{m}p_i\right)\ln N - \sum_{i=1}^{m}p_i\ln p_i \tag{5.161}$$

$$= -\sum_{i=1}^{m}p_i\ln p_i \tag{5.162}$$

$$= \mathbb{H}(\boldsymbol{p}) \tag{5.163}$$

上面的推导直观地说明了最大熵原理的含义，即找一个分布，使得在这个分布上不确定性最大。

5.4.2 最大熵解释自然指数分布簇

广义线性模型部分中用到的自然指数分布簇所具有的通式，也可以从最大熵直接导出。首先给出 3 个假设和 1 个目标。

(1) 初始观察分布 $m(x)$：这个可以是随意的观察情况，不一定必须是一个分布函数。

(2) $\sum\limits_{x\in S} f(x) = 1$，$f(x) \geqslant 0$：满足分布函数的条件，这里仅仅考虑离散的情况。

(3) $\sum\limits_{x\in S} t_j(x)f(x) = \mathbb{E}\{t_j(x)\} = \mu_j$，其中 $j \in J$：$t_j(x)$ 是在数据集合的一个测量函数，并且测量值的期望是 μ_j。

(4) 目标：$\arg\max\limits_{f(x)} RE(f(x)\|m(x))$：希望找一个函数满足上述的限制条件，并且尽可能与初始观察分布的相对熵最大。

$$RE(f(x)\|m(x)) = -\sum_{x\in S} f(x)\ln\frac{f(x)}{m(x)} \tag{5.164}$$

应用拉格朗日乘子法，有

$$L(f) = -\sum_{x\in S} f(x)\ln\frac{f(x)}{m(x)} + \lambda\left(\sum_{x\in S} f(x) - 1\right) + \sum_{j\in J}\theta_j\left(\sum_{x\in S} t_j(x)f(x) - \mu_j\right) \tag{5.165}$$

令 $L(f)$ 对 f 的导数为 0，即

$$0 = \frac{\partial L(f)}{\partial f} = -\left(\ln\frac{f(x)}{m(x)} + 1\right) + \lambda + \sum_{j\in J}\theta_j t_j(x) \tag{5.166}$$

$$= -\ln f(x) + \ln m(x) - 1 + \lambda + \sum_{j\in J}\theta_j t_j(x) \tag{5.167}$$

从而得到

$$f(x) = m(x)\exp\left[\lambda - 1 + \sum_{j\in J}\theta_j t_j(x)\right] \tag{5.168}$$

接下来应用概率求和为 1 的限制条件，即

$$1 = \sum_{x\in S} f(x) = \sum_{x\in S} m(x)\exp\left\{\lambda - 1 + \sum_{j\in J}\theta_j t_j(x)\right\} \tag{5.169}$$

$$= \mathrm{e}^{\lambda-1}\sum_{x\in S} m(x)\exp\left\{\sum_{j\in J}\theta_j t_j(x)\right\} \tag{5.170}$$

于是有

$$1 - \lambda = \ln\left(\sum_{x\in S} m(x)\exp\left[\sum_{j\in J}\theta_j t_j(x)\right]\right) \tag{5.171}$$

将式 (5.171) 的右边定义为 $b(\boldsymbol{\theta})$，其中 $\boldsymbol{\theta} = (\theta_1, \theta_2, \cdots, \theta_{|J|})$，$\boldsymbol{t}(x) = (t_1(x), t_2(x), \cdots, t_{|J|}(x))$，则

$$b(\boldsymbol{\theta}) = \ln\left(\sum_{x\in S} m(x)\exp\left[\sum_{j\in J}\theta_j t_j(x)\right]\right) \tag{5.172}$$

$$= \ln\left(\mathbb{E}(e^{\boldsymbol{t}(x)^\top\boldsymbol{\theta}})\right) \tag{5.173}$$

$$= 1 - \lambda \tag{5.174}$$

在式 (5.168) 中替换 $1-\lambda$ 得到 $f(x)$ 的如下形式:

$$f(x) = m(x)\exp\left[-b(\boldsymbol{\theta}) + \sum_{j\in J}\theta_j t_j(x)\right] \tag{5.175}$$

$$= m(x)\exp[\boldsymbol{t}(x)^\top\boldsymbol{\theta} - b(\boldsymbol{\theta})] \tag{5.176}$$

式 (5.176) 即为自然指数分布簇的形式，其中 $b(\boldsymbol{\theta})$ 是累积量生成函数。由于最大相对熵就是最小 KL 散度，由此可以看出，自然指数分布簇的形式，其实就是与初始观察分布最相似的并且满足对不同定义的测量值的期望是固定的情况下的概率密度函数。

5.4.3 最大熵解释最大似然估计

最大相对熵不仅可以用来推导出自然指数分布，而且可以作为最大似然估计的理论基础。

假设我们观察到 N 个样本，那么根据样本的估算概率，或者说根据频率来计算一个经验分布 $\tilde{p}(x)$，定义为

$$\tilde{p}(x) = \frac{1}{N}\sum_{n=1}^{N}\delta(x, x_n) \tag{5.177}$$

其中，$\delta(x, x_n)$ 是狄拉克测量 (Dirac Measure)，在这里和指示函数等价。

根据大数定理可知，当抽样 $n\to\infty$ 时，$\tilde{p}(x)\to p(x)$。考虑利用最大相对熵计算根据样本的估算概率 $\tilde{p}(x)$ 与给定参数的条件分布 $p(x;\theta)$。首先有相对熵

$$RE\left(\tilde{p}(x)\|p(x|\theta)\right) = -\sum_x \tilde{p}(x)\ln\frac{\tilde{p}(x)}{p(x|\theta)} \tag{5.178}$$

$$= -\sum_x \tilde{p}(x)\ln\tilde{p}(x) + \sum_x \tilde{p}(x)\ln p(x|\theta) \tag{5.179}$$

根据最大相对熵，有

$$\max RE\left(\tilde{p}(x)\|p(x|\theta)\right) \Leftrightarrow \min D_{KL}\left(\tilde{p}(x)\|p(x|\theta)\right) \tag{5.180}$$

$$\Rightarrow \theta^* = \arg\max_\theta RE\left(\tilde{p}(x)\|p(x|\theta)\right) \tag{5.181}$$

$$\Rightarrow \theta^* = \arg\max_\theta \sum_x \tilde{p}(x)\ln p(x|\theta) \tag{5.182}$$

将前面的经验分布代入，得

$$\begin{aligned}\sum_x \tilde{p}(x)\ln p(x|\theta) &= \sum_x \frac{1}{N}\sum_{n=1}^{N}\delta(x,x_n)\ln p(x|\theta) &(5.183)\\ &= \frac{1}{N}\sum_{n=1}^{N}\sum_x \delta(x,x_n)\ln p(x|\theta) &(5.184)\\ &= \frac{1}{N}\sum_{n=1}^{N}\ln p(x_n|\theta) &(5.185)\end{aligned}$$

而同时对数似然函数的表达式为

$$\ell(\theta) = \ln P(X|\theta) = \sum_{n=1}^{N}\ln p(x_n|\theta) \tag{5.186}$$

结合起来最终得到

$$\begin{aligned}\theta^* &= \arg\max_\theta RE\left(\tilde{p}(x)\|p(x|\theta)\right) &(5.187)\\ &= \arg\max_\theta \sum_x \tilde{p}(x)\ln p(x|\theta) &(5.188)\\ &= \arg\max_\theta \frac{1}{N}\sum_{n=1}^{N}\ln p(x_n|\theta) &(5.189)\\ &= \arg\max_\theta \frac{1}{N}\ell(\theta) &(5.190)\\ &= \arg\max_\theta \ell(\theta) &(5.191)\end{aligned}$$

由此根据最大熵，可以得出最大似然估计。此外根据式 (5.180)，可以得到

$$RE\left(\tilde{p}(x)\|p(x|\theta)\right) = -D_{KL}\left(\tilde{p}(x)\|p(x|\theta)\right) = \mathbb{H}(\tilde{p}(x)) + \frac{1}{N}\ell(\theta) \tag{5.192}$$

这个表达式在变分分析 (Variational Analysis) 中可以被用来构建逼近下限。

5.5 小结

从统计学习的两大基础 (参数估计和概率分布) 出发，我们着重讲述了最大似然估计和高斯分布的重要性。一方面，呼应了之前结构风险最小化的贝叶斯先验理解，应用了结构风险最小化的贝叶斯；另一方面，通过最大熵重新理解了概率分布。尤其通过频率派、经验派和贝叶斯派之间的差异理解最大熵之上的最大似然估计和整个指数簇概率分布，为前面的广义线性模型和经验风险最小的深入理解奠定了基础。

参 考 文 献

[1] Amari, Shun ichi. alpha-divergence is unique, belonging to both f-divergence and Bregman divergence classes. IEEE Trans. Information Theory, 2009, 55(11): 4925–4931.

[2] Efron, Bradley, Trevor Hastie. Computer Age Statistical Inference: Algorithms, Evidence, and Data Science[M]. 1st. Cambridge: Cambridge University Press, 2016.

[3] Jaynes E T. The Relation of Bayesian and Maximum Entropy Methods. Maximum-Entropy and Bayesian Methods in Science and Engineering: Foundations[M]. Ed. by Gary J. Erickson and C. Ray Smith. Dordrecht: Springer Netherlands, 1988.

[4] Jaynes E T. Probability theory: The logic of science[M]. Cambridge: Cambridge University Press, 2003.

第 6 章 Chapter 6

基于熵的Softmax

前面的章节分别从广义线性模型和结构风险最小两个角度对逻辑回归进行了推导和解释。逻辑回归是一个两类问题的分类算法，如果面对的是多类问题的分类算法，应该怎么办呢？接下来要从解决两类问题的逻辑回归推广到解决多类问题的 Softmax 回归 (Softmax Regression)。另外 Softmax 直接对应到概率图模型里面的 Log-Linear 模型和深度学习里面常用的 Softmax 层网络。所以在最大熵的理解下，继续挖掘 Softmax 的意义。

6.1 二项分布和多项分布

1. 伯努利分布

对伯努利分布 Bernoulli(p) 进行说明最常见的例子是抛硬币。假设抛一次硬币正面的概率 p，那么反面的概率就为 $1-p$，把两者统一起来，所以伯努利分布的概率表达式是

$$f(x;p)=p^x(1-p)^{1-x},\qquad x\in\{0,1\}\tag{6.1}$$

2. 二项分布

如果连续地抛一个硬币 n 次，那么就得到了二项分布 $\text{Binomial}(n,p)$。所以二项分布是一组伯努利分布变量之和，即

$$X_k\sim\text{Bernoulli}(p)\Rightarrow Y=\sum_{k=1}^{n}X_k\sim\text{Binomial}(n,p)\tag{6.2}$$

$$f(x;n,p)=\binom{n}{x}p^x(1-p)^{n-x}\qquad x\in\{0,1,2,\cdots,n\}\tag{6.3}$$

可以看出伯努利分布是二项分布的一个特例，即

$$\text{Bernoulli}(p) = \text{Binomial}(1, p) \tag{6.4}$$

3. 多项分布

假设把抛硬币改成掷骰子，若这个骰子有 K 个面，并且掷 n 次，则二项分布变成多项分布 $M(x_1, x_2, \cdots, x_K|n, p_1, \cdots, p_K)$。

$$f(x_1, x_2, \cdots, x_K; n, p_1, p_2, \cdots, p_K) = \frac{n!}{x_1!x_2!\cdots x_K!}p_1^{x_1}\cdots p_K^{x_K}, \quad \sum_{i=1}^{K} x_i = n \tag{6.5}$$

$$= \frac{\Gamma\left(\sum_i x_i + 1\right)}{\prod_i \Gamma(x_i+1)} \prod_{i=1}^{K} p_i^{x_i} \quad (\Gamma \text{ 为伽玛函数}) \tag{6.6}$$

因此二项分布又是多项分布的一个特例，即

$$\text{Binomial}(n, p) = \text{Multinomial}(x, n-x|n, p, 1-p) \tag{6.7}$$

这里需要说明，如果改成若干块 (T 块) 不同概率的硬币 (q_t 是第 t 块硬币正面的概率) 一起抛，那么这相当于 $K = 2^T$ 的多项分布。假设 $k-1 = b_T\cdots b_2 b_1$，$b_t \in \{0, 1\}$ 是 k 的二进制表示, 那么

$$p_k = \prod_1^T q_t^{b_t}(1-q_t)^{1-b_t} \tag{6.8}$$

$$f(x_1, x_2, \cdots, x_K; n, p_1, p_2, \cdots, p_K) = f\left(x_1, x_2, \cdots, x_{2^T}; n, \prod_{t=1}^{T}(1-q_t), \cdots, \prod_{t=1}^{T} q_t\right) \tag{6.9}$$

6.2 Logistic 回归和 Softmax 回归

6.2.1 广义线性模型的解释

根据广义线性模型，Logistic 回归是对应到 $\mathbb{E}(Y) \sim \text{Binomial}(n, p)$，而 Softmax 回归对应到 $\mathbb{E}(Y) \sim \text{Multinomial}(x_1, x_2, \cdots, x_K|n, p_1, p_2, \cdots, p_K)$。既然给定期望输出所服从的分布，则通过对应的链接函数很容易推出 Softmax 回归

$$Y \sim M(c_1, c_2, \cdots, c_K | n, p_1, p_2, \cdots, p_K) \Leftrightarrow \mu_{ik} = \mathbb{E}(y_i = c_k) \Leftrightarrow \tag{6.10}$$

$$\mathcal{L}(\boldsymbol{\mu} \mid Y) = \prod_{i=1}^{n} \sum_{k=1}^{K} (\mu_{ik} \mathbb{I}(y_i = c_k)) \tag{6.11}$$

则链接函数

$$g(\mu_{ik}) = \eta_{ik} = \boldsymbol{\theta}_k^\top \boldsymbol{x}_i + \theta_{0k} = \boldsymbol{\theta}_k'^\top \boldsymbol{x}_i' \Leftrightarrow \tag{6.12}$$

$$\boldsymbol{g} = (g(\mu_{i1}), g(\mu_{i2}), \cdots, g(\mu_{iK}))^\top = (\eta_{i1}, \eta_{i2}, \cdots, \eta_{iK})^\top = \boldsymbol{\eta} \tag{6.13}$$

可以得到两种不同形式的链接函数：

$$\boldsymbol{\eta} = \begin{bmatrix} \ln p_1 + C \\ \vdots \\ \ln p_K + C \end{bmatrix} \Leftrightarrow \boldsymbol{g}^{-1} = \begin{bmatrix} \dfrac{1}{C}\mathrm{e}^{\eta_1} \\ \vdots \\ \dfrac{1}{C}\mathrm{e}^{\eta_K} \end{bmatrix} = \begin{bmatrix} \dfrac{\mathrm{e}^{\eta_1}}{\sum\limits_{k=1}^{K} \mathrm{e}^{\eta_k}} \\ \vdots \\ \dfrac{\mathrm{e}^{\eta_K}}{\sum\limits_{k=1}^{K} \mathrm{e}^{\eta_k}} \end{bmatrix}, \sum_{k=1}^{K} \mathrm{e}^{\eta_k} = C \tag{6.14}$$

$$\boldsymbol{\eta} = \begin{bmatrix} \ln \dfrac{p_1}{p_K} \\ \vdots \\ \ln \dfrac{p_{K-1}}{p_K} \\ 0 \end{bmatrix} = \begin{bmatrix} \ln \dfrac{p_1}{1 - \sum\limits_{k=1}^{K-1} p_k} \\ \vdots \\ \ln \dfrac{p_{K-1}}{1 - \sum\limits_{k=1}^{K-1} p_k} \\ 0 \end{bmatrix} \Leftrightarrow \boldsymbol{g}^{-1} = \begin{bmatrix} \dfrac{\mathrm{e}^{\eta_1}}{\sum\limits_{k=1}^{K} \mathrm{e}^{\eta_k}} \\ \vdots \\ \dfrac{\mathrm{e}^{\eta_K}}{\sum\limits_{k=1}^{K} \mathrm{e}^{\eta_k}} \end{bmatrix} = \begin{bmatrix} \dfrac{\mathrm{e}^{\eta_1}}{1 + \sum\limits_{k=1}^{K-1} \mathrm{e}^{\eta_k}} \\ \vdots \\ \dfrac{\mathrm{e}^{\eta_{K-1}}}{1 + \sum\limits_{k=1}^{K-1} \mathrm{e}^{\eta_k}} \\ \dfrac{1}{1 + \sum\limits_{k=1}^{K-1} \mathrm{e}^{\eta_k}} \end{bmatrix} \tag{6.15}$$

6.2.2 Softmax 回归

1. Softmax 函数

Softmax 函数是广义线性模型中的多项分布的链接函数。因此，多项分布对应的回归又称为 Softmax 回归。

$$\sigma(\boldsymbol{z})_i = \sigma((z_1, \cdots, z_i, \cdots, z_K))_i = \frac{\mathrm{e}^{z_i}}{\sum\limits_{k=1}^{K} \mathrm{e}^{z_k}} \quad i \in \{1, 2, \cdots, K\} \tag{6.16}$$

2. Softmax 回归的解释

Softmax 回归一般也称为多类逻辑回归 (multiclass LR), 可以看成是适合两类问题的逻辑回归扩展到多类问题的逻辑回归。前面章节中指出对多项分布有两种不同形式的 $\boldsymbol{\eta}$, 因此可以基于不同的 $\boldsymbol{\eta}$ 给出两种解释。注意，本质上两个链接函数是等价的。

(1) $K-1$ 个独立二元逻辑回归: 在这种解释下，分别把前 $K-1$ 个类别和第 K 个类别进行对比。

$$\ln\frac{\Pr(Y_i=1)}{\Pr(Y_i=K)}=\boldsymbol{\beta}_1\cdot\boldsymbol{X}_i \tag{6.17}$$

$$\ln\frac{\Pr(Y_i=2)}{\Pr(Y_i=K)}=\boldsymbol{\beta}_2\cdot\boldsymbol{X}_i \tag{6.18}$$

$$\vdots \tag{6.19}$$

$$\ln\frac{\Pr(Y_i=K-1)}{\Pr(Y_i=K)}=\boldsymbol{\beta}_{K-1}\cdot\boldsymbol{X}_i \tag{6.20}$$

由此推出

$$\Pr(Y_i=K)=\frac{1}{1+\sum\limits_{k=1}^{K-1}\mathrm{e}^{\boldsymbol{\beta}_k\cdot\boldsymbol{X}_i}} \tag{6.21}$$

$$\Pr(Y_i=1)=\frac{\mathrm{e}^{\boldsymbol{\beta}_1\cdot\boldsymbol{X}_i}}{1+\sum\limits_{k=1}^{K-1}\mathrm{e}^{\boldsymbol{\beta}_k\cdot\boldsymbol{X}_i}} \tag{6.22}$$

$$\Pr(Y_i=2)=\frac{\mathrm{e}^{\boldsymbol{\beta}_2\cdot\boldsymbol{X}_i}}{1+\sum\limits_{k=1}^{K-1}\mathrm{e}^{\boldsymbol{\beta}_k\cdot\boldsymbol{X}_i}} \tag{6.23}$$

$$\vdots \tag{6.24}$$

$$\Pr(Y_i=K-1)=\frac{\mathrm{e}^{\boldsymbol{\beta}_{K-1}\cdot\boldsymbol{X}_i}}{1+\sum\limits_{k=1}^{K-1}\mathrm{e}^{\boldsymbol{\beta}_k\cdot\boldsymbol{X}_i}} \tag{6.25}$$

(2) Log 线性 (Log-Linear) 模型：在这种解释下，这 K 个类别对等看待，这样就要引入一个归一化因子 Z。由于指数里面是一个线性函数，所以该模型又被称为 Log 线性模型。

$$\Pr(Y_i=1)=\frac{1}{Z}\mathrm{e}^{\boldsymbol{\beta}_1\cdot\boldsymbol{X}_i} \tag{6.26}$$

$$\Pr(Y_i=2)=\frac{1}{Z}\mathrm{e}^{\boldsymbol{\beta}_2\cdot\boldsymbol{X}_i} \tag{6.27}$$

$$\vdots \tag{6.28}$$

$$\Pr(Y_i = K) = \frac{1}{Z}\mathrm{e}^{\boldsymbol{\beta}_K \cdot \boldsymbol{X}_i} \tag{6.29}$$

$$1 = \sum_{k=1}^{K} \Pr(Y_i = k) = \sum_{k=1}^{K} \frac{1}{Z}\mathrm{e}^{\boldsymbol{\beta}_k \cdot \boldsymbol{X}_i} = \frac{1}{Z}\sum_{k=1}^{K}\mathrm{e}^{\boldsymbol{\beta}_k \cdot \boldsymbol{X}_i} \Leftrightarrow \tag{6.30}$$

$$Z = \sum_{k=1}^{K}\mathrm{e}^{\boldsymbol{\beta}_k \cdot \boldsymbol{X}_i} \tag{6.31}$$

若做一些更为一般化的替换

$$\mathcal{Y}(\boldsymbol{x}) = [1, 2, \cdots, K] \tag{6.32}$$

$$\boldsymbol{\theta} = [\boldsymbol{\beta}_1, \boldsymbol{\beta}_2, \cdots, \boldsymbol{\beta}_K] \tag{6.33}$$

$$\boldsymbol{f}(\boldsymbol{x}, \boldsymbol{y}) = [\delta(\boldsymbol{y}, 1)\boldsymbol{x}, \delta(\boldsymbol{y}, 2)\boldsymbol{x}, \cdots, \delta(\boldsymbol{y}, K)\boldsymbol{x}] \quad (\delta\text{为 Dirac delta 函数}) \tag{6.34}$$

就能得到一般化的表示, 即

$$\Pr(\boldsymbol{y}|\boldsymbol{x}) = \frac{1}{Z(\boldsymbol{x})}\mathrm{e}^{\boldsymbol{\theta}^\top \boldsymbol{f}(\boldsymbol{x},\boldsymbol{y})} \tag{6.35}$$

$$Z(\boldsymbol{x}) = \sum_{\boldsymbol{y}' \in \mathcal{Y}(\boldsymbol{x})} \mathrm{e}^{\boldsymbol{\theta}^\top \boldsymbol{f}(\boldsymbol{x},\boldsymbol{y}')} \tag{6.36}$$

当基于最大似然估计来学习参数时，有

$$\ell(\boldsymbol{\theta}) = \sum_{i=1}^{n} \ln \Pr(\boldsymbol{x}_i) = \sum_{i=1}^{n} \ln\left(\frac{1}{Z(\boldsymbol{x}_i)}\mathrm{e}^{\boldsymbol{\theta}^\top \boldsymbol{f}(\boldsymbol{x}_i,\boldsymbol{y}_i)}\right) \tag{6.37}$$

$$= \sum_{i=1}^{n}\left(\boldsymbol{\theta}^\top \boldsymbol{f}(\boldsymbol{x}_i, \boldsymbol{y}_i) - \ln Z(\boldsymbol{x}_i)\right) \tag{6.38}$$

$$= \sum_{i=1}^{n}\left(\boldsymbol{\theta}^\top \boldsymbol{f}(\boldsymbol{x}_i, \boldsymbol{y}_i) - \ln \sum_{\boldsymbol{y}' \in \mathcal{Y}(\boldsymbol{x})} \mathrm{e}^{\boldsymbol{\theta}^\top \boldsymbol{f}(\boldsymbol{x}_i,\boldsymbol{y}')}\right) \tag{6.39}$$

上面表达式分为两部分，前面一部分是线性 $\boldsymbol{\theta}^\top \boldsymbol{f}(\boldsymbol{x}_i, \boldsymbol{y}_i)$，后面一部分是对数形式，所以称为 Log-Linear 模型。

6.2.3 最大熵原理与 Softmax 回归的等价性

最大熵原理是一个用于选择随机变量统计特性的原则，其主要思想是，在只掌握关于未知分布的部分知识时，应该选取符合这些知识但熵值最大的概率分布。

怎么理解这个原理呢？首先引入概率、熵、限制条件 3 个概念。

(1) 概率。设 A_i 表示状态 i，A_i 发生的概率为 $p(A_i)$。假设状态的总数是有限的，即 $i < +\infty$。则概率分布 $p(A_i)$ 满足

$$p(A_i) \geqslant 0 \tag{6.40}$$

$$\sum_i p(A_i) = 1 \tag{6.41}$$

(2) 熵。前面的章节已经给出熵的定义：

$$S = -\sum_i p(A_i) \ln_2 p(A_i) \tag{6.42}$$

熵衡量的是分布 $p(A_i)$ 的不确定性 (Uncertainty)，所谓不确定性，可以理解为对确定状态所需要的信息量 (Information) 的一个量化指标。从式 (6.42) 可以看出，当各状态的概率 $p(A_i)$ 相等时，熵的值最大。在没有更多的信息之前，“各状态的概率相等”这个假设是相对合理的。可以这样理解：降低或升高某些状态的概率就相当于引入了新的额外的假设，而在这些众多的假设中似乎并没有哪一个是特别合适的，因为不能在没有任何信息的情况下主观地认为某些状态的发生概率大于另外一些。

(3) 限制条件。所谓限制条件，其实就是上面所提到的额外的信息。限制条件的存在会打破“各状态发生概率相等”的平衡，使得某些状态的概率发生变化。从式 (6.42) 来看，这些额外的信息降低了对分布 $p(A_i)$ 的不确定性。限制条件可以有很多种形式，如某个值的期望：假设每个状态 A_i 对应了一个值 $g(A_i)$，那么其在分布 $p(A_i)$ 上的期望限制为 G，则

$$\sum_i p(A_i) g(A_i) = G \tag{6.43}$$

现在通过以上 3 个概念来理解最大熵原理就直观多了：在满足**限制条件**的前提下，不引入额外的假设以免造成不确定性的下降，反映在数学上，就是分布的**熵**最大，即每个状态所分配的**概率**尽可能平均。

可以看出，最大熵原理的求解可以转化为在限制条件下的求极值 (熵的最大值) 问题，就能使用拉格朗日乘子法进行求解。

1. Softmax 回归

下面直接从最大熵原理来推导出 Softmax 回归。

设 $\sigma(\boldsymbol{x})_v$ 表示 $\boldsymbol{x}$ 属于第 v 个分类的概率，假设一共有 K 个分类。现在不对 $\sigma(\boldsymbol{x})_v$ 的形式做任何假设，它可以是一个任意复杂的函数。现在要根据已知的确定的信息，列出

对 $\sigma(\boldsymbol{x})_v$ 的限制条件。首先，$\sigma(\boldsymbol{x})_v$ 是一个概率分布，所以每个分量大于 0 且求和为 1，即

$$\sigma(\boldsymbol{x})_v \geqslant 0 \tag{6.44}$$

$$\sum_{v=1}^{K} \sigma(\boldsymbol{x})_v = 1 \tag{6.45}$$

其次，希望分布 $\sigma(\boldsymbol{x})_v$ 满足训练集中数据的要求，即 $\sigma(\boldsymbol{x})_v$ 与训练集的数据分布一致：

$$\sum_{i=1}^{n} \sigma(\boldsymbol{x}(i))_v \boldsymbol{x}(i)_j = \sum_{i=1}^{n} \mathbb{I}_v(y(i))\boldsymbol{x}(i)_j \tag{6.46}$$

其中，$\mathbb{I}_u(y(i))$ 为指示函数，当 $y(i)=u$ 时值为 1，当 $y(i)\neq u$ 时值为 0。式 (6.46) 的意思是，在每一个分类 u 里，任意一个特征 j 在属于该分类的训练数据 $\boldsymbol{x}(i)$ 上的求和，等于所训练的模型分配给特征 j 的概率质量之和 ($\boldsymbol{x}(i)$ 属于分类 u 的概率，在全部训练数据上求和)。这表明 $\sigma(\boldsymbol{x}(i))_v$ 是对训练集的指示函数 $\mathbb{I}_u(y(i))$ 的一个很好的近似。$\sigma(\boldsymbol{x}(i))_v$ 的熵定义为

$$-\sum_{v=1}^{K}\sum_{i=1}^{n} \sigma(\boldsymbol{x}(i))_v \ln(\sigma(\boldsymbol{x}(i))_v) \tag{6.47}$$

现在有了概率、熵、限制条件，根据最大熵原理，我们希望在满足式 (6.44) ~ 式 (6.46) 时，要求式 (6.47) 取到最大值。这是一个具有限制条件的最优化问题，可以使用拉格朗日乘子法求解，即

$$\begin{aligned} L = &\sum_{j=1}^{m}\sum_{v=1}^{K} \lambda_{v,j}\left(\sum_{i=1}^{n} \sigma(\boldsymbol{x}(i))_v \boldsymbol{x}(i)_j - \sum_{i=1}^{n} \mathbb{I}_v(y(i))\boldsymbol{x}(i)_j\right) \\ &+ \sum_{i=1}^{n} \beta_i \left(\sum_{v=1}^{K} \sigma(\boldsymbol{x})_v - 1\right) - \sum_{v=1}^{K}\sum_{i=1}^{n} \sigma(\boldsymbol{x}(i))_v \ln(\sigma(\boldsymbol{x}(i))_v) \end{aligned} \tag{6.48}$$

式 (6.48) 中的 L 对 $\sigma(\boldsymbol{x}(i))_v$ 求偏导得到

$$\frac{\partial L}{\partial \sigma(\boldsymbol{x}(i))_v} = \lambda_v \boldsymbol{x}(i) + \beta_i - \ln(\sigma(\boldsymbol{x}(i))_v) - 1 \tag{6.49}$$

令上式等于 0，有

$$\lambda_v \boldsymbol{x}(i) + \beta_i - \ln(\sigma(\boldsymbol{x}(i))_v) - 1 = 0 \tag{6.50}$$

解方程得到

$$\sigma(\boldsymbol{x}(i))_v = \mathrm{e}^{\lambda_v \boldsymbol{x}(i) + \beta_i - 1} \tag{6.51}$$

根据限制条件式 (6.45)，概率 $\sigma(\boldsymbol{x}(i))_v$ 求和等于 1，即

$$\sum_{v=1}^{k} \mathrm{e}^{\lambda_v \boldsymbol{x}(i) + \beta_i - 1} = 1 \tag{6.52}$$

于是得到

$$e^{\beta_i-1}=\frac{1}{\sum\limits_{v=1}^{k}e^{\lambda_v \boldsymbol{x}(i)-1}} \tag{6.53}$$

把上式中的 e^{β_i-1} 代入式 (6.51)，得

$$\sigma(\boldsymbol{x}(i))=\frac{e^{\lambda_u \boldsymbol{x}(i)}}{\sum\limits_{v=1}^{k}e^{\lambda_v \boldsymbol{x}(i)}} \tag{6.54}$$

即

$$\sigma(\boldsymbol{x})=\frac{e^{\lambda_u \boldsymbol{x}}}{\sum\limits_{v=1}^{k}e^{\lambda_v \boldsymbol{x}}} \tag{6.55}$$

式 (6.55) 即为在前面从广义线性模型推导出来的 Softmax 回归。

2. Log-Linear 模型

假设对 Softmax 函数的每个分量做线性扩展，那么就得到 Log-Linear 模型

$$p(y|x;\boldsymbol{\theta})=\frac{\exp\left(c+\sum\limits_{j=1}^{|\boldsymbol{\theta}|}\theta_j f_j(x,y)\right)}{Z(x,\boldsymbol{\theta})}, \tag{6.56}$$

$$Z(x;\boldsymbol{\theta})=\sum_{y'\in Y}\exp\left(c+\sum_{j=1}^{|\boldsymbol{\theta}|}\theta_j f_j(x,y')\right) \tag{6.57}$$

写成向量的形式

$$p(y|x;\boldsymbol{\theta})=\frac{\exp\left(\boldsymbol{\theta}^\top \boldsymbol{f}(x,y)\right)}{Z(x,\boldsymbol{\theta})} \tag{6.58}$$

对比 Softmax 函数，把 Softmax 的每个输入自变量变成线性，即

$$v(x,y)=\boldsymbol{\theta}^\top \boldsymbol{f}(x,y) \Rightarrow \tag{6.59}$$

$$p(y|x;\boldsymbol{\theta})=\sigma(v(x,y))_{y\in Y}=\frac{e^{v(x,y)}}{\sum\limits_{y'\in Y}e^{v(x,y')}} \tag{6.60}$$

这样，有了 LogLinear 的假设，可以根据训练数据 X、Y 来优化参数 w。根据最大似然估计，目标是找到 Likelihood $\ell(\boldsymbol{\theta})$ 对 θ_k 的导数形式，即

$$\ell(\boldsymbol{\theta})=\ln P(X,Y|\boldsymbol{\theta}) \tag{6.61}$$

$$= \sum_{i=1}^{N} \ln p(x_i, y_i|\boldsymbol{\theta}) \tag{6.62}$$

$$= \sum_{i=1}^{N} \ln p(y_i|x_i; \boldsymbol{\theta}) p(x_i) \tag{6.63}$$

$$= \sum_{i=1}^{N} \ln p(y_i|x_i; \boldsymbol{\theta}) + \sum_{i=1}^{N} \ln p(x_i) \tag{6.64}$$

$$\frac{\partial \ell(\boldsymbol{\theta})}{\partial \theta_k} = \sum_{i=1}^{N} \frac{\partial \ln p(y_i|x_i; \boldsymbol{\theta})}{\partial \theta_k} \tag{6.65}$$

其中，省略与参数无关的 $\sum\limits_{i=1}^{N} \ln p(x_i)$，即

$$\ell(\boldsymbol{\theta}) = \sum_{i=1}^{n} \ln p(y_i|x_i; \boldsymbol{\theta}) \tag{6.66}$$

对于式 (6.67) 求和项中的一项 $\ln p(y_i|x_i; \boldsymbol{\theta})$ 有

$$\ln p(y_i|x_i; \boldsymbol{\theta}) = \ln \frac{\exp(\boldsymbol{\theta}^\top \boldsymbol{f}(x_i, y_i))}{\sum\limits_{y' \in \mathcal{Y}} \exp(\boldsymbol{\theta}^\top \boldsymbol{f}(x_i, y'))} \tag{6.67}$$

$$= \boldsymbol{\theta}^\top \boldsymbol{f}(x_i, y_i) - \ln \sum_{y' \in \mathcal{Y}} \exp(\boldsymbol{\theta}^\top \boldsymbol{f}(x_i, y')) \tag{6.68}$$

上式右边第一项对 θ_k 求导，得

$$\frac{\partial}{\partial \theta_k} \boldsymbol{\theta}^\top \boldsymbol{f}(x_i, y_i) = \frac{\partial}{\partial \theta_k} \left(\sum_k \theta_k f_k(x_i, y_i) \right) = f_k(x_i, y_i) \tag{6.69}$$

记 $g(\boldsymbol{\theta}) = \sum\limits_{y' \in \mathcal{Y}} \exp(\boldsymbol{\theta}^\top \boldsymbol{f}(x_i, y'))$，则右边第二项为

$$\ln g(\boldsymbol{\theta}) \tag{6.70}$$

上式对 θ_k 求导

$$\frac{\partial}{\partial \theta_k} \ln g(\boldsymbol{\theta}) = \frac{1}{g(\boldsymbol{\theta})} \frac{\partial}{\partial \theta_k} g(\boldsymbol{\theta}) \tag{6.71}$$

其中

$$\frac{\partial}{\partial \theta_k} g(\boldsymbol{\theta}) = \sum_{y' \in \mathcal{Y}} f_k(x_i, y') \exp(\boldsymbol{\theta}^\top \boldsymbol{f}(x_i, y')) \tag{6.72}$$

所以有

$$\frac{\partial}{\partial \theta_k} \ln g(\boldsymbol{\theta}) = \frac{\sum\limits_{y' \in \mathcal{Y}} f_k(x_i, y') \exp(\boldsymbol{\theta}^\top \boldsymbol{f}(x_i, y'))}{\sum\limits_{y' \in \mathcal{Y}} \exp(\boldsymbol{\theta}^\top \boldsymbol{f}(x_i, y'))} \tag{6.73}$$

$$= \sum_{y' \in \mathcal{Y}} f_k(x_i, y') \times \frac{\exp(\boldsymbol{\theta}^\top \boldsymbol{f}(x_i, y'))}{\sum_{y' \in \mathcal{Y}} \exp(\boldsymbol{\theta}^\top \boldsymbol{f}(x_i, y'))}) \tag{6.74}$$

$$= \sum_{y' \in \mathcal{Y}} f_k(x_i, y') p(y'|x; \boldsymbol{\theta}) \tag{6.75}$$

最终，把式 (6.69) 和式 (6.75) 结合起来得到

$$\frac{\mathrm{d}L(\boldsymbol{\theta})}{\mathrm{d}\theta_k} = \sum_{i=1}^{n} f_k(x^{(i)}, y^{(i)})) = f_k(x^{(i)}, y^{(i)}) - \sum_{i=1}^{n} \sum_{y' \in \mathcal{Y}} p(y'|x^{(i)}; \boldsymbol{\theta}) f_k(x^{(i)}, y') \tag{6.76}$$

6.3 最大熵条件下的 Log-Linear

Softmax 的多个二元逻辑回归解读和 Log-Linear 解读都可以从最大熵演绎出来。例如，逻辑回归可以看成广义线性模型，广义线性模型可以看成线性模型和指数簇函数的融合提高，最大熵模型可以很好地解释指数簇函数。下面直接从最大熵角度来解读 Log-Linear 模型。

假设有一组样本数据 $(\boldsymbol{x}_1, \boldsymbol{y}_1), (\boldsymbol{x}_2, \boldsymbol{y}_2), \cdots, (\boldsymbol{x}_n, \boldsymbol{y}_n)$，输入数据对应的空间集合 $\boldsymbol{x} \in \mathcal{X}(V) = \{\boldsymbol{v}_1, \boldsymbol{v}_2, \cdots, \boldsymbol{v}_l\}$ 为目标数据对于的类别集合 $\boldsymbol{y} \in \mathcal{Y}(C) = \{\boldsymbol{c}_1, \boldsymbol{c}_2, \cdots, \boldsymbol{c}_m\}$。这样可以计算 $(\boldsymbol{x}, \boldsymbol{y})$ 在空间 $\mathcal{X}(V) \times \mathcal{Y}(C)$ 的概率。通过频率来估算

$$\widetilde{\Pr}(\boldsymbol{x} = \boldsymbol{v}_i) = \frac{\#(\boldsymbol{x}_k = \boldsymbol{v}_i)}{n} > 0 \tag{6.77}$$

$$\widetilde{\Pr}(\boldsymbol{x} = \boldsymbol{v}_i, \boldsymbol{y} = \boldsymbol{c}_j) = \frac{\#(\boldsymbol{x}_k = \boldsymbol{v}_i, \boldsymbol{y}_k = \boldsymbol{c}_j)}{n} > 0 \tag{6.78}$$

那么再根据一组特征指示函数 $f_1, f_2, \cdots, f_T$

$$f_t(\boldsymbol{x}, \boldsymbol{y}) = \begin{cases} 1 & \text{如果}\boldsymbol{y} = \boldsymbol{c}_j \text{ 并且}\boldsymbol{x} \in \mathcal{X}(V_t)\text{，其中}\mathcal{X}(V_t) \subset \mathcal{X}(V) \\ 0 & \text{否则} \end{cases} \tag{6.79}$$

那么，每个特征对应的概率估算为

$$\widetilde{\Pr}(f_t) = \sum_{\boldsymbol{x}, \boldsymbol{y}} \widetilde{\Pr}(\boldsymbol{x}, \boldsymbol{y}) f_t(\boldsymbol{x}, \boldsymbol{y}) \tag{6.80}$$

$$= \sum_{\boldsymbol{x}, \boldsymbol{y}} \widetilde{\Pr}(\boldsymbol{x}) \Pr(\boldsymbol{y}|\boldsymbol{x}) f_t(\boldsymbol{x}, \boldsymbol{y}) \tag{6.81}$$

在这些前提下，要估算 $\Pr(\boldsymbol{y}|\boldsymbol{x})$，满足最大熵和如下限制条件

$$\max H(\boldsymbol{Y}|\boldsymbol{X}) \tag{6.82}$$

$$\text{s.t. } \Pr(\boldsymbol{y}|\boldsymbol{x}) \geqslant 0 \tag{6.83}$$

$$\sum_{\boldsymbol{y}} \Pr(\boldsymbol{y}|\boldsymbol{x}) = 1 \tag{6.84}$$

$$\sum_{\boldsymbol{x},\boldsymbol{y}} \widetilde{\Pr}(\boldsymbol{x}) \Pr(\boldsymbol{y}|\boldsymbol{x}) f_t(\boldsymbol{x},\boldsymbol{y}) = \sum_{\boldsymbol{x},\boldsymbol{y}} \widetilde{\Pr}(\boldsymbol{x},\boldsymbol{y}) f_t(\boldsymbol{x},\boldsymbol{y}),\ \text{每个特征} t \in \{1,2,\cdots,T\} \tag{6.85}$$

其中最大条件熵

$$H(\boldsymbol{Y}|\boldsymbol{X}) = -\sum_{\boldsymbol{x},\boldsymbol{y}} \widetilde{\Pr}(\boldsymbol{x},\boldsymbol{y}) \ln \Pr(\boldsymbol{y}|\boldsymbol{x}) \tag{6.86}$$

$$= -\sum_{\boldsymbol{x},\boldsymbol{y}} \widetilde{\Pr}(\boldsymbol{x}) \Pr(\boldsymbol{y}|\boldsymbol{x}) \ln \Pr(\boldsymbol{y}|\boldsymbol{x}) \tag{6.87}$$

所以根据拉格朗日乘子法，得到

$$\mathcal{L}(\Pr(\boldsymbol{y}|\boldsymbol{x}), \boldsymbol{\theta}, \lambda_0, \lambda_1) = -\sum_{\boldsymbol{x},\boldsymbol{y}} \widetilde{\Pr}(\boldsymbol{x}) \Pr(\boldsymbol{y}|\boldsymbol{x}) \ln \Pr(\boldsymbol{y}|\boldsymbol{x}) \tag{6.88}$$

$$- \lambda_0 \Pr(\boldsymbol{y}|\boldsymbol{x}) + \lambda_1(\sum_{\boldsymbol{y}} \Pr(\boldsymbol{y}|\boldsymbol{x}) - 1) \tag{6.89}$$

$$+ \sum_{t=1}^{T} \theta_t \left(\sum_{\boldsymbol{x},\boldsymbol{y}} \widetilde{\Pr}(\boldsymbol{x}) \Pr(\boldsymbol{y}|\boldsymbol{x}) f_t(\boldsymbol{x},\boldsymbol{y}) - \sum_{\boldsymbol{x},\boldsymbol{y}} \widetilde{\Pr}(\boldsymbol{x},\boldsymbol{y}) f_t(\boldsymbol{x},\boldsymbol{y}) \right) \tag{6.90}$$

再根据导数为零求最值，即

$$0 = \frac{\partial \mathcal{L}(\Pr(\boldsymbol{y}|\boldsymbol{x}), \boldsymbol{\theta}, \lambda_0, \lambda_1)}{\partial \Pr(\boldsymbol{y}|\boldsymbol{x})} \tag{6.91}$$

$$= -\widetilde{\Pr}(\boldsymbol{x})(1 + \ln \Pr(\boldsymbol{y}|\boldsymbol{x})) - \lambda_0 + \lambda_1 + \sum_{t=1}^{T} \theta_t \widetilde{\Pr}(\boldsymbol{x}) f_t(\boldsymbol{x},\boldsymbol{y}) \tag{6.92}$$

$$\ln \Pr(\boldsymbol{y}|\boldsymbol{x}) = \sum_{t=1}^{T} \theta_t f_t(\boldsymbol{x},\boldsymbol{y}) + \frac{1}{\widetilde{\Pr}(\boldsymbol{x})}(-1 - \lambda_0 + \lambda_1) \tag{6.93}$$

$$\Pr(\boldsymbol{y}|\boldsymbol{x}) = \mathrm{e}^{\sum\limits_{t=1}^{T} \theta_t f_t(\boldsymbol{x},\boldsymbol{y}) + \frac{1}{\widetilde{\Pr}(\boldsymbol{x})}(-1-\lambda_0+\lambda_1)} \tag{6.94}$$

注意等式成立要求 $\Pr(\boldsymbol{y}|\boldsymbol{x}) > 0$ 。接着根据概率之和为 1，因为要求 $\Pr(\boldsymbol{y}|\boldsymbol{x}) > 0$，所以不能选择全部 $\boldsymbol{y} \in \mathcal{Y}(C)$，而只能选择对应 $\boldsymbol{x}$ 存在的 $\boldsymbol{y} \in \mathcal{Y}(\boldsymbol{x})$

$$1 = \sum_{\boldsymbol{y}} \Pr(\boldsymbol{y}|\boldsymbol{x}) \tag{6.95}$$

$$= \sum_{\boldsymbol{y} \in \mathcal{Y}(\boldsymbol{x})} \mathrm{e}^{\sum\limits_{t=1}^{T} \theta_t f_t(\boldsymbol{x},\boldsymbol{y}) + \frac{1}{\widetilde{\Pr}(\boldsymbol{x})}(-1-\lambda_0+\lambda_1)} \tag{6.96}$$

$$\mathrm{e}^{\frac{1}{\widetilde{\Pr}(x)}(-1-\lambda_0+\lambda_1)} = \frac{1}{\sum\limits_{y\in\mathcal{Y}(\boldsymbol{x})} \mathrm{e}^{\sum\limits_{t=1}^{T}\theta_t f_t(\boldsymbol{x},\boldsymbol{y})}} \tag{6.97}$$

替换常数项进行微整理，有

$$\Pr(\boldsymbol{y}|\boldsymbol{x}) = \frac{1}{\sum\limits_{\boldsymbol{y}'\in\mathcal{Y}(\boldsymbol{x})} \mathrm{e}^{\sum\limits_{t=1}^{T}\theta_t f_t(\boldsymbol{v},\boldsymbol{y}')}} \mathrm{e}^{\sum\limits_{t=1}^{T}\theta_t f_t(\boldsymbol{x},\boldsymbol{y})} \tag{6.98}$$

$$= \frac{1}{\sum\limits_{\boldsymbol{y}'\in\mathcal{Y}(\boldsymbol{x})} \mathrm{e}^{\boldsymbol{\theta}^\top \boldsymbol{f}(\boldsymbol{x},\boldsymbol{y}')}} \mathrm{e}^{\boldsymbol{\theta}^\top \boldsymbol{f}(\boldsymbol{x},\boldsymbol{y})} \tag{6.99}$$

$$= \frac{1}{Z(\boldsymbol{x})}\mathrm{e}^{\boldsymbol{\theta}^\top \boldsymbol{f}(\boldsymbol{x},\boldsymbol{y})} \quad \left(Z(\boldsymbol{x}) = \sum_{\boldsymbol{y}'\in\mathcal{Y}(\boldsymbol{x})} \mathrm{e}^{\boldsymbol{\theta}^\top \boldsymbol{f}(\boldsymbol{x},\boldsymbol{y}')}\right) \tag{6.100}$$

这基本上是从 Softmax 演绎而来的 Log-Linear 的形式，但如果深入对比发现最大熵推导下的 Log-Linear 对指示函数的数量 $\|\boldsymbol{f}\| = T$ 和目标集合长度 $\|\mathcal{Y}(C)\| = m$ 并没有严格要求，但是很明确 $T \geqslant m$。至少每个目标元素应该对应一个特征。这意味着对 Softmax 对应的 log-linear 做了进一步的泛化。

正是因为最大熵模型的结果刚好对应的是 Log-Linear 的结果，因此很多最大熵模型都是通过 Log-Linear 来进行化解的。

6.4 多分类界面

在经验风险最小中介绍了两类问题的分类界面，如经典的逻辑回归

$$\hat{\boldsymbol{w}}_{\mathrm{LR}} = \arg\min_{\boldsymbol{w}} \left\{\frac{1}{n}\sum_{i=1}^{n} \ln\{1+\exp(-y_i(\boldsymbol{w}^\top \boldsymbol{x}_i + b))\}\right\} \tag{6.101}$$

在这个分类界面的表示中 $y \in \{-1, 1\}$，分类界面为 $-y(\boldsymbol{w}^\top \boldsymbol{x} + b)$，更为一般化的表示为

$$f(\boldsymbol{x}_i; \boldsymbol{w}) = \boldsymbol{w}^\top \boldsymbol{x}_i + b \tag{6.102}$$

$$y f(\boldsymbol{x}_i; \boldsymbol{w}) \geqslant 1 \tag{6.103}$$

如果进一步泛化，令 $\boldsymbol{\theta} = [\boldsymbol{w}, b], \boldsymbol{x}' = [\boldsymbol{x}, 1]$，则有

$$\phi(\boldsymbol{x}', y) = y\boldsymbol{x}' \tag{6.104}$$

$$y f(\boldsymbol{x}_i; \boldsymbol{w}) = y(\boldsymbol{w}^\top \boldsymbol{x}_i + b) = y([\boldsymbol{w}, b]^\top [\boldsymbol{x}, 1]) = y\boldsymbol{\theta}^\top \boldsymbol{x}' = \boldsymbol{\theta}^\top \phi(\boldsymbol{x}', y) \tag{6.105}$$

这种更为泛化的表达式 $\boldsymbol{\theta}^\top\phi(\boldsymbol{x}',y)$ 称为多分类界面 (Multi-Classification Margin)，因为在这种情况下，y 的取值可以不再局限于两个对称的值。同时，把可分情况下的线性分类界面限制 $\boldsymbol{w}$ 的取值，泛化到直接求极值，即

$$\boldsymbol{w} \text{ s.t. } yf(\boldsymbol{x}_i;\boldsymbol{w}) \geqslant 1 \Rightarrow \max_{\boldsymbol{\theta}} \boldsymbol{\theta}^\top\phi(\boldsymbol{x}',y) \tag{6.106}$$

下面从感知机 (Perceptron) 的角度来理解这种多分类界面在多分类情况下的适用性。

6.4.1 感知机和多分类感知机

为什么选用感知机而不是支持向量机呢？因为二分类的感知机的分类界面要求比较简单 (图 6.1)：$yf(x) = y\text{sign}(\boldsymbol{w}^\top\boldsymbol{x}_i) \geqslant 1$，可以看出其没有要求是一个唯一的最优分类界面 $\arg\max_w \dfrac{2}{\|\boldsymbol{w}\|}$。

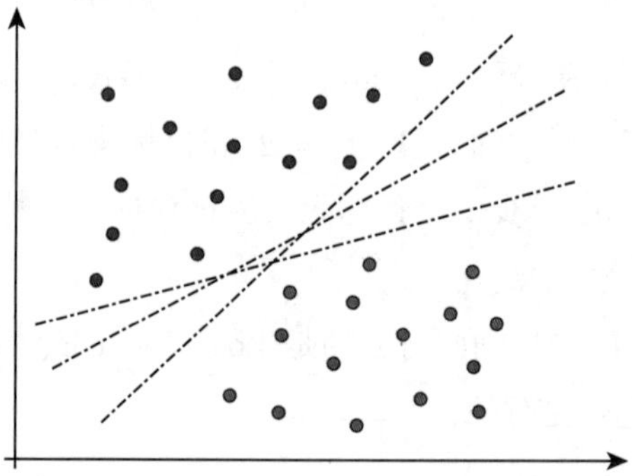

图 6.1 感知机找的分类界面，未必是最优分类界面

感知机能够很好地学习两类线性分类 $y \in \{-1,1\}$ 问题。

(1) 根据输入计算当前输出

$$\hat{y}_i = \text{sign}(\boldsymbol{w}^\top\boldsymbol{x}_i) \tag{6.107}$$

其中, $\text{sign}(x)$ 为符号函数。

(2) 找到错误分类的点，更新权重

$$\boldsymbol{w} \leftarrow \boldsymbol{w} + \eta(y_i - \hat{y}_i)\boldsymbol{x}_i \tag{6.108}$$

如果我们替换为一般性多类问题 Softmax 边界 $\phi(\boldsymbol{x},y) = y\boldsymbol{x}$，那么根据输入计算求出当前估算值可得

$$\hat{y}_i = \arg\max_y \boldsymbol{w}^\top\phi(\boldsymbol{x},y) \tag{6.109}$$

找到错误分类的点，更新权重，有

$$w \leftarrow w + \eta(\phi(x, y_i) - \phi(x, \hat{y}_i)) \tag{6.110}$$

Softmax 分类边界泛化之后有以下三大优点。

(1) 兼容了 $y \in \{-1, 1\}$ 和 $y \in \{0, 1\}$ 的情况, 通过求解

$$\arg\max_y w^\top \phi(x, y) = \arg\max_y y w^\top x \tag{6.111}$$

可知，当 $w^\top x < 0$ 时，$y w^\top x$ 取最大值，可以是 -1 或 0。

(2) 兼容了多类问题，即

$$\arg\max_y w^\top \phi(x, y) = \arg\max_y [w_1, \cdots, w_K][\delta(y, 1)x, \cdots, \delta(y, K)x]^\top \tag{6.112}$$

相当于为每个类别训练了一个 0-1 的子分类器。

(3) 更新方式满足梯度上升 (对应求最大值) 的解释，即

$$\frac{\partial w^\top \phi(x, y)}{\partial w} = \phi(x, y) \tag{6.113}$$

$$\Delta w = \eta \Delta \phi(x, y) \mid_{\hat{y}}^{y} \tag{6.114}$$

6.4.2 多分类感知机和结构感知机

如果预测的结果 y 不是一个标签，而是一组顺序标签 $\boldsymbol{y} = (y_1, y_2, \cdots, y_T)$，则感知机成为结构感知机 (Structured Perceptron)。这是进一步的泛化，泛化之后，整个感知机算法的变化就是对于每个输入 x 需要生成待检验的序列 $\boldsymbol{y} = \text{GEN}(x)$，即

$$\hat{\boldsymbol{y}} = \arg \max_{\boldsymbol{y} \in \text{GEN}(x)} w^\top \phi(x, \boldsymbol{y}) \tag{6.115}$$

$$w \leftarrow w + \eta(\phi(x, \boldsymbol{y}) - \phi(x, \hat{\boldsymbol{y}})) \tag{6.116}$$

所以，通过多分类泛化和顺序结构泛化，再结合经验风险最小的思想，可以得到一个线性分类器标准

$$\hat{\boldsymbol{y}} = \arg\max_{\boldsymbol{y}} w^\top \phi(x, \boldsymbol{y}) = \arg\min_{\boldsymbol{y}} \left(-w^\top \phi(x, \boldsymbol{y})\right) \tag{6.117}$$

其中，$\phi(x, \boldsymbol{y})$ 是定义在训练数据上的特征，并且这个结果刚好是 Log-Linear 的线性部分。

6.5 概率图模型里面的 Log-Linear

从最大熵推导可以看出，Log-Linear 模型的最大好处是用最大熵来弥补直接根据频率估算条件概率的缺陷，即

$$\Pr(\boldsymbol{y}|\boldsymbol{x}) = \frac{\Pr(\boldsymbol{x},\boldsymbol{y})}{\Pr(\boldsymbol{x})} \approx \frac{\widetilde{\Pr}(\boldsymbol{x},\boldsymbol{y})}{\widetilde{\Pr}(\boldsymbol{x})} \tag{6.118}$$

其中有以下两个重要的原因。

(1) 频率的估算的概率分布离散不光滑，很容易导致概率为零的情况。虽然有很多概率光滑的手段，但是最常用的指数概率分布都是可以依据最大熵来推导。所以基于最大熵的光滑是非常好的策略。

(2) 限制条件的使用不够灵活，而 Log-Linear 里面的限制条件的使用非常方便灵活。

因此，Log-Linear 模型成为限制条件下求解条件概率估算或者判别问题 (Discriminative Problem) 的方法。

有了条件概率表达式，可求解最大熵表达式，如下。

$$\Pr(\boldsymbol{y}|\boldsymbol{x}) = \frac{1}{Z(\boldsymbol{x})}\mathrm{e}^{\boldsymbol{\theta}^\top \boldsymbol{f}(\boldsymbol{x},\boldsymbol{y})} \tag{6.119}$$

其中 $Z(\boldsymbol{x}) = \sum\limits_{\boldsymbol{y}'\in\mathcal{Y}(\boldsymbol{x})} \mathrm{e}^{\boldsymbol{\theta}^\top \boldsymbol{f}(\boldsymbol{x},\boldsymbol{y}')}$。

另外从多分类到结构分类中，重新认识了 Log-Linear 的线性部分。接下来通过类似结构风险最小的原则，描述从 Log-Linear 模型泛化出 Softmax-Margin 的方法。

根据经验风险最小和负的对数似然 (NLL) 的关系有

$$\boldsymbol{\theta}^*_{\mathrm{CLL}} = \arg\min_{\boldsymbol{\theta}} \sum_{i=1}^{n} -\boldsymbol{\theta}^\top \boldsymbol{f}(\boldsymbol{x}_i,\boldsymbol{y}_i) + \ln \sum_{\boldsymbol{y}'\in\mathcal{Y}(\boldsymbol{x})} \mathrm{e}^{\boldsymbol{\theta}^\top \boldsymbol{f}(\boldsymbol{x}_i,\boldsymbol{y}')} \tag{6.120}$$

这个结构 Log-Linear 称为条件对数似然 (Conditional Log-Likelihood)。本质上，这个就是逻辑回归的损失函数，即

$$\mathrm{Loss}_{\mathrm{CLL}}(z) = \ln(1+\mathrm{e}^{-z}) \tag{6.121}$$

采用类似的损失函数替换：

$$\mathrm{Loss}_{\mathrm{MM}}(z) = \max(0, m-z) \tag{6.122}$$

可得到 Max-Margin 的形式，即

$$\boldsymbol{\theta}_{\mathrm{MM}}^{*}=\arg\min_{\boldsymbol{\theta}}\sum_{i=1}^{n}-\boldsymbol{\theta}^{\top}\boldsymbol{f}(\boldsymbol{x}_i,\boldsymbol{y}_i)+\max_{\boldsymbol{y}'\in\mathcal{Y}(\boldsymbol{x})}\left(\boldsymbol{\theta}^{\top}\boldsymbol{f}(\boldsymbol{x}_i,\boldsymbol{y}')+\mathrm{cost}(\boldsymbol{y}_i,\boldsymbol{y}')\right) \tag{6.123}$$

这里引入一个通用的代价函数 $\mathrm{Cost}(\boldsymbol{y}_i,\boldsymbol{y}')$ 来比较候选值和期望值之间的差异。

如果把这种比较作为先验引入到 CLL 中

$$\boldsymbol{\theta}_{\mathrm{SM}}^{*}=\arg\min_{\boldsymbol{\theta}}\sum_{i=1}^{n}-\boldsymbol{\theta}^{\top}\boldsymbol{f}(\boldsymbol{x}_i,\boldsymbol{y}_i)+\ln\sum_{\boldsymbol{y}'\in\mathcal{Y}(\boldsymbol{x})}\mathrm{e}^{\boldsymbol{\theta}^{\top}\boldsymbol{f}(\boldsymbol{x}_i,\boldsymbol{y}')+\mathrm{cost}(\boldsymbol{y}_i,\boldsymbol{y}')} \tag{6.124}$$

就会得到 Softmax-Margin 的算法，对应的损失函数为

$$\mathrm{Loss}_{\mathrm{SM}}(z)=\ln(1+\mathrm{e}^{m-z}) \tag{6.125}$$

假设直接利用条件概率计算期望代价作为风险 (Risk)，即

$$\boldsymbol{\theta}_{\mathrm{Risk}}^{*}=\arg\min_{\boldsymbol{\theta}}\sum_{i=1}^{n}\sum_{\boldsymbol{y}\in\mathcal{Y}(\boldsymbol{x})}\mathrm{cost}(\boldsymbol{y}_i,\boldsymbol{y})\frac{\mathrm{e}^{\boldsymbol{\theta}^{\top}\boldsymbol{f}(\boldsymbol{x}_i,\boldsymbol{y})}}{\sum\limits_{\boldsymbol{y}'\in\mathcal{Y}(\boldsymbol{x})}\mathrm{e}^{\boldsymbol{\theta}^{\top}\boldsymbol{f}(\boldsymbol{x}_i,\boldsymbol{y}')}} \tag{6.126}$$

则风险的损失函数比较直接，就是指数形式表示的概率乘以代价

$$\mathrm{Loss}_{\mathrm{Risk}}(z)=m\frac{\mathrm{e}^{-z}}{1+\mathrm{e}^{-z}} \tag{6.127}$$

更进一步，利用 Jensen 不等式和期望直接的关系，求解 Risk 的一个上限

$$\mathbb{E}[\mathrm{cost}(\boldsymbol{y}_i,\cdot)]=\mathbb{E}[\ln(\mathrm{e}^{\mathrm{cost}(\boldsymbol{y}_i,\cdot)})]\leqslant\ln\mathbb{E}[\mathrm{e}^{\mathrm{cost}(\boldsymbol{y}_i,\cdot)}] \tag{6.128}$$

可以得到 Jensen Risk Bound 的表达式

$$\boldsymbol{\theta}_{\mathrm{JRB}}^{*}=\arg\min_{\boldsymbol{\theta}}\sum_{i=1}^{n}-\ln\sum_{\boldsymbol{y}'\in\mathcal{Y}(\boldsymbol{x})}\mathrm{e}^{\boldsymbol{\theta}^{\top}\boldsymbol{f}(\boldsymbol{x}_i,\boldsymbol{y}')}+\ln\sum_{\boldsymbol{y}'\in\mathcal{Y}(\boldsymbol{x})}\mathrm{e}^{\boldsymbol{\theta}^{\top}\boldsymbol{f}(\boldsymbol{x}_i,\boldsymbol{y}')+\mathrm{cost}(\boldsymbol{y}_i,\boldsymbol{y}')} \tag{6.129}$$

对应的损失函数为

$$\mathrm{Loss}_{\mathrm{JRB}}(z)=\ln\left(\frac{1+\mathrm{e}^{(m-z)}}{1+\mathrm{e}^{-z}}\right) \tag{6.130}$$

基于 Log-Linear 的分类边界定义通过类似的风险函数和 Jensen 不等式的扩展，得到一系列 Log-Linear 类似的分类函数 (如图 6.2 所示)，这些函数不仅可作为多分类。还可用作结构分类。

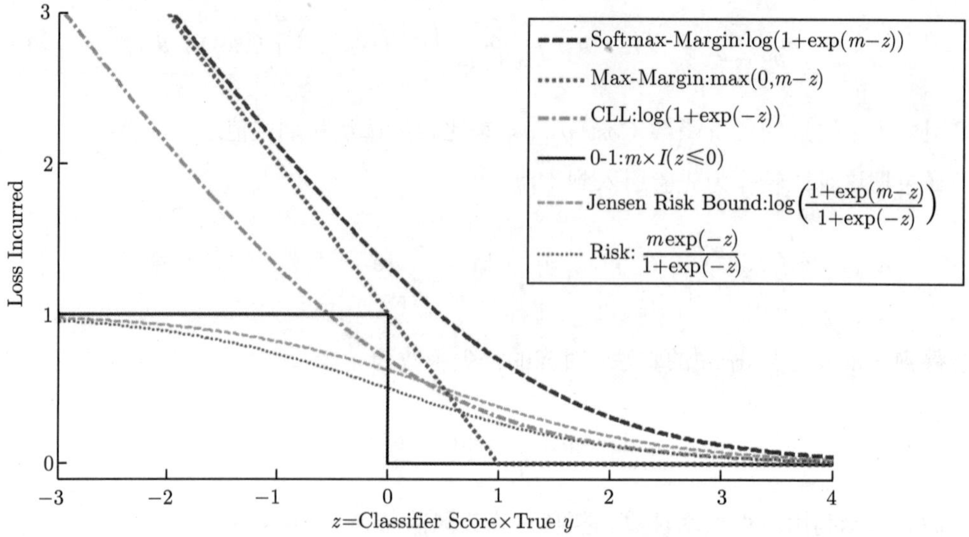

图 6.2 基于 Softmax 边界的损失函数

6.6 深度学习里面的 Softmax 层

正是因为 Softmax 和多分类问题的良好对应，在神经网络中，Softmax 激活函数常常和交叉熵损失相提并论。

根据 Softmax 估算到条件概率分布

$$q_i = \frac{\mathrm{e}^{f_i(\boldsymbol{x})}}{\sum\limits_j e^{f_j(\boldsymbol{x})}} \tag{6.131}$$

另外，正确分类对应的 Dirac 分布

$$\boldsymbol{p} = [0, \cdots, 1, \cdots, 0], \quad \text{其中 } p_i = \delta(y_i, i) \tag{6.132}$$

那么计算两个分布直接交叉熵 (Cross-Entropy)

$$H(\boldsymbol{p}, \boldsymbol{q}) = -\sum_{\boldsymbol{x}} \boldsymbol{p}(\boldsymbol{x}) \ln \boldsymbol{q}(\boldsymbol{x}) = H(\boldsymbol{p}) + D_{\mathrm{KL}}(\boldsymbol{p} \| \boldsymbol{q}) \tag{6.133}$$

因为 $\boldsymbol{p}$ 是 Dirac 分布，它的熵 $H(\boldsymbol{p})$ 为零，所以 $H(\boldsymbol{p}, \boldsymbol{q}) = D_{\mathrm{KL}}(\boldsymbol{p} \| \boldsymbol{q})$。相当于要求一个 Softmax 对应的分布和结果分类的分布是最接近的，所以根据 KL 距离关系，等价求解一个与结果分布最接近的 Softmax 分布。所以交叉熵可以视为 Softmax 的损失函数。

再因为 $\boldsymbol{p}(\boldsymbol{x})$ 是 Dirac 分布，那么求和之后就是负的对数损失

$$\mathrm{Loss}_i = -\ln(q_i) = -\ln\left(\frac{\mathrm{e}^{f_i(\boldsymbol{x})}}{\sum_j \mathrm{e}^{f_j(\boldsymbol{x})}}\right) \tag{6.134}$$

$$= -f_i(\boldsymbol{x}) + \ln\sum_j \mathrm{e}^{f_j(\boldsymbol{x})} \tag{6.135}$$

这里可以看到损失的计算需要等到所有节点的计算结果，这个计算量相当大。

所以 Softmax 在神经网络应用的突破之一就是近似求解。其中基于采样方式的 Importance Sampling，再引入稳定性更好的 Noise Contrastive Estimation，再到 Negative Sampling，再加上 GPU 的使用，使得基于 Softmax 深度神经网络的概率计算成为主流。

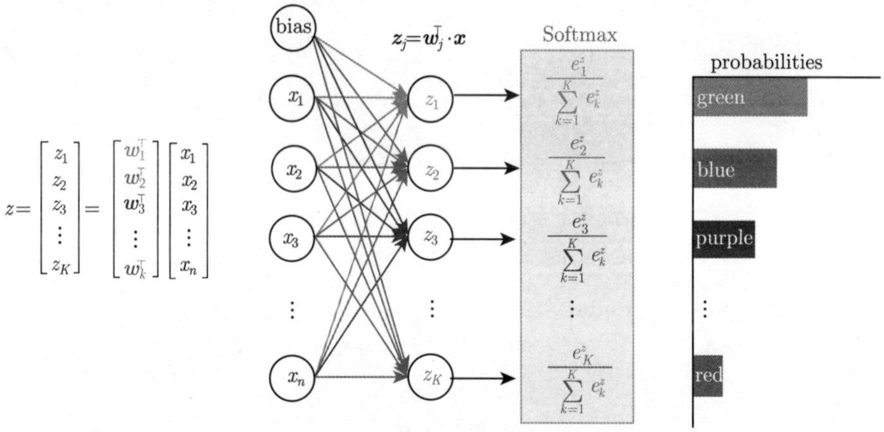

图 6.3 Softmax 激活函数的神经元层

6.7 小结

这里通过从二项分布到多项分布的引入和通过最大熵证明了 Softmax 回归的形式；再通过 Softmax 形式的解读拓展，引入了 Log-Linear 的形式；又通过最大熵证明了一般的 Log-Linear 形式。为了更好地解读 Log-Linear 形式，引入了多分类的分类界面来解读 Log-Linear 的线性部分，再通过类似结构风险中的各种损失函数引入 Log-Linear 的重要扩展形式，尤其是 Softmax-Margin；最后，通过 Softmax 层解释了神经网络中的多分类。

参 考 文 献

[1] Collins, Michael. Discriminative Training Methods for Hidden Markov Models: Theory and Experiments with Perceptron Algorithms[C]. Proceedings of the ACL-02 Conference on

Empirical Methods in Natural Language Processing-Volume 10. EMNLP'02. Stroudsburg: Association for Computational Linguistics, 2002.

[2] Gimpel, Kevin and Noah A. Smith. Softmax-Margin CRFs: Training Log-Linear Models with Cost Functions[C]. Human Language Technologies: Conference of the North American Chapter of the Association of Computational Linguistics, Proceedings, June 2-4, 2010, Los Angeles, California, 2010.

[3] Goodfellow, Ian, Yoshua Bengio and Aaron Courville. Deep Learning. MIT Press, 2016.

[4] Malouf, Robert. Maximum Entropy Models. The Handbook of Computational Linguistics and Natural Language Processing. Wiley-Blackwell, 2010.

[5] Manning, Christopher D., Prabhakar Raghavan, and Hinrich Schütze. Introduction to Information Retrieval. New York: Cambridge University Press, 2008.

第 7 章 Chapter 7 拉格朗日乘子法

在第 4 章“结构风险最小”中从函数空间的角度对结构风险进行了解释，利用拉格朗日乘子法表明结构风险最小实质上是一个带约束条件的优化问题。当时只是直接使用了拉格朗日乘子法，并未对该方法本身进行说明。在机器学习领域中随处可以看到它的身影。本章将会对拉格朗日乘子法进行介绍，从凸共轭的概念开始，逐步探究它的来源和本质。

7.1 凸共轭

7.1.1 凸共轭的定义

凸共轭 (Convex Gonjugate) 又称为 Fenchel 共轭，在最优化理论中扮演着非常核心的角色，很多东西都可以通过它产生联系。

凸共轭定义为

$$f^*(\boldsymbol{y}) = \sup_{\boldsymbol{x}\in\mathbb{R}^n} \{\boldsymbol{x}^\top \boldsymbol{y} - f(\boldsymbol{x})\}, \quad \boldsymbol{y} \in \mathbf{R}^n \tag{7.1}$$

从式 (7.1) 可以看出，凸共轭是对 $\boldsymbol{x}^\top \boldsymbol{y} - f(\boldsymbol{x})$ 取上界。我们来看看 $\boldsymbol{x}^\top \boldsymbol{y} - f(\boldsymbol{x})$ 是什么，令 $\boldsymbol{x}^\top \boldsymbol{y} - f(\boldsymbol{x}) = b$，有

$$\boldsymbol{x}^\top \boldsymbol{y} - f(\boldsymbol{x}) = b \tag{7.2}$$

$$f(\boldsymbol{x}) = \boldsymbol{x}^\top \boldsymbol{y} + (-b) \tag{7.3}$$

由式 (7.3) 可以看出，$\boldsymbol{x}^\top \boldsymbol{y} - b$ 定义了一个超平面，其中 $\boldsymbol{y}$ 是斜率，而 $-b$ 则是截距。凸共轭的定义式 (7.1) 是对 b 取上界 $\sup_{\boldsymbol{x}\in\mathbb{R}^n}\{b\}$，等价于

$$- \inf_{\boldsymbol{x} \in \mathbb{R}^n} \{-b\} \tag{7.4}$$

即截距的下界的相反数。因此，凸共轭的意义即为给定斜率 $\boldsymbol{y}$，寻找通过 $(\boldsymbol{x}, f(\boldsymbol{x}))$ 点且斜率为 $\boldsymbol{y}$ 的超平面截距最小值的相反数。如图 7.1 所示，给定斜率 $\boldsymbol{y}$ 之后，截距 $f(\boldsymbol{x})-\boldsymbol{x}^\top\boldsymbol{y}$ 取到下界时，超平面 $\boldsymbol{x}^\top\boldsymbol{y}-b$ 为函数 $f(\boldsymbol{x})$ 的上境图 (Epigraph) 的支撑超平面 (Supporting Hyperplane)。

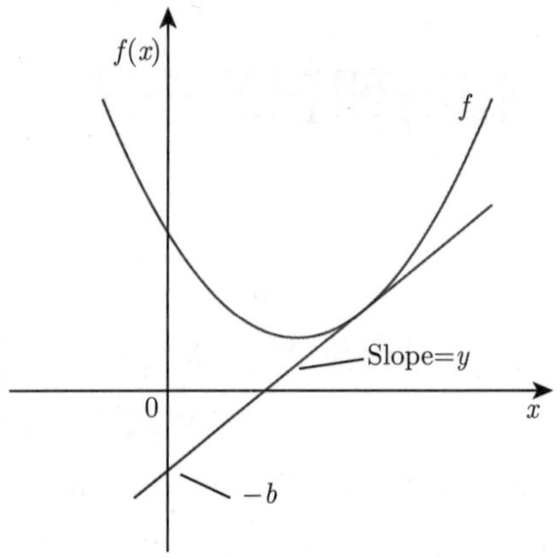

图 7.1　凸共轭的几何解释

综上所述，设 $\text{epi}(f(\boldsymbol{x}))$ 表示函数 $f(\boldsymbol{x})$ 的上境图，则**函数 $f(\boldsymbol{x})$ 的凸共轭就是 $(-\infty, +\infty)$ 上的不同斜率所对应超平面的截距的相反数，且这些超平面均为 $\text{epi}(f(\boldsymbol{x}))$ 的支撑超平面。**

理解了上面这句话之后，凸共轭的意义就很清晰了：以二维空间为例，给定斜率 y，该斜率会确定一个超平面方向，将这个超平面从 $-\infty$ 处开始向上平移，直到与函数 $f(x)$ 的上境图相切，此时的超平面截距 (的相反数) 即为 $f(x)$ 的共轭函数 $f^*(y)$ 的值。可以想象，当斜率 y 接近 $-\infty$ 或 $+\infty$ 时，对应的超平面截距的值会非常小，而随着斜率 y 不断向 0 靠近，对应超平面的截距的值会不断增大，并当 $y=0$ 时取到最大值。注意共轭函数 $f^*(y)$ 是截距的相反数，因此斜率 y 从 $-\infty$ 到 $+\infty$ 取值的过程中，共轭函数 $f^*(y)$ 的值会经历一个从大变小再变大的过程，并在 $y=0$ 处取到最小值。从凸共轭的定义式 (7.1) 可以看出，$f^*(y)$ 在 $y=0$ 处的最小值与 $f(x)$ 的最小值相同 (从几何上也可以看出)。

经过上面的分析，可以总结出以下几点凸共轭的性质。

(1) 共轭函数 $f^*(\boldsymbol{y})$ 是封闭的凸函数。根据其定义式 (7.1)，$f^*(\boldsymbol{y})$ 是对关于 $\boldsymbol{y}$ 的线性函数 $\boldsymbol{x}^\top\boldsymbol{y}-f(\boldsymbol{x})$ 取上界，线性函数是凸函数，由凸函数的性质——对一组凸函数取上界 sup 仍会得到凸函数，因此 $f^*(\boldsymbol{y})$ 是凸函数 (封闭性同样可以得到)。从另一个角度来看，$f^*(\boldsymbol{y})$ 的上境图是 $\boldsymbol{y}$ 的线性函数 $\boldsymbol{x}^\top\boldsymbol{y}-f(\boldsymbol{x})$ 的上境图 ($\boldsymbol{x}$ 在 $\mathbf{R}^n$ 上取值) 的交集，这

也说明 $f^*(\boldsymbol{y})$ 是一个凸函数。

(2) 共轭函数 $f^*(\boldsymbol{y})$ 在 $y=0$ 处取到最小值，且最小值与 $f(\boldsymbol{x})$ 的最小值相等。

(3) 当 $f(\boldsymbol{x})$ 是封闭的常义 (Proper) 凸函数时，$f^*(\boldsymbol{y})$ 的共轭函数 $f^{**}(\boldsymbol{x})=f(\boldsymbol{x})$。

上面的第三点又被称为共轭定理 (Conjugacy Theorem)，将在下一节对其进行证明。

7.1.2 凸共轭定理

凸共轭定理：设 $f(\boldsymbol{x})$ 是 $\mathbf{R}^n$ 到 $(-\infty,+\infty)$ 上的映射，令 $f^*(\boldsymbol{y})$ 为 $f(\boldsymbol{x})$ 的凸共轭函数，则 $f^*(\boldsymbol{y})$ 的凸共轭函数为

$$f^{**}(\boldsymbol{x})=\sup_{\boldsymbol{y}\in\mathbf{R}^n}\{\boldsymbol{y}^\top\boldsymbol{x}-f^*(\boldsymbol{y})\},\quad \boldsymbol{x}\in\mathbf{R}^n \tag{7.5}$$

并有如下两个性质。

(1) $f(\boldsymbol{x})\geqslant f^{**}(\boldsymbol{x}),\quad \forall x\in\mathbf{R}^n$；

(2) 如果 $f(\boldsymbol{x})$ 是封闭常义凸函数，则有 $f(\boldsymbol{x})=f^{**}(\boldsymbol{x}),\quad \forall\boldsymbol{x}\in\mathbf{R}^n$。

性质 (1) 的证明很简单：对所有的 $\boldsymbol{x}$ 和 $\boldsymbol{y}$ 有

$$f^*(\boldsymbol{y})=\sup_{\boldsymbol{x}\in\mathbf{R}^n}\{\boldsymbol{x}^\top\boldsymbol{y}-f(\boldsymbol{x})\}\geqslant\boldsymbol{y}^\top\boldsymbol{x}-f(\boldsymbol{x})$$

于是

$$f(\boldsymbol{x})\geqslant\boldsymbol{y}^\top\boldsymbol{x}-f^*(\boldsymbol{y})$$

即

$$f(\boldsymbol{x})\geqslant\sup_{\boldsymbol{y}\in\mathbf{R}^n}\{\boldsymbol{y}^\top\boldsymbol{x}-f^*(\boldsymbol{y})\}=f^{**}(\boldsymbol{x})$$

性质 (2) 的证明如下。

使用反证法：已知 $f(\boldsymbol{x})$ 是凸函数，由性质 (1) 的结论 $f(\boldsymbol{x})\geqslant f^{**}(\boldsymbol{x})$ 可知 $\mathrm{epi}(f(\boldsymbol{x}))\subseteq\mathrm{epi}(f^{**}(\boldsymbol{x}))$，即 $f(\boldsymbol{x})$ 的上境图在 $f^{**}(\boldsymbol{x})$ 的上境图的“上面”，且被其包含。假设 $\exists\boldsymbol{x}, f(\boldsymbol{x})\neq f^{**}(\boldsymbol{x})$，即在 $\boldsymbol{x}$ 处 $f(\boldsymbol{x})>f^{**}(\boldsymbol{x})$，因此存在点 $(\boldsymbol{x},a)\in\mathrm{epi}(f^{**}(\boldsymbol{x}))$ 且 $(\boldsymbol{x},a)\notin\mathrm{epi}(f(\boldsymbol{x}))$。因为 $f(\boldsymbol{x})$ 为凸函数，则存在法向量为 $(\boldsymbol{y},-1)$ 的超平面严格分离 $(\boldsymbol{x},a)$ 和 $\mathrm{epi}(f(\boldsymbol{x}))$。于是存在 $c\in\mathbf{R}$ 使得

$$\boldsymbol{y}^\top\boldsymbol{z}-b<c<\boldsymbol{y}^\top\boldsymbol{x}-a,\quad \forall(\boldsymbol{z},b)\in\mathrm{epi}(f(\boldsymbol{x}))$$

即 $f(\boldsymbol{x})$ 的上境图位于超平面的上方，而点 $(\boldsymbol{x},a)$ 位于超平面的下方。根据假设点 $(\boldsymbol{x},a)\in\mathrm{epi}(f^{**}(\boldsymbol{x}))$ 有 $a\geqslant f^{**}(\boldsymbol{x})$，同时有 $(\boldsymbol{z},f(\boldsymbol{z}))\in\mathrm{epi}(f(\boldsymbol{z}))$，代入上式得到

$$\boldsymbol{y}^\top\boldsymbol{z}-f(\boldsymbol{z})<c<\boldsymbol{y}^\top\boldsymbol{x}-f^{**}(\boldsymbol{x}),\quad \forall\boldsymbol{z}\in\mathrm{dom}(f(\boldsymbol{x}))$$

其中 $\mathrm{dom}f(\cdot)$ 表示函数 $f(\cdot)$ 的定义域。上式左边的不等式 $\boldsymbol{y}^\top\boldsymbol{z}-f(\boldsymbol{z})<c$ 等价于 $\sup\limits_{\boldsymbol{z}\in\mathbf{R}^n}\{\boldsymbol{y}^\top\boldsymbol{z}-f(\boldsymbol{z})\}<c$，即 $f^*(\boldsymbol{y})<c$，于是有

$$f^*(\boldsymbol{y})<c<\boldsymbol{y}^\top\boldsymbol{x}-f^{**}(\boldsymbol{x})$$

变换得到

$$f^{**}(\boldsymbol{x})<\boldsymbol{y}^\top\boldsymbol{x}-f^*(\boldsymbol{y})\leqslant\sup_{\boldsymbol{y}\in\mathbf{R}^n}\{\boldsymbol{x}^\top\boldsymbol{y}-f(\boldsymbol{x})\}$$

这与 $f^{**}(\boldsymbol{x})$ 的定义式 (7.5) 矛盾，因此原假设存在“$\boldsymbol{x}$ 使得在 $\boldsymbol{x}$ 处 $f(\boldsymbol{x})>f^{**}(\boldsymbol{x})$”不成立，所以对于所有的 $\boldsymbol{x}$ 有

$$f(\boldsymbol{x})\leqslant f^{**}(\boldsymbol{x})$$

结合性质 (1) 的结论 $f(\boldsymbol{x})\geqslant f^{**}(\boldsymbol{x})$ 可以得出，当 $f(\boldsymbol{x})$ 为封闭常义凸函数时

$$f(\boldsymbol{x})=f^{**}(\boldsymbol{x})$$

至此凸共轭已经介绍完毕。接下来将在此基础上由凸共轭推导出拉格朗日对偶 (Lagrange Duality)。

7.2 拉格朗日对偶

对偶 (Duality) 在数学上并没有一个严格的定义，简单来讲就是将一个概念、定理或者问题转换成另一个概念、定理或者问题。一言以蔽之，**对偶就是对同一个事物的两种不同描述方法**。例如，在通信领域对信号在时域和频域的两种描述就互为对偶。又如，在数学上对封闭凸集合的两种描述，“空间上的点集”和“半空间 (Halfspace) 的交集”也互为对偶 (图 7.2)。7.1 节中介绍的凸共轭，是把原函数与原函数的“上境图的支撑超平面的截距”进行关联后得到的描述，其实也是一种对偶。

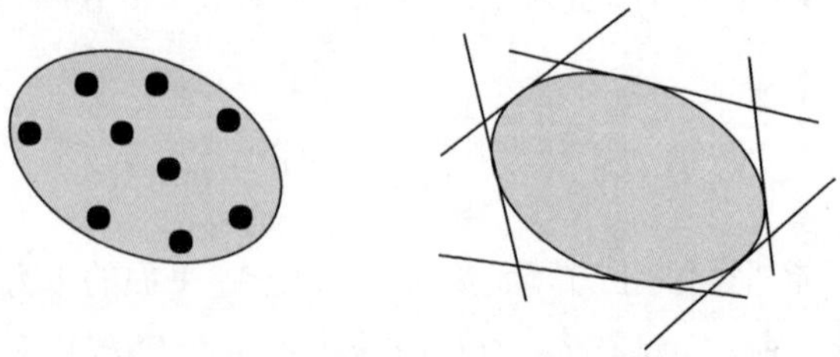

图 7.2 点集描述与半空间交集描述

7.2.1 拉格朗日对偶概述

一般地，最优化问题具有以下形式

$$
\begin{aligned}
&\min f(\boldsymbol{x}) \\
&\text{s.t.} \quad g(\boldsymbol{x}) \leqslant 0, \quad \boldsymbol{x} \in \mathbb{X}
\end{aligned}
\tag{7.6}
$$

即

$$\min_{\boldsymbol{x} \in \mathbb{X}, g(\boldsymbol{x}) \leqslant 0} f(\boldsymbol{x}) \tag{7.7}$$

对式 (7.7) 泛化，把其中的约束条件 (Constraint) $g(\boldsymbol{x}) \leqslant 0$ 改写成 $g(\boldsymbol{x}) \leqslant \boldsymbol{u}$，并将上式写成关于 $\boldsymbol{u}$ 的函数

$$p(\boldsymbol{u}) = \inf_{\boldsymbol{x} \in \mathbb{X}, g(\boldsymbol{x}) \leqslant \boldsymbol{u}} f(\boldsymbol{x}) \tag{7.8}$$

其中 $u \in \mathbf{R}^r$，于是 $p(\mathbf{0})$ 就等于式 (7.7)

$$p(\mathbf{0}) = \inf_{x \in \mathbf{X}, g(x) \leqslant \mathbf{0}} f(x) \tag{7.9}$$

$p(\boldsymbol{u})$ 被称为Perturbation Function。注意 $p(\boldsymbol{u})$ 是关于 $\boldsymbol{u}$ 的函数，而自变量 $\boldsymbol{u}$ 控制的是最优化问题式 (7.8) 中约束条件 ($g(\boldsymbol{x}) \leqslant \boldsymbol{u}$) 的“约束强度”，$\boldsymbol{u}$ 的值越小，约束越强，$\boldsymbol{u}$ 的值越大，约束越弱。下面以二维空间为例，通过几何方式对函数 $p(\boldsymbol{u})$ 进行直观认识。

u 的取值范围为 $(-\infty, +\infty)$，$p(u)$ 在其定义域上为非增函数，即对任意 $u_1, u_2 \in \mathbf{R}$，当 $u_1 < u_2$ 时，都有 $p(u_1) \geqslant p(u_2)$(因为约束条件越强，$f(x)$ 的下界越大，如图 7.3 所示)。$p(0)$ 即为原最优化问题式 (7.7) 的解，是我们所感兴趣的。那如何求 $p(0)$ 呢？大多数情况下直接求解是非常困难的，但可以换一个角度对其进行估算。$p(0)$ 是函数 $p(u)$ 的图像与纵轴的交点，可以用 $p(u)$ 的上境图的支撑超平面的截距作为对 $p(0)$ 的估计。还记得在“凸共轭”一节中我们对凸共轭的几何解释吗？凸共轭在几何上是不同斜率对应的支撑超平面的截距的相反数 (式 (7.4))，自然地，我们想到用凸共轭对 $p(0)$ 进行估计。

首先写出 $p(\boldsymbol{u})$ 的凸共轭函数

$$p^*(\boldsymbol{y}) = \sup_{\boldsymbol{u} \in \mathbf{R}^r} \{\boldsymbol{u}^\top \boldsymbol{y} - p(\boldsymbol{u})\}, \quad \boldsymbol{y} \in \mathbf{R}^r \tag{7.10}$$

其中 $\boldsymbol{u}^\top \boldsymbol{y} - p(\boldsymbol{u})$ 是超平面截距的相反数，因此根据式 (7.4)，把上式改写为

$$p^*(\boldsymbol{y}) = -\inf_{\boldsymbol{u} \in \mathbf{R}^r} \{p(\boldsymbol{u}) - \boldsymbol{u}^\top \boldsymbol{y}\}, \quad \boldsymbol{y} \in \mathbf{R}^r \tag{7.11}$$

$$-p^*(\boldsymbol{y}) = \inf_{\boldsymbol{u} \in \mathbf{R}^r} \{p(\boldsymbol{u}) - \boldsymbol{u}^\top \boldsymbol{y}\}, \quad \boldsymbol{y} \in \mathbf{R}^r \tag{7.12}$$

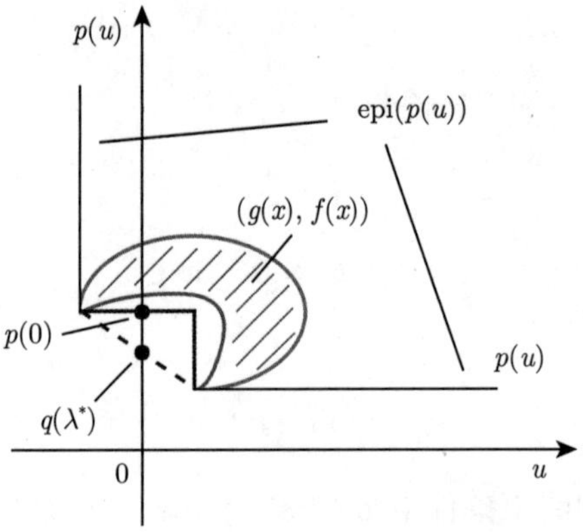

图 7.3 Perturbation 函数

式 (7.12) 中右边的 $\inf\limits_{\boldsymbol{u}\in\mathbf{R}^r}\{p(\boldsymbol{u})-\boldsymbol{u}^\top\boldsymbol{y}\}$ 为通过 $(\boldsymbol{u},p(\boldsymbol{u}))$ 点斜率为 $\boldsymbol{y}$ 的超平面截距的下界，即 $\mathrm{epi}(p(\boldsymbol{u}))$ 的斜率为 $\boldsymbol{y}$ 的支撑超平面的截距。现在令 $\boldsymbol{\lambda}=-\boldsymbol{y}$，并定义函数 $q(\boldsymbol{\lambda})=-p^*(-\boldsymbol{y})$，于是

$$
\begin{aligned}
q(\boldsymbol{\lambda}) &= -p^*(-\boldsymbol{y}) && (7.13)\\
&= \inf_{\boldsymbol{u}\in\mathbf{R}^r}\{p(\boldsymbol{u})+\boldsymbol{u}^\top(-\boldsymbol{y})\} && (7.14)\\
&= \inf_{\boldsymbol{u}\in\mathbf{R}^r}\{p(\boldsymbol{u})+\boldsymbol{\lambda}^\top\boldsymbol{u}\} && (7.15)\\
&= \inf_{\boldsymbol{u}\in\mathbf{R}^r}\{\inf_{\boldsymbol{x}\in\mathbb{X},g(\boldsymbol{x})\leqslant\boldsymbol{u}} f(\boldsymbol{x})+\boldsymbol{\lambda}^\top\boldsymbol{u}\} && (7.16)\\
&= \inf_{\boldsymbol{u}\in\mathbf{R}^r,\boldsymbol{x}\in\mathbb{X},g(\boldsymbol{x})\leqslant\boldsymbol{u}}\{f(\boldsymbol{x})+\boldsymbol{\lambda}^\top\boldsymbol{u}\} && (7.17)\\
&= \inf_{\boldsymbol{x}\in\mathbb{X}}\{f(\boldsymbol{x})+\boldsymbol{\lambda}^\top g(\boldsymbol{x})\} && (7.18)
\end{aligned}
$$

式 (7.16) 是代入 $p(\boldsymbol{u})$ 的定义式，式 (7.18) 是因为给定 $\boldsymbol{x}$ 之后满足约束条件 $g(\boldsymbol{x})\leqslant\boldsymbol{u}$ 时 $\boldsymbol{u}$ 的最小值为 $g(\boldsymbol{x})$，即 $\inf\limits_{\boldsymbol{u}\in\mathbf{R}^r,g(\boldsymbol{x})\leqslant\boldsymbol{u}}\{\boldsymbol{u}\}=\inf\{g(\boldsymbol{x})\}$。

现在来观察一下 $p(\boldsymbol{u})$ 的图像 (图 7.3)，$p(\boldsymbol{u})$ 在其定义域上是非增函数，且当 $\boldsymbol{u}$ 足够大时，$p(\boldsymbol{u})$ 的图像会变成垂直于纵轴的超平面，因此当式 (7.12) 中的斜率 $\boldsymbol{y}>\mathbf{0}$(即 $\boldsymbol{\lambda}<\mathbf{0}$) 时，$p(\boldsymbol{u})$ 的上境图的支撑超平面的截距会趋于 $-\infty$，则式 (7.18) 可以写为

$$
q(\boldsymbol{\lambda})=\begin{cases}\inf\limits_{\boldsymbol{x}\in\mathbb{X}}\{f(\boldsymbol{x})+\boldsymbol{\lambda}^\top g(\boldsymbol{x})\}, & \boldsymbol{\lambda}\geqslant 0,\quad \boldsymbol{\lambda}\in\mathbf{R}^r\\ -\infty, & \text{其他}\end{cases} \tag{7.19}
$$

其中 $f(\boldsymbol{x})+\boldsymbol{\lambda}^\top g(\boldsymbol{x})$ 通常被称为拉格朗日函数 (Lagrangian Function)，而 $\boldsymbol{\lambda}$ 称为拉格朗日乘子 (Lagrange Multiplier)

$$\mathcal{L}(\boldsymbol{x}, \boldsymbol{\lambda}) = f(\boldsymbol{x}) + \boldsymbol{\lambda}^{\top} g(\boldsymbol{x}) \tag{7.20}$$

式 (7.20) 即为**拉格朗日乘子法**的表达式。

还记得 $q(\boldsymbol{\lambda})$ 函数的意义吗？是斜率为 $-\boldsymbol{\lambda}$ 的 $\mathrm{epi}(p(\boldsymbol{u}))$ 的支撑超平面的截距。我们想求的是什么？是 $p(\boldsymbol{u})$ 的函数图像与纵轴的交点 $p(\mathbf{0})$。我们希望用 $q(\boldsymbol{\lambda})$ 来估计 $p(\mathbf{0})$。因为 $q(\boldsymbol{\lambda})$ 是支撑超平面的截距，$p(\boldsymbol{u})$ 的上境图全部位于该支撑超平面的上方，所以下面的关系总是成立：

$$q(\boldsymbol{\lambda}) \leqslant p(\mathbf{0}) \tag{7.21}$$

即

$$\inf_{\boldsymbol{x} \in \mathbb{X}} \{f(\boldsymbol{x}) + \boldsymbol{\lambda}^{\top} g(\boldsymbol{x})\} \leqslant \inf_{\boldsymbol{x} \in \mathbb{X}, g(\boldsymbol{x}) \leqslant 0} f(\boldsymbol{x}) \tag{7.22}$$

不等式 (7.21) 和式 (7.22) 被称为**弱对偶性**(Weak Duality)。

因为弱对偶性总是成立，所以所有支撑超平面的截距中最大的那个就是对最优化问题 (式 (7.6)) 的最优估计。因此我们要寻找所有的 $\boldsymbol{\lambda}$，并找到“最大截距”。于是需要求解

$$\sup_{\boldsymbol{\lambda} \geqslant \mathbf{0}} \inf_{\boldsymbol{x} \in \mathbb{X}} \{f(\boldsymbol{x}) + \boldsymbol{\lambda}^{\top} g(\boldsymbol{x})\} \tag{7.23}$$

式 (7.23) 就是拉格朗日对偶 (Lagrange Duality) 问题。

弱对偶性保证了通过式 (7.23) 找到的最优解是原最优化问题 (式 (7.6)) 的下界，那么问题来了，何时 (式 (7.22)) 取等呢？

$$\sup_{\boldsymbol{\lambda} \geqslant \mathbf{0}} \inf_{\boldsymbol{x} \in \mathbb{X}} \{f(\boldsymbol{x}) + \boldsymbol{\lambda}^{\top} g(\boldsymbol{x})\} = \min_{\boldsymbol{x} \in \mathbb{X}, g(\boldsymbol{x}) \leqslant \mathbf{0}} f(\boldsymbol{x}) \tag{7.24}$$

式 (7.24) 被称为**强对偶性**(Strong Duality)。与总是成立的弱对偶性不同，强对偶性在某些条件下才会成立。接下来将分别介绍两个强对偶性成立的条件——Slater 条件 (Slater Condition) 和 Karush–Kuhn–Tucker 条件 (Karush–Kuhn–Tucker Conditions, KKT Conditions)。

7.2.2 Salter 条件

7.2.1 节中从函数的凸共轭推导出了拉格朗日对偶，从而把一个带有约束条件的最优化问题 (式 (7.6)) 转化为了一个拉格朗日对偶问题 (式 (7.23))，并用后者的最优解 (记为 $q(\boldsymbol{\lambda}^*)$) 作为前者最优解 (记为 $f(\boldsymbol{x}^*)$) 的估计。但由于弱对偶性总是成立，总是有 $q(\boldsymbol{\lambda}^*) \leqslant f(\boldsymbol{x}^*)$，而我们希望知道的是在怎样的情况下两者可以相等 (强对偶性成立)。下面将要介绍的 Slater 条件就是强对偶性成立的情况之一。

正式介绍 Slater 条件之前，先来直观地想象一下什么样的情形下强对偶性成立。观察 $p(\boldsymbol{u})$ 函数的图像 (图 7.3)，如果在 $p(\mathbf{0})$ 处存在一个支撑超平面，那么其截距就是 $p(\mathbf{0})$。显然地，当 $p(\boldsymbol{u})$ 满足以下条件式时：

(1) $p(\boldsymbol{u})$ 为凸函数。$p(\boldsymbol{u})$ 为凸函数时其上境图为凸集，根据支撑超平面定理 (Supporting Hyperplane Theorem)，$p(\boldsymbol{u})$ 图像上的每个点都存在 $p(\boldsymbol{u})$ 上境图的支撑超平面。

(2) $p(\mathbf{0})$ 存在。若原最优化问题无解，拉格朗日对偶问题也不会有解。

(3) $p(\boldsymbol{u})$ 的图像不能与纵轴相切。两者相切时通过 $p(\mathbf{0})$ 点的 $p(\boldsymbol{u})$ 函数上境图的支撑超平面是垂直的，对应的 λ 为 ∞，拉格朗日对偶问题无法求解；而那些非垂直的支撑超平面 ($\boldsymbol{\lambda} \neq \infty$) 的截距必然小于 $p(\mathbf{0})$。

强对偶性成立。当 $f(\boldsymbol{x})$ 和 $g(\boldsymbol{x})$ 均为凸函数时，$p(\boldsymbol{u})$ 也为凸函数，上面的条件 (1) 成立，此时原最优化问题是一个凸优化问题；而条件 (2) 和 (3) 成立时则意味着存在 $\bar{\boldsymbol{x}} \in \mathbb{X}$ 使得 $g(\bar{\boldsymbol{x}}) < 0$(其中 $\mathbb{X}$ 是 $f(\boldsymbol{x})$ 的定义域，严格来讲应为 $\mathbb{X}$ 的相对内点集 $\text{Relint}(\mathbb{X})$)，即 $f(\boldsymbol{x})$ 的定义域上存在满足条件的 $\boldsymbol{x}$，于是就得到了 Salter 条件：

令 $\mathbb{X} \subset \mathbf{R}^n$，$g_1, g_2, \cdots, g_m$ 为定义在 $\mathbb{X}$ 上的实值函数，如果存在 $\bar{\boldsymbol{x}} \in \mathbb{X}$ 使得 $g(\bar{\boldsymbol{x}}) < 0, j = 0, 1, 2, \cdots, m$，我们称这些函数满足 Slater 条件。

综上所述，当凸优化问题满足 Slater 条件时强对偶性成立，即 Slater 条件是凸优化问题强对偶性成立的充分条件。如果原最优化问题不是凸优化问题，强对偶性还会成立吗? 这个时候需要通过 KKT 条件来判断。

7.2.3 KKT 条件

7.2.2 节介绍的 Slater 条件是凸优化问题强对偶性成立的充分条件，如果最优化问题非凸，强对偶性成立的条件是什么呢? 现在我们不考虑 $f(\boldsymbol{x})$ 和 $g(\boldsymbol{x})$ 为凸函数的假设，看看在强对偶性成立的时候能推导出怎样的必要条件。

假设强对偶性成立，则有

$$f(\boldsymbol{x}^*) = q(\boldsymbol{\lambda}^*) \tag{7.25}$$

$$= \inf_{\boldsymbol{x} \in \mathbb{X}} \{f(\boldsymbol{x}) + \boldsymbol{\lambda}^{*\top} g(x)\} \tag{7.26}$$

$$\leqslant f(\boldsymbol{x}^*) + \boldsymbol{\lambda}^{*\top} g(\boldsymbol{x}^*) \tag{7.27}$$

$$\leqslant f(\boldsymbol{x}^*) \tag{7.28}$$

式 (7.25) 是由于强对偶性成立；式 (7.26) 是由于 $\boldsymbol{\lambda}^*$ 是 $q(\boldsymbol{\lambda})$ 的最优解；式 (7.27) 则是因为式 (7.26) 是其下界；式 (7.28) 是因为 $g(\boldsymbol{x}) \leqslant 0$ 且 $\boldsymbol{\lambda} \geqslant 0$，于是 $\boldsymbol{\lambda}^{*\top} g(\boldsymbol{x}^*) \leqslant 0$。

因为上述几个式子的两端相等，则所有不等号均可以取等号。因此，由式 (7.26) 和式 (7.27) 可知，$\boldsymbol{x}^*$ 是拉格朗日函数 $\mathcal{L}(\boldsymbol{x}, \boldsymbol{\lambda}^*)(\mathcal{L}(\boldsymbol{x}, \boldsymbol{\lambda}) = f(\boldsymbol{x}) + \lambda^\top g(\boldsymbol{x}))$ 的一个极值点，则 $\mathcal{L}(\boldsymbol{x}, \boldsymbol{lambda}^*)$ 在 $\boldsymbol{x}^*$ 处的梯度为 0 (假设 $f(\boldsymbol{x})$ 和 $g(\boldsymbol{x})$ 均可微)，于是有

$$\nabla f(\boldsymbol{x}^*) + \boldsymbol{\lambda}^{*\top} \nabla g(\boldsymbol{x}^*) = 0 \tag{7.29}$$

由式 (7.27) 和式 (7.28) 可得

$$\boldsymbol{\lambda}^{*\top} g(\boldsymbol{x}^*) = 0 \tag{7.30}$$

再加上原最优化问题的约束条件

$$g(\boldsymbol{x}^*) \leqslant 0 \tag{7.31}$$

以及拉格朗日对偶问题的约束条件

$$\boldsymbol{\lambda}^* \geqslant \mathbf{0} \tag{7.32}$$

最终得到

$$\begin{cases} \nabla f(\boldsymbol{x}^*) + \boldsymbol{\lambda}^{*\top} \nabla g(\boldsymbol{x}^*) = 0 & \text{Stationarity} \\ \boldsymbol{\lambda}^{*\top} g(\boldsymbol{x}^*) = 0 & \text{Complementary Slackness} \\ g(\boldsymbol{x}^*) \leqslant 0 & \text{Primal Feasibility} \\ \boldsymbol{\lambda}^* \geqslant \mathbf{0} & \text{Dual Feasibility} \end{cases} \tag{7.33}$$

式 (7.29) 称为“平稳性”(Stationarity)；式 (7.30) 称为“互补松弛性”(Complementary Slackness)；式 (7.31) 称为“原问题可行性”(Primal Feasibility)；式 (7.32) 称为“对偶问题可行性”(Dual Feasibility)。上述 4 个式子合起来得到的式 (7.33) 就是强对偶性成立的必要条件，即 KKT 条件。注意以上的推导过程中均未假设 $f(\boldsymbol{x})$ 或 $g(\boldsymbol{x})$ 为凸函数，因此可以得出以下结论。

[KKT 条件的必要性] 对于**任意**最优化问题，如果其目标函数和约束函数均可微，且强对偶性成立，则原问题和对偶问题的一对最优解必然满足 KKT 条件 (式 (7.33))。

下面来观察一下 KKT 条件的必要性。假设 $f(\boldsymbol{x})$ 和 $g(\boldsymbol{x})$ 可微，任意点 $\bar{\boldsymbol{x}}, \bar{\boldsymbol{\lambda}}$ 满足 KKT 条件

$$g(\bar{\boldsymbol{x}}) \leqslant 0 \tag{7.34}$$

$$\bar{\boldsymbol{\lambda}} \geqslant 0 \tag{7.35}$$

$$\bar{\boldsymbol{\lambda}}^\top g(\bar{\boldsymbol{x}}) = 0 \tag{7.36}$$

$$\nabla f(\bar{\boldsymbol{x}}) + \bar{\boldsymbol{\lambda}}^\top \nabla g(\bar{\boldsymbol{x}}) = 0 \tag{7.37}$$

其中式 (7.34) 保证了原问题有解；式 (7.35) 保证了对偶问题有解；式 (7.37) 表明 $\bar{\boldsymbol{x}}$ 是 $\mathcal{L}(\boldsymbol{x}, \bar{\boldsymbol{\lambda}})$ 的一个极值点，我们希望该极值点是 $\mathcal{L}(\boldsymbol{x}, \bar{\boldsymbol{\lambda}})$ 的最小值，这就要求 $\mathcal{L}(\boldsymbol{x}, \bar{\boldsymbol{\lambda}})$ 是关于 $\boldsymbol{x}$ 的凸函数 (从 Fenchel 共轭推导出拉格朗日对偶时看到 $\mathcal{L}(\boldsymbol{x}, \boldsymbol{\lambda})$ 是关于 $\boldsymbol{\lambda}$ 的凸函数，

但未必是关于 $\boldsymbol{x}$ 的凸函数)，因此需要加入 $f(\boldsymbol{x})$ 和 $g(\boldsymbol{x})$ 为凸函数的假设，于是有

$$q(\bar{\boldsymbol{\lambda}}) = L(\bar{\boldsymbol{x}}, \bar{\boldsymbol{\lambda}}) \tag{7.38}$$

$$= f(\bar{\boldsymbol{x}}) + \bar{\boldsymbol{\lambda}}^\top g(\bar{\boldsymbol{x}}) \tag{7.39}$$

$$= f(\bar{\boldsymbol{x}}) \tag{7.40}$$

式 (7.39) 代入式 (7.36) 得到式 (7.40)。这表明 $q(\bar{\boldsymbol{\lambda}}) = f(\bar{\boldsymbol{x}})$，且 $\bar{\boldsymbol{x}}$ 和 $\bar{\boldsymbol{\lambda}}$ 分别是原问题和对偶问题的最优解，即强对偶性成立。由此可以得到以下结论。

[**KKT 条件的充分性**] 对于任意凸优化问题，如果其目标函数和约束函数均可微，则任意一对满足 KKT 条件的解即为原问题和对偶问题的最优解，且强对偶性成立。

由此可见，对于凸优化问题，KKT 条件是强对偶性的充要条件。

思考一下，如果目标函数或约束函数不可微，KKT 条件该如何使用？对于不可微函数，可以求其次梯度 (Subgradient)。当目标函数或约束函数不可微时，可以使用次梯度版本的 KKT 条件。

7.3 Fenchel 对偶

有时我们面对的最优化问题中的目标函数 $f(\boldsymbol{x})$ 可能会非常复杂，此时一个直观的想法是把 $f(\boldsymbol{x})$ 拆解成为两个或多个简单函数的加和，如 $f_1(\boldsymbol{x}) + f_2(\boldsymbol{x})$，拆分之后依然可以使用对偶的方法对其进行求解，此时得到的对偶问题有一个特殊的名称，称为 Fenchel 对偶 (Fenchel Duality)。Fenchel 对偶建立在拉格朗日对偶的基础上，可以看作是一个处理目标函数为两个函数之和的最优化问题处理框架。考虑下面的问题

$$\min f_1(\boldsymbol{x}) + f_2(\boldsymbol{x}), \quad \boldsymbol{x} \in \mathbb{X}_1 \cap \mathbb{X}_2 \tag{7.41}$$

其中 $\mathbb{X}_1, \mathbb{X}_2 \subset \mathbf{R}^n$，$f_1(\boldsymbol{x})$ 和 $f_2(\boldsymbol{x})$ 为 $\mathbf{R}^n$ 到 $\mathbf{R}$ 的映射，均为封闭的常义凸函数。式 (7.41) 是一个无约束条件的凸优化问题，$f_1(\boldsymbol{x})$ 和 $f_2(\boldsymbol{x})$ 通过 $\boldsymbol{x}$ 耦合在一起，我们可以通过添加约束条件把两者解耦和

$$\begin{aligned} \min \quad & f_1(\boldsymbol{x}_1) + f_2(\boldsymbol{x}_2) \\ \text{s.t.} \quad & \boldsymbol{x}_1 = \boldsymbol{x}_2, \quad \boldsymbol{x}_1 \in \mathbb{X}_1, \boldsymbol{x}_2 \in \mathbb{X}_2 \end{aligned} \tag{7.42}$$

式 (7.42) 的拉格朗日函数为

$$q(\boldsymbol{\lambda}) = \inf_{\boldsymbol{x}_1 \in \mathbb{X}_1, \boldsymbol{x}_2 \in \mathbb{X}_2} \{f_1(\boldsymbol{x}_1) + f_2(\boldsymbol{x}_2) + \boldsymbol{\lambda}^\top(\boldsymbol{x}_2 - \boldsymbol{x}_1)\} \tag{7.43}$$

$$= \inf_{\boldsymbol{x}_1 \in \mathbb{X}_1} \{f_1(\boldsymbol{x}_1) - \boldsymbol{\lambda}^\top \boldsymbol{x}_1\} + \inf_{\boldsymbol{x}_2 \in \mathbb{X}_2} \{f_2(\boldsymbol{x}_2) + \boldsymbol{\lambda}^\top \boldsymbol{x}_2\} \tag{7.44}$$

根据式 (7.12) 有

$$\inf_{\boldsymbol{x}_1\in\mathbb{X}_1}\{f_1(\boldsymbol{x}_1)-\boldsymbol{\lambda}^\top\boldsymbol{x}_1\}=-f_1^*(\boldsymbol{\lambda}) \tag{7.45}$$

$$\inf_{\boldsymbol{x}_2\in\mathbb{X}_2}\{f_2(\boldsymbol{x}_2)+\boldsymbol{\lambda}^\top\boldsymbol{x}_2\}=-f_2^*(-\boldsymbol{\lambda}) \tag{7.46}$$

则

$$q(\boldsymbol{\lambda})=-f_1^*(\boldsymbol{\lambda})-f_2^*(-\boldsymbol{\lambda}) \tag{7.47}$$

于是得到的对偶问题为 $\sup\limits_{\boldsymbol{\lambda}\in\mathbf{R}^n} q(\boldsymbol{\lambda})$，即

$$\begin{aligned}\sup \quad & -f_1^*(\boldsymbol{\lambda})-f_2^*(-\boldsymbol{\lambda})\\ \text{s.t.} \quad & \boldsymbol{\lambda}\in\mathbf{R}^n\end{aligned} \tag{7.48}$$

其中 f_1^* 和 f_2^* 分别为 f_1 和 f_2 的凸共轭。式 (7.48) 称为 Fenchel 对偶问题。

在给出 Fenchel 的数学定义之后我们来看看它的几何意义。首先考察 $-f_1^*(\boldsymbol{\lambda})$。在 “Fenchel 共轭” 一章中我们通过分析知道 $f_1^*(\boldsymbol{\lambda})$ 是 $f_1(\boldsymbol{x})$ 上境图的斜率为 $\boldsymbol{\lambda}$ 的支撑超平面截距的相反数 (见式 (7.4))。则 $-f_1^*(\boldsymbol{\lambda})$ 即为对应支撑超平面的截距 (图 7.4)。

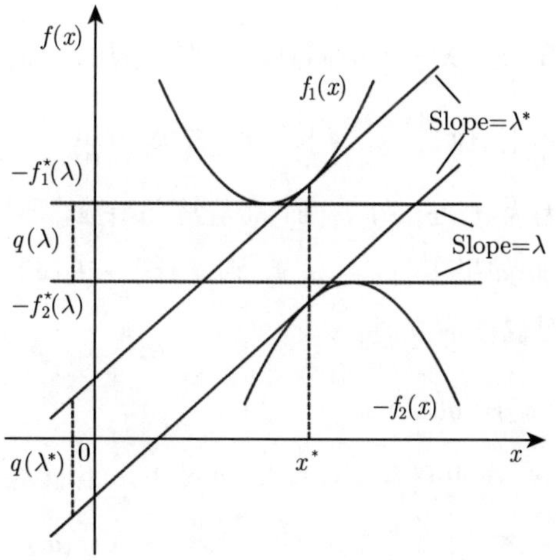

图 7.4 Fenchel 对偶

对于 $f_2^*(-\boldsymbol{\lambda})$，有

$$f_2^*(-\boldsymbol{\lambda})=\sup_{\boldsymbol{x}\in\mathbb{X}_2}\{-\boldsymbol{\lambda}^\top\boldsymbol{x}-f_2(\boldsymbol{x})\} \tag{7.49}$$

令 $-\boldsymbol{\lambda}^\top\boldsymbol{x}-f_2(\boldsymbol{x})=b$，则有

$$-f_2(\boldsymbol{x})=\boldsymbol{\lambda}^\top\boldsymbol{x}+b \tag{7.50}$$

由上式可知，$-\boldsymbol{\lambda}^\top \boldsymbol{x} - f_2(\boldsymbol{x})$ 是与函数 $-f_2(\boldsymbol{x})$ 的图像有交点且斜率为 $\boldsymbol{\lambda}$ 的超平面的截距。注意 $f_2(\boldsymbol{x})$ 是凸函数，则 $-f_2(\boldsymbol{x})$ 为凹函数，因此式 (7.49) 是斜率为 $\boldsymbol{\lambda}$ 的 $-f_2(\boldsymbol{x})$“下境图”的支撑超平面的截距。

至此，Fenchel 对偶问题 (式 (7.48)) 的意义已经很明显了，如图 7.4 所示，Fenchel 对偶问题的目标是**寻找两个平行 (即斜率相同) 支撑超平面截距之差的最大值，这两个支撑超平面分别对应凸函数 $f_1(x)$ 的上境图和凹函数 $-f_2(x)$ 的下境图。**

对于 Fenchel 对偶，强弱对偶性又分别指的是什么呢？仔细看图 7.4 可以发现，Fenchel 对偶事实上是用两个平行支撑超平面的截距之差来估计两个函数之和 (即 $f_1(\boldsymbol{x})-(-f_2(\boldsymbol{x}))$)。强对偶性何时成立？从图 7.4 中可以看出，两个支撑超平面分别与 $f_1(\boldsymbol{x})$ 和 $-f_2(\boldsymbol{x})$ 的两个切点的横坐标相同 (即都在 $\boldsymbol{x}^*$ 处时，根据“平行线等分线段定理”可知，此时截距之差 $q(\boldsymbol{\lambda}^*)$ 等于函数之和 $f_1(\boldsymbol{x})+f_2(\boldsymbol{x})$，即强对偶性成立。

现在的问题是，强对偶性一定成立吗？强对偶性成立时对应的一对解是原问题的最优解吗？这两个问题可以用 **Fenchel 对偶定理**来回答。

对于最优化问题式 (7.41)

(1) 如果 $\mathbf{X}_1 \cap \mathbf{X}_2 \neq \emptyset$，则 $f_1(x)+f_2(x)$ 有下界，且至少存在一个对偶问题的最优解满足强对偶性。

(2) 强对偶性成立，且 $(\boldsymbol{x}^*, \boldsymbol{\lambda}^*)$ 为原问题和对偶问题的一组最优解，当且仅当

$$\boldsymbol{x}^* \in \arg\min_{\boldsymbol{x}\in\mathbf{R}^n}\{f_1(\boldsymbol{x}) - \lambda^{*\top}\boldsymbol{x}\}, \quad \boldsymbol{x}^* \in \arg\min_{\boldsymbol{x}\in\mathbf{R}^n}\{f_2(\boldsymbol{x}) + \lambda^{*\top}\boldsymbol{x}\} \tag{7.51}$$

(1) 的证明很简单：因为 $f_1(\boldsymbol{x})$ 和 $f_2(\boldsymbol{x})$ 都是常义函数，所以 $f_1(\boldsymbol{x})$ 和 $f_2(\boldsymbol{x})$ 在各自的定义域上都有下界，因此如果 $\mathbb{X}_1 \cap \mathbb{X}_2 \neq \emptyset$，则 $f_1(\boldsymbol{x})+f_2(\boldsymbol{x})$ 在 $\mathbb{X}_1 \cap \mathbb{X}_2$ 上有下界。

(2) 的证明如下：强对偶性成立时

$$f_1(\boldsymbol{x}^*) + f_2(\boldsymbol{x}^*) = q(\boldsymbol{\lambda}^*) \tag{7.52}$$

$$= \inf_{\boldsymbol{x}_1}\{f_1(\boldsymbol{x}_1) - \boldsymbol{\lambda}^{*\top}\boldsymbol{x}_1\} + \inf_{\boldsymbol{x}_2}\{f_2(\boldsymbol{x}_2) + \boldsymbol{\lambda}^{*\top}\boldsymbol{x}_2\} \tag{7.53}$$

$$= \inf_{\boldsymbol{x}_1,\boldsymbol{x}_2}\{f_1(\boldsymbol{x}_1) + f_2(\boldsymbol{x}_2) + \boldsymbol{\lambda}^{*\top}(\boldsymbol{x}_2 - \boldsymbol{x}_1)\} \tag{7.54}$$

$$\leqslant f_1(\boldsymbol{x}^*) + f_2(\boldsymbol{x}^*) - \boldsymbol{\lambda}^{*\top}(\boldsymbol{x}^* - \boldsymbol{x}^*) \tag{7.55}$$

$$= f_1(\boldsymbol{x}^*) + f_2(\boldsymbol{x}^*) \tag{7.56}$$

(式 7.52) 是因为强对偶性成立；式 (7.53) 因为 $\boldsymbol{\lambda}^*$ 是 $q(\boldsymbol{\lambda})$ 的最优解；式 (7.55) 则是因为式 (7.54) 为其下界。上述一系列式子的两端相等，所以所有不等号均可以换成等于号。由式 (7.53) 和式 (7.55) 可知，$\boldsymbol{x}^*$ 同时为 $\inf_{\boldsymbol{x}_1}\{f_1(\boldsymbol{x}_1) - \boldsymbol{\lambda}^{*\top}\boldsymbol{x}_1\}$ 和 $\inf_{\boldsymbol{x}_2}\{f_2(\boldsymbol{x}_2) + \boldsymbol{\lambda}^{*\top}\boldsymbol{x}_2\}$ 的最优解，必要性成立。

充分性的证明如下：

$$q(\boldsymbol{\lambda}^*)=\mathcal{L}(\boldsymbol{x}_1,\boldsymbol{x}_2,\boldsymbol{\lambda}^*) \tag{7.57}$$

$$=\inf_{\boldsymbol{x}_1}\{f_1(\boldsymbol{x}_1)-\boldsymbol{\lambda}^{*\top}\boldsymbol{x}_1\}+\inf_{\boldsymbol{x}_2}\{f_2(\boldsymbol{x}_2)+\boldsymbol{\lambda}^{*\top}\boldsymbol{x}_2\} \tag{7.58}$$

$$=f_1(\boldsymbol{x}^*)-\boldsymbol{\lambda}^{*\top}\boldsymbol{x}^*+f_2(\boldsymbol{x}^*)+\boldsymbol{\lambda}^{*\top}\boldsymbol{x}^* \tag{7.59}$$

$$=f_1(\boldsymbol{x}^*)+f_2(\boldsymbol{x}^*) \tag{7.60}$$

式 (7.59) 是因为 $\boldsymbol{x}^*$ 同时为 $\inf_{\boldsymbol{x}_1}\{f_1(\boldsymbol{x}_1)-\boldsymbol{\lambda}^{*\top}\boldsymbol{x}_1\}$ 和 $\inf_{\boldsymbol{x}_2}\{f_2(\boldsymbol{x}_2)+\boldsymbol{\lambda}^{*\top}\boldsymbol{x}_2\}$ 的最优解。由于弱对偶性 $q(\boldsymbol{\lambda})\leqslant f_1(\boldsymbol{x}^*+f_2(\boldsymbol{x}^*)$ 总是成立，因此根据式 (7.60) 可知，$\boldsymbol{\lambda}^*$ 为 $q(\boldsymbol{\lambda})$ 的最优解，同时强对偶性成立。证明完毕。

7.4 增广拉格朗日乘子法

Fenchel 对偶可以看作拉格朗日对偶的一种扩展，目的是处理目标函数为两个函数之和的最优化问题。拉格朗日方法的另一种扩展是增广拉格朗日乘子法 (Augmented Lagrangian method)，它增强的地方在于可以处理目标函数不严格凸或者不可导的问题。在正式介绍增广拉格朗日方法之前，需要先了解两个基础概念——近端 (Proximal) 和对偶上升 (Dual Ascent)。

7.4.1 近端

当我们遇到目标函数不可导的情况时，一种方法是用次梯度替代梯度；另一种方法是在确保最优解不变的前提下改造目标函数使其变得可导，此种方法称为近端算法。

1. 近端算子与 Fenchel 对偶

近端算子 (Proximal Operator) 定义为

$$\text{prox}_c(\boldsymbol{a})=\arg\min_{\boldsymbol{x}}\left\{f(\boldsymbol{x})+\frac{1}{2c}\|\boldsymbol{x}-\boldsymbol{a}\|_2^2\right\} \tag{7.61}$$

其中 $f(\boldsymbol{x})$ 是封闭的常义凸函数，c 是一个大于 0 的标量参数。从式 (7.61) 可以看出，近端算子事实上是一个目标函数为两个函数之和的最优化问题。

令

$$f_1(\boldsymbol{x})=f(\boldsymbol{x}),\quad f_2(\boldsymbol{x})=\frac{1}{2c}\|\boldsymbol{x}-\boldsymbol{a}\|_2^2 \tag{7.62}$$

则式 (7.61) 的 Fenchel 对偶为

$$\sup_{\boldsymbol{\lambda}\in\mathbf{R}^n} \quad -f_1^*(\boldsymbol{\lambda}) - f_2^*(-\boldsymbol{\lambda}) \tag{7.63}$$

等价于

$$\inf_{\boldsymbol{\lambda}\in\mathbf{R}^n} \quad f_1^*(\boldsymbol{\lambda}) + f_2^*(-\boldsymbol{\lambda}) \tag{7.64}$$

其中 $f_2(\boldsymbol{x})$ 的共轭函数 $f_2^*(-\boldsymbol{\lambda})$ 为

$$f_2^*(-\boldsymbol{\lambda}) = -\boldsymbol{a}^\top\boldsymbol{\lambda} + \frac{c}{2}\|\boldsymbol{\lambda}\|_2^2 \tag{7.65}$$

因为 $f_2(\boldsymbol{x})$ 的定义域为 $\mathbf{R}^n$，根据“Fenchel 对偶”一节中的“Fenchel 对偶定理”可知，对偶问题式 (7.63) 的强对偶性必然成立。因此可以通过求对偶问题最优解的方式来求解原问题式 (7.61)。假设对偶问题的最优解为 $\boldsymbol{\lambda}^*$，我们希望通过 $\boldsymbol{\lambda}^*$ 找到原问题的最优解 $\boldsymbol{x}^*$，即 $\text{prox}_c(\boldsymbol{a})$，所以需要找到两者的关系。根据“Fenchel 对偶定理”，有

$$\boldsymbol{x}^* \in \arg\min_{\boldsymbol{x}}\{f_2(\boldsymbol{x}) + \lambda^{*\top}\boldsymbol{x}\} \tag{7.66}$$

令 $f_2(\boldsymbol{x}) + \boldsymbol{\lambda}^{*\top}\boldsymbol{x}$ 对 $\boldsymbol{x}$ 的偏导等于 0

$$\frac{\partial}{\partial \boldsymbol{x}}(f_2(\boldsymbol{x}) + \boldsymbol{\lambda}^{*\top}\boldsymbol{x}) = \frac{\partial}{\partial \boldsymbol{x}}\left(\frac{1}{2c}\|\boldsymbol{x}-\boldsymbol{a}\|_2^2 + \boldsymbol{\lambda}^{*\top}\boldsymbol{x}\right) \tag{7.67}$$

$$= \frac{\boldsymbol{x}-\boldsymbol{a}}{c} + \boldsymbol{\lambda}^* \tag{7.68}$$

$$= 0 \tag{7.69}$$

于是有

$$\boldsymbol{x}^* = \boldsymbol{a} - c\boldsymbol{\lambda}^* \tag{7.70}$$

现在来看一下近端算子及其 Fenchel 对偶的几何意义。近端算子式 (7.61) 看作两个函数之和 $(f_1(\boldsymbol{x}) + f_2(\boldsymbol{x}))$ 的最小值等价于 $f_1(\boldsymbol{x})$ 与 $-f_2(\boldsymbol{x})$ 之差的最小值。几何上相当于把凹函数 $-\frac{1}{2c}\|\boldsymbol{x}\|_2^2$ 水平移动 $\boldsymbol{a}$ 个单位之后再向上平移，直到与 $f_1(\boldsymbol{x})$ 相切。切点所在的位置便是 $\boldsymbol{x}^*$，即 $\text{prox}_c(\boldsymbol{a})$。而对偶问题则是把问题转化为了寻找 $f_1(\boldsymbol{x})$ 和 $-f_2(\boldsymbol{x})$ 图像之间平行支撑超平面截距之差的最大值。事实上，截距之差的最大值即为原问题中 $-\frac{1}{2c}\|\boldsymbol{x}-\boldsymbol{a}\|_2^2$向上平移到达切点的距离 (图 7.5)。

可以看出，$\text{prox}_c(\boldsymbol{a})$ 比 $\boldsymbol{a}$ 更靠近 $f_1(\boldsymbol{x})$ 的最小值所在的位置 (记为 $\boldsymbol{x}_{\min}$)。而且当 $\boldsymbol{a} = \boldsymbol{x}_{\min}$ 时，$\text{prox}_c(\boldsymbol{a}) = \boldsymbol{a} = \boldsymbol{x}_{\min}$。这就提示我们近端算子可以用来寻找 $f_1(\boldsymbol{x})$ 的最小值。这种方法被称为近端算法 (Proximal Algorithm)。

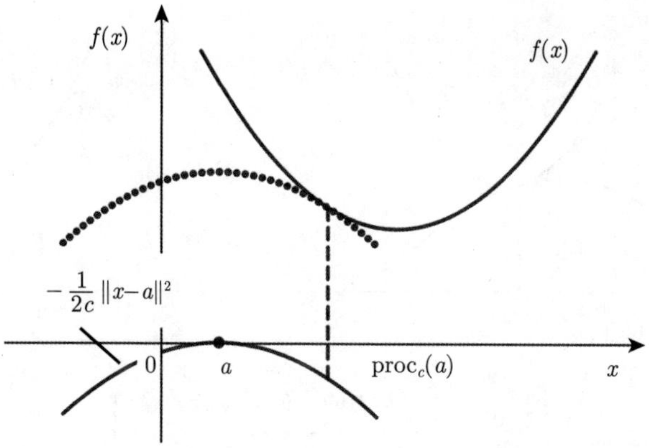

图 7.5 近端算子的 Fenchel 对偶

2. 近端算法

把式 (7.61) 中的 $\boldsymbol{a}$ 替换成 $\boldsymbol{x}_{(k)}$，$\mathrm{prox}_c(\boldsymbol{a})$ 替换成 $\boldsymbol{x}_{(k+1)}$，以及 c 替换为 $c_{(k)}$(其中下标 (k) 表示第 k 次迭代)，就得到了近端算法 (Proximal Algorithm)

$$\boldsymbol{x}_{(k+1)} = \arg\min_{\boldsymbol{x}} \left\{ f(\boldsymbol{x}) + \frac{1}{2c_{(k)}} \|\boldsymbol{x} - \boldsymbol{x}_{(k)}\|_2^2 \right\} \tag{7.71}$$

而对偶近端算法为

$$\begin{cases} \boldsymbol{\lambda}_{(k+1)} = \arg\min_{\boldsymbol{\lambda}} \left\{ f^*(\boldsymbol{\lambda}) - \boldsymbol{x}_{(k)}^{\top}\boldsymbol{\lambda} + \dfrac{c_{(k)}}{2}\|\boldsymbol{\lambda}\|_2^2 \right\} \\ \boldsymbol{x}_{(k+1)} = \boldsymbol{x}_{(k)} - c_{(k)}\boldsymbol{\lambda}_{(k+1)} \end{cases} \tag{7.72}$$

通过不断地迭代，当 $\boldsymbol{x}_{(k)}$ 等于 $f(\boldsymbol{x})$ 取到最小值的 $\boldsymbol{x}^*$ 时终止 (图 7.6)。每次迭代时参数 $c_{(k)}$ 可以取不同的值，从而控制该次迭代的步长 (图 7.7)。

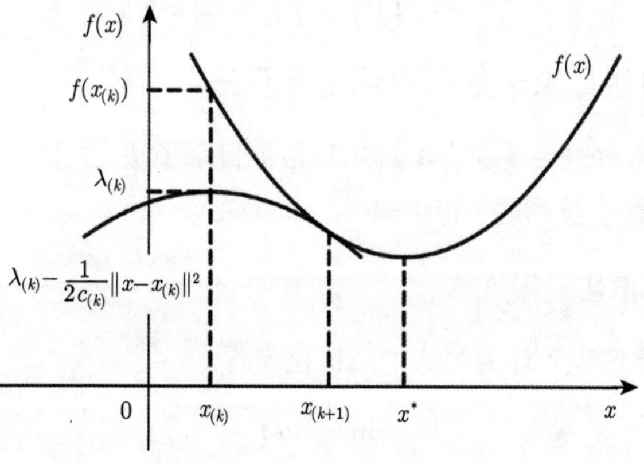

图 7.6 对偶近端算法

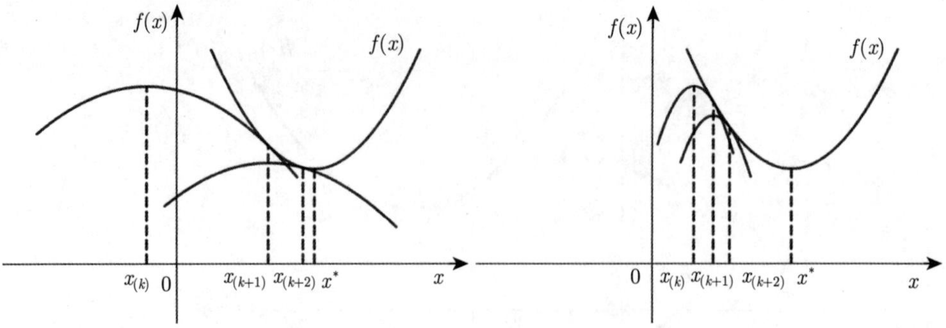

图 7.7　$c_{(k)}$ 不同的取值对步长的影响

3. Moreau 包络

近端算法通常和 Moreau 包络 (Moreau Envelope, 又被称为Moreau-Yoshida Regularization) 联系在一起。函数 $f(\boldsymbol{x})$ 的 Moreau 包络定义为

$$f_c(\boldsymbol{y})=\inf_{\boldsymbol{x}}\left\{f(\boldsymbol{x})+\frac{1}{2c}\|\boldsymbol{y}-\boldsymbol{x}\|_2^2\right\} \tag{7.73}$$

其中 c 是一个大于 0 的标量参数。因为 $f(\boldsymbol{x})+\dfrac{1}{2c}\|\boldsymbol{y}-\boldsymbol{x}\|_2^2$ 是关于 $\boldsymbol{y}$ 的凸函数，所以 $f_c(\boldsymbol{y})$ 是凸函数。

Moreau 包络用于光滑一个非光滑的函数。例如，Huber 函数就是绝对值函数的 Moreau 包络

$$f_c(y)=\inf_{x}\left\{|x|+\frac{1}{2c}(x-y)^2\right\} \tag{7.74}$$

$$=\begin{cases}\dfrac{1}{2c}x^2, & |x|\leqslant c\\[2ex] |x|-\dfrac{c}{2}, & |x|>c\end{cases} \tag{7.75}$$

7.4.2　增广拉格朗日乘子法和对偶上升算法

介绍完近端的内容之后现在介绍增广拉格朗日乘子法。在这一节中把增广拉格朗日乘子法和对偶上升算法合并在一起讲解。

1. 对偶上升算法

简单起见，考虑约束条件为等式的凸优化问题

$$\begin{aligned}\min\quad & f(\boldsymbol{x})\\ \text{s.t.}\quad & \boldsymbol{A}\boldsymbol{x}=\boldsymbol{b}\end{aligned} \tag{7.76}$$

其中 $\boldsymbol{x} \in \mathbf{R}^n$，$\boldsymbol{A}$ 为 $\mathbf{R}^{m\times n}$ 的矩阵，$f(\boldsymbol{x})$ 为 $\mathbf{R}^n$ 到 $\mathbf{R}$ 的凸函数。

式 (7.76) 的拉格朗日函数为

$$\mathcal{L}(\boldsymbol{x},\boldsymbol{\lambda}) = f(\boldsymbol{x}) + \boldsymbol{\lambda}^\top(\boldsymbol{A}\boldsymbol{x}-\boldsymbol{b}) \tag{7.77}$$

则对偶函数为

$$q(\boldsymbol{\lambda}) = \inf_{\boldsymbol{x}} \mathcal{L}(\boldsymbol{x},\boldsymbol{\lambda}) = \inf_{\boldsymbol{x}}\{f(\boldsymbol{x}) + \boldsymbol{\lambda}^\top(\boldsymbol{A}\boldsymbol{x}-\boldsymbol{b})\} \tag{7.78}$$

所以对偶问题为

$$\sup_{\boldsymbol{\lambda}} q(\boldsymbol{\lambda}) \tag{7.79}$$

如果强对偶性成立，则对偶问题和原问题的最优解相等。有时对偶问题的最优解没有解析解，需要通过迭代的方法去求。设 $\mathcal{L}(\boldsymbol{x},\boldsymbol{\lambda})$ 的一组解为 $(\bar{\boldsymbol{x}},\bar{\boldsymbol{\lambda}})$，若关于 $\boldsymbol{x}$ 的函数 $L(\boldsymbol{x},\bar{\boldsymbol{\lambda}})$ 的最小解唯一 (如 $f(\boldsymbol{x})$ 严格凸)，则 $\bar{\boldsymbol{x}}$ 便可以通过 $\bar{\boldsymbol{\lambda}}$ 求得

$$\bar{\boldsymbol{x}} = \arg\min_{\boldsymbol{x}} L(x,\bar{\boldsymbol{\lambda}}) \tag{7.80}$$

再假设 $q(\boldsymbol{\lambda})$ 可微，则 $q(\boldsymbol{\lambda})$ 的梯度

$$\nabla q(\boldsymbol{\lambda}) = \frac{\mathrm{d}}{\mathrm{d}\boldsymbol{\lambda}}\mathcal{L}(\boldsymbol{x},\boldsymbol{\lambda}) = \boldsymbol{A}\boldsymbol{x}-\boldsymbol{b} \tag{7.81}$$

于是就可以通过下面的方式逐步迭代逼近最优解

$$\begin{cases} \boldsymbol{x}_{(k+1)} = \arg\min\limits_{\boldsymbol{x}} \mathcal{L}(\boldsymbol{x},\boldsymbol{\lambda}_{(k)}) \\ \boldsymbol{\lambda}_{(k+1)} = \boldsymbol{\lambda}_{(k)} + \alpha_{(k)}(\boldsymbol{A}\boldsymbol{x}_{(k+1)}-\boldsymbol{b}) \end{cases} \tag{7.82}$$

其中 $\alpha_{(k)}$ 是步长。可以看出整个过程是沿着 $q(\boldsymbol{\lambda})$ 梯度上升的方向进行迭代的，因此该算法被称为**对偶上升**(Dual Ascent) 算法。

2. 增广拉格朗日乘法

对偶上升算法对目标函数有“严格凸”的假设，这在实际遇到的问题中往往是无法满足的。若该假设不成立，则式 (7.80) 便无法进行。此时可以通过对对偶问题进行 Proximal 运算来解决这个问题。式 (7.76) 的对偶问题为

$$\sup_{\boldsymbol{\lambda}} q(\boldsymbol{\lambda}) \tag{7.83}$$

令 $d(\boldsymbol{\lambda}) = -q(\boldsymbol{\lambda})$，则上式等价于

$$\inf_{\boldsymbol{\lambda}} d(\boldsymbol{\lambda}) \tag{7.84}$$

对目标函数使用近端算法 (式 (7.71)) 有

$$\boldsymbol{\lambda}_{(k+1)} = \arg\min_{\boldsymbol{\lambda}} \left\{ d(\boldsymbol{\lambda}) + \frac{1}{2c_{(k)}} \|\boldsymbol{\lambda} - \boldsymbol{\lambda}_{(k)}\|_2^2 \right\} \tag{7.85}$$

因而式 (7.85) 对应的对偶近端算法为

$$\begin{cases} \boldsymbol{u}_{(k+1)} = \arg\min_{\boldsymbol{u}} \left\{ d^*(\boldsymbol{u}) - \boldsymbol{\lambda}_{(k)}^\top \boldsymbol{u} + \frac{c_{(k)}}{2} \|\boldsymbol{u}\|_2^2 \right\} \\ \boldsymbol{\lambda}_{(k+1)} = \boldsymbol{\lambda}_{(k)} - c_{(k)} \boldsymbol{u}_{(k+1)} \end{cases} \tag{7.86}$$

其中 $d^*(\boldsymbol{u})$ 是 $d(\boldsymbol{\lambda})$ 的凸共轭函数。现在我们来看看 $d^*(\boldsymbol{u})$ 和 $\boldsymbol{u}$ 分别是什么。

由 $d(\boldsymbol{\lambda}) = -q(\boldsymbol{\lambda})$ 可知

$$d^*(\boldsymbol{u}) = -q^*(\boldsymbol{u}) \tag{7.87}$$

根据式 (7.13)$q(\boldsymbol{\lambda}) = -p*(-y)$ 有

$$-q^*(\boldsymbol{u}) = p^{**}(-\boldsymbol{u}) \tag{7.88}$$

$$-q^*(-\boldsymbol{u}) = p^{**}(\boldsymbol{u}) \tag{7.89}$$

其中 $p^*(\boldsymbol{u})$ 为原问题式 (7.76) 的 Perturbation 函数 $p(\boldsymbol{u})$ 的凸共轭，其中 $p(\boldsymbol{u}) = \min_{\boldsymbol{x}, \boldsymbol{A}\boldsymbol{x}-\boldsymbol{b}=\boldsymbol{u}} f(\boldsymbol{x})$。注意 $f(\boldsymbol{x})$ 是凸函数且约束条件 $\boldsymbol{A}\boldsymbol{x} = b$ 是 Affine 函数，所以 $p(\boldsymbol{u})$ 为凸函数。根据在凸共轭一节中介绍的共轭定理有

$$p^{**}(\boldsymbol{u}) = p(\boldsymbol{u}) \tag{7.90}$$

因此

$$d^*(-\boldsymbol{u}) = p(\boldsymbol{u}) \tag{7.91}$$

而

$$d^*(-\boldsymbol{u}) = \sup_{\boldsymbol{\lambda}} \{-\boldsymbol{\lambda}^\top \boldsymbol{u} - d(\boldsymbol{\lambda})\} \tag{7.92}$$

$$= \sup_{-\boldsymbol{\lambda}} \{\boldsymbol{\lambda}^\top \boldsymbol{u} - d(-\boldsymbol{\lambda})\} \tag{7.93}$$

$$= \sup_{\boldsymbol{\lambda}} \{\boldsymbol{\lambda}^\top \boldsymbol{u} - d(-\boldsymbol{\lambda})\} \tag{7.94}$$

由此可知，$d^*(-\boldsymbol{u})$ 是 $d(-\boldsymbol{\lambda})$ 的 Fenchel 共轭。现在把式 (7.84) 中的 $\boldsymbol{\lambda}$ 都替换成 $-\boldsymbol{\lambda}$(包括 $\boldsymbol{\lambda}_{(k)}$ 和 $\boldsymbol{\lambda}_{(k+1)}$) 得到

$$-\boldsymbol{\lambda}_{(k+1)} = \arg\min_{-\boldsymbol{\lambda}} \left\{ d(-\boldsymbol{\lambda}) + \frac{1}{2c_{(k)}} \|-\boldsymbol{\lambda} + \boldsymbol{\lambda}_{(k)}\|_2^2 \right\} \tag{7.95}$$

$$= \arg\min_{\boldsymbol{\lambda}} \left\{ d(-\boldsymbol{\lambda}) + \frac{1}{2c_{(k)}} \|\boldsymbol{\lambda} - \boldsymbol{\lambda}_{(k)}\|_2^2 \right\} \tag{7.96}$$

因而式 (7.96) 对应的对偶近端算法为

$$\begin{cases}\boldsymbol{u}_{(k+1)} = \arg\min\limits_{\boldsymbol{u}}\left\{d^*(-\boldsymbol{u}) + \boldsymbol{\lambda}_{(k)}^\top u + \dfrac{c_{(k)}}{2}\|\boldsymbol{u}\|_2^2\right\} \\ \boldsymbol{\lambda}_{(k+1)} = \boldsymbol{\lambda}_{(k)} + c_{(k)}\boldsymbol{u}_{(k+1)}\end{cases} \tag{7.97}$$

把第一个式子中的 $d^*(-\boldsymbol{u})$ 替换成 $p(\boldsymbol{u})$，得到

$$\boldsymbol{u}_{(k+1)} = \arg\min_{\boldsymbol{u}}\left\{p(\boldsymbol{u}) + \boldsymbol{\lambda}_{(k)}^\top \boldsymbol{u} + \frac{c_{(k)}}{2}\|\boldsymbol{u}\|_2^2\right\} \tag{7.98}$$

$$= \arg\min_{\boldsymbol{u}}\left\{\min_{\boldsymbol{x},\boldsymbol{A}\boldsymbol{x}-\boldsymbol{b}=\boldsymbol{u}} f(\boldsymbol{x}) + \boldsymbol{\lambda}_{(k)}^\top \boldsymbol{u} + \frac{c_{(k)}}{2}\|\boldsymbol{u}\|_2^2\right\} \tag{7.99}$$

其中式 (7.98) 是代入 $p(\boldsymbol{u})$ 的定义。观察式 (7.99)，因为 $\boldsymbol{u}$ 和 $\boldsymbol{x}$ 是多对一的关系，所以遍历所有的 $\boldsymbol{u}$ 得到的式 (7.99) 的最小值，等于遍历所有 $\boldsymbol{x}$ 得到的式 (7.100) 的最小值，且两式取到最小值时对应的 $\boldsymbol{u}$ 和 $\boldsymbol{x}$ 满足 $\boldsymbol{A}\boldsymbol{x} - \boldsymbol{b} = \boldsymbol{u}$。

$$x_{(k+1)} = \arg\min_{\boldsymbol{x}}\left\{f(\boldsymbol{x}) + \boldsymbol{\lambda}_{(k)}^\top(\boldsymbol{A}\boldsymbol{x} - \boldsymbol{b}) + \frac{c_{(k)}}{2}\|(\boldsymbol{A}\boldsymbol{x} - \boldsymbol{b})\|_2^2\right\} \tag{7.100}$$

因此可以用式 (7.100) 代替式 (7.97) 中的第一个式子，并代入 $\boldsymbol{A}\boldsymbol{x} - \boldsymbol{b} = \boldsymbol{u}$ 得到

$$\begin{cases}\boldsymbol{x}_{(k+1)} = \arg\min\limits_{\boldsymbol{x}}\left\{f(\boldsymbol{x}) + \boldsymbol{\lambda}_{(k)}^\top(\boldsymbol{A}\boldsymbol{x} - \boldsymbol{b}) + \dfrac{c_{(k)}}{2}\|(\boldsymbol{A}\boldsymbol{x} - \boldsymbol{b})\|_2^2\right\} \\ \boldsymbol{\lambda}_{(k+1)} = \boldsymbol{\lambda}_{(k)} + c_{(k)}(\boldsymbol{A}\boldsymbol{x}_{(k+1)} - \boldsymbol{b})\end{cases} \tag{7.101}$$

式 (7.101) 便是**增广拉格朗日**算法。如果把式 (7.101) 看作某个最优化问题的对偶上升算法，则其对应的原问题为

$$\begin{aligned}\min \quad & f(\boldsymbol{x}) + \frac{c}{2}\|\boldsymbol{A}\boldsymbol{x} - \boldsymbol{b}\|_2^2 \\ \text{s.t.} \quad & \boldsymbol{A}\boldsymbol{x} = \boldsymbol{b}\end{aligned} \tag{7.102}$$

注意问题式 (7.102) 与问题式 (7.76) 等价。

7.5 交替方向乘子法

7.4 节中介绍了增广拉格朗日乘子法，该方法对于拉格朗日乘子法的改进在于可以处理目标函数不严格凸或不可导的问题。然而在现代机器学习领域随着数据量的快速增长，另一个挑战——海量数据带来的计算压力出现了。面对新的挑战，最优化算法也需要进行相应改进。本节将介绍增广拉格朗日乘子法的分布式计算改进版本——**交替方向乘子法**(Alternating Direction Method of Multipliers,ADMM)。但在此之前，首先来认识一下传统的分布式计算框架。

7.5.1 对偶分解

在“增广拉格朗日乘子法”中提到了对偶上升算法。传统的分布式计算框架直接来源于对偶上升算法。假设面对的凸优化问题与式 (7.76) 相同，且目标函数 f 在自变量 $\boldsymbol{x}$ 的空间上是可分的，即 f 可分解为在自变量 $\boldsymbol{x}$ 的若干个子空间 $\boldsymbol{x}_i$ 上的函数 f_i 之和

$$\sum_{i=1}^{N} f_i(\boldsymbol{x}_i) \tag{7.103}$$

其中 $\boldsymbol{x}_i \in \mathbf{R}^{n_i}$ 是 $\boldsymbol{x}$ 的子向量且之间没有交集。则约束条件中的矩阵 $\boldsymbol{A}$ 可以对应的划分为

$$\boldsymbol{A} = [\boldsymbol{A}_1, \boldsymbol{A}_2, \cdots \boldsymbol{A}_N] \tag{7.104}$$

于是

$$\boldsymbol{A}\boldsymbol{x} = \sum_{i=1}^{N} \boldsymbol{A}_i \boldsymbol{x}_i \tag{7.105}$$

那么拉格朗日函数就可以写作

$$\begin{aligned}
\mathcal{L}(\boldsymbol{x}, \boldsymbol{\lambda}) &= \left(\sum_{i=1}^{N} f_i(\boldsymbol{x}_i) + \boldsymbol{\lambda}^\top \left(\sum_{i=1}^{N} \boldsymbol{A}_i \boldsymbol{x}_i - \boldsymbol{b} \right) \right) && (7.106)\\
&= \sum_{i=1}^{N} \left(f_i(\boldsymbol{x}_i) + \boldsymbol{\lambda}^\top \boldsymbol{A}_i \boldsymbol{x}_i - \frac{1}{N} \boldsymbol{\lambda}^\top \boldsymbol{b} \right) && (7.107)\\
&= \sum_{i=1}^{N} \mathcal{L}_i(\boldsymbol{x}_i, \boldsymbol{\lambda}) && (7.108)
\end{aligned}$$

代入对偶上升算法式 (7.82) 可得

$$\begin{cases}
\boldsymbol{x}_{(k+1)} = \underset{(\boldsymbol{x}_1, \boldsymbol{x}_2, \cdots, \boldsymbol{x}_N)}{\arg\min} \sum_{i=1}^{N} \mathcal{L}_i(\boldsymbol{x}_i, \boldsymbol{\lambda}_{(k)}) \\
\boldsymbol{\lambda}_{(k+1)} = \boldsymbol{\lambda}_{(k)} + \alpha_k (\boldsymbol{A}\boldsymbol{x}_{(k+1)} - \boldsymbol{b})
\end{cases} \tag{7.109}$$

其中 $\boldsymbol{x} = (\boldsymbol{x}_1, \boldsymbol{x}_2, \cdots, \boldsymbol{x}_N)$。由于拉格朗日函数在 $\boldsymbol{x}$ 空间上同样是可分的，所以式 (7.109) 的第一个式子可以相应地划分为 N 个最优化的子问题独立地并行求解。当第一个式子的 N 个子问题并行计算完成后得到 $\boldsymbol{x}_{(k+1)}$，代入到第二个式子中求解 $\boldsymbol{\lambda}_{(k+1)}$。这种求解最优化问题的分布式计算框架称为**对偶分解**(Dual Decomposition) 算法。

7.5.2 交替方向乘子法概述

当目标函数不严格凸或不可导时我们可以使用增广拉格朗日乘子法。此时式 (7.108) 变为增广拉格朗日函数

$$\mathcal{L}_c(\boldsymbol{x},\boldsymbol{\lambda})=\left(\sum_{i=1}^{N}f_i(\boldsymbol{x}_i)+\boldsymbol{\lambda}^\top\left(\sum_{i=1}^{N}\boldsymbol{A}_i\boldsymbol{x}_i-\boldsymbol{b}\right)+\frac{c}{2}\left\|\sum_{i=1}^{N}\boldsymbol{A}_i\boldsymbol{x}_i-\boldsymbol{b}\right\|_2^2\right) \tag{7.110}$$

由于式 (7.110) 中 $\left\|\sum\limits_{i=1}^{N}\boldsymbol{A}_i\boldsymbol{x}_i-\boldsymbol{b}\right\|_2^2$ 项的存在，我们没有办法像式 (7.108) 那样将增广拉格朗日函数拆成若干可以并行计算的子问题。交替方向乘子法的提出便是为了解决这一问题，该算法成功地把对偶分解算法的并行性与增广拉格朗日乘子法的适用性结合在了一起。为了方便描述把目标函数设为可分解成两个函数之和的形式

$$\begin{aligned}\min\quad & f(\boldsymbol{x})+g(\boldsymbol{z})\\ \text{s.t.}\quad & \boldsymbol{A}\boldsymbol{x}=\boldsymbol{z}\end{aligned} \tag{7.111}$$

其中 $\boldsymbol{x}\in\mathbf{R}^n$，$\boldsymbol{z}\in\mathbf{R}^m$，$\boldsymbol{A}$ 为 $\mathbf{R}^{m\times n}$ 的矩阵。式 (7.111) 问题的增广拉格朗日乘子法为

$$\begin{cases}(\boldsymbol{x}_{(k+1)},\boldsymbol{z}_{(k+1)})=\underset{(\boldsymbol{x},\boldsymbol{z})}{\arg\min}\left(f(\boldsymbol{x})+g(\boldsymbol{z})+\boldsymbol{\lambda}_{(k)}^\top(\boldsymbol{A}\boldsymbol{x}-\boldsymbol{z})+\dfrac{c_{(k)}}{2}\|\boldsymbol{A}\boldsymbol{x}-\boldsymbol{z}\|_2^2\right)\\ \boldsymbol{\lambda}_{(k+1)}=\boldsymbol{\lambda}_{(k)}+c_{(k)}(\boldsymbol{A}\boldsymbol{x}_{(k+1)}-\boldsymbol{z}_{(k+1)})\end{cases} \tag{7.112}$$

由于第一个式子中 $\|\boldsymbol{A}\boldsymbol{x}-\boldsymbol{z}\|_2^2$ 的存在，函数 f 和 g 紧密地耦合在一起，无法对其进行并行化。而交替方向乘子法在此基础上“强行”把函数 f 和 g 解耦

$$\begin{cases}\boldsymbol{x}_{(k+1)}=\underset{\boldsymbol{x}}{\arg\min}\left(f(\boldsymbol{x})+g(\boldsymbol{z}_{(k)})+\boldsymbol{\lambda}_{(k)}^\top(\boldsymbol{A}\boldsymbol{x}-\boldsymbol{z}_{(k)})+\dfrac{c_{(k)}}{2}\|\boldsymbol{A}\boldsymbol{x}-\boldsymbol{z}_{(k)}\|_2^2\right)\\ \boldsymbol{z}_{(k+1)}=\underset{\boldsymbol{z}}{\arg\min}\left(f(\boldsymbol{x}_{(k+1)})+g(\boldsymbol{z})+\boldsymbol{\lambda}_{(k)}^\top(\boldsymbol{A}\boldsymbol{x}_{(k+1)}-\boldsymbol{z})+\dfrac{c_{(k)}}{2}\|\boldsymbol{A}\boldsymbol{x}_{(k+1)}-\boldsymbol{z}\|_2^2\right)\\ \boldsymbol{\lambda}_{(k+1)}=\boldsymbol{\lambda}_{(k)}+c_{(k)}(\boldsymbol{A}\boldsymbol{x}_{(k+1)}-\boldsymbol{z}_{(k+1)})\end{cases} \tag{7.113}$$

可以看出在这样的设定下，$\boldsymbol{x}$ 和 $\boldsymbol{z}$ 是交替更新的，而 $\boldsymbol{x}$ 和 $\boldsymbol{z}$ 又代表着目标函数 $f+g$ 的不同方向，这就是该方法被称为“交替方向乘子法”的原因。交替方向乘子法是经典增广拉格朗日乘子法的近似版本，其收敛性分析比较复杂，已经超出本书的讨论范围，有兴趣的读者可以在本章后面的引用文献中找到证明过程。

7.6 小结

本章承接与第 4 章“结构风险最小”。在第 4 章中利用拉格朗日乘子法从函数空间的角度对结构风险进行了解释，而本章对拉格朗日乘子法进行了较为深入的探讨。首先

提出了凸共轭的概念，并对其进行了几何上的直观解释。紧接着从凸共轭推导出了拉格朗日对偶。对偶在数学上并没有一个严格的定义，简单来讲对偶就是对同一个事物的两种不同描述方法。拉格朗日对偶是对带有约束条件的最优化问题的另一种描述。在新的描述下，对偶问题通过引入额外的参数——拉格朗日乘子，把原问题转化成为了一个无约束条件的最优化问题——对偶问题。分析表明，对偶问题的最大值总是小于等于原问题的最小值，而只有当两个问题的最值相等的时候拉格朗日乘子法求得的解才是原问题的解。于是什么时候能够取到等号是我们所关心的。通过数学推导我们发现，当问题满足 Salter 条件或 KKT 条件时二者相等。随后在其基础之上又提出了两个拉格朗日对偶的扩展——Fenchel 对偶和增广拉格朗日乘子法。其中 Fenchel 对偶用于处理目标函数为两个函数之和的最优化问题；增广拉格朗日乘子法则是为了处理目标函数不严格凸或不可导的最优化问题。为了解释后者，我们又分别介绍了近端、Moreau 包络以及对偶上升等概念。这些不同的概念之间其实充满了联系，如近端算子可以看作是一个 Fenchel 对偶问题，以及对拉格朗日对偶问题使用近端算法就得到了增广拉格朗日算法等。增广拉格朗日算法再发展一步就是交替方向乘子法。交替方向乘子法是一种适用于求解分布式凸优化问题的计算框架，该算法将对偶分解算法的并行性与增广拉格朗日乘子法的适用性结合在了一起，是经典增广拉格朗日乘子法的近似版本。交替方向乘子法的收敛性证明比较复杂，限于篇幅，本书没有对其进行更加深入的讨论。

至此本书关于有监督学习的算法理论部分就基本告一段落了。我们已经看到，绝大部分的有监督学习算法最终都转化为了一个最优化问题，而且其中大部分都无法直接求得解析解，需要使用迭代算法去逼近。接下来的部分将主要讨论如何处理这一类问题。第 8 章“随机梯度下降法”主要介绍应用于机器学习 + 大数据场景下的梯度下降算法。第 9 章“常见的最优化方法”会对这些算法背后的理论进行探讨。

参 考 文 献

[1] Bertsekas D, of Technology M I. Convex Optimization Algorithms[M]. Cambridge: Athena Scientific, 2015.

[2] Nemirovski A. Lectures on modern convex optimization[C]// Society for Industrial and Applied Mathematics. 2001.

[3] Boyd S, Vandenberghe L. Convex Optimization[M]. New York, USA: Cambridge University Press, 2004.

[4] Nesterov Y. Introductory Lectures on Convex Optimization: A Basic Course[M]. 1st ed. Springer Publishing Company, Incorporated, 2014.

[5] Boyd S, Parikh N, Chu E, et al. Distributed Optimization and Statistical Learning via the

Alternating Direction Method of Multipliers[J]. Found. Trends Mach. Learn., 2011, 3(1): 1-122.

[6] Parikh N, Boyd S. Proximal Algorithms[J]. Found. Trends Optim., 2014, 1(3): 127-239.

[7] Polson N G, Scott J G, Willard B T. Proximal Algorithms in Statistics and Machine Learning[J]. ArXiv e-prints, 2015arXiv: 1502.03175 [stat.ML].

[8] Hong M, Luo Z Q, Razaviyayn M. Convergence Analysis of Alternating Direction Method of Multipliers for a Family of Nonconvex Problems[J]. ArXiv e-prints, 2014arXiv: 1410.1390 [math.OC].

第 8 章 Chapter 8

随机梯度下降法

8.1 随机梯度下降法概述

8.1.1 机器学习场景

从本章开始进入了本书的第二部分：使用优化算法来求解机器学习问题。在第 3 章“结构风险最小”中曾指出，大部分的机器学习问题最后都可以归结为经验风险 (损失函数) 或结构风险 (损失函数 + 正则化) 函数的优化问题。下面使用数学语言来正式地描述这一问题 (为了推导过程的简洁，下面只讨论经验风险的情况)。

1. 算法模型和损失函数

在第 4 章“结构风险最小”中我们看到，一个有监督学习算法或模型实质上是在拟合一个预测函数 h(或者称为假设函数，Hyperthesis)，其形式固定但参数 $\boldsymbol{w} \in \mathbf{R}^d$ 未知。所有可能的 h 组成的函数空间 (或者称为假设空间，Hyperthesis Space) 为

$$\{h(\cdot;\boldsymbol{w})|\boldsymbol{w} \in \mathbf{R}^n\}$$

我们的目标就是找到一组参数 $\boldsymbol{w}^*$ 使得 h 做出预测的误差最小。而误差的大小是用损失函数 $l:\mathbf{R}^{d_y}\times\mathbf{R}^{d_y} \to \mathbf{R}$ 来衡量的。设一对输入输出为 $(\boldsymbol{x}^{(i)}, y^{(i)})$，其损失为 $l(h(\boldsymbol{x}^{(i)};\boldsymbol{w}), y^{(i)})$。对于有监督学习问题，我们会有一个训练集 $\{(\boldsymbol{x}^{(i)}, y^{(i)})\}_{i=1}^n$，那么我们就可以定义出关于 $\boldsymbol{w}$ 的经验风险函数 $\mathcal{R}_n:\mathbf{R}^d \to \mathbf{R}$

$$\mathcal{R}_n(\boldsymbol{w}) = \frac{1}{n}\sum_{i=1}^{n} l(h(\boldsymbol{x}^{(i)};\boldsymbol{w}), y^{(i)}) \tag{8.1}$$

于是最终目标是寻找 $\boldsymbol{w}^*$ 使得 $\mathcal{R}_n(\boldsymbol{w})$ 最小

$$\boldsymbol{w}^* = \arg\min_{\boldsymbol{w}} \mathcal{R}_n(\boldsymbol{w}) \tag{8.2}$$

至此原初的机器学习问题便转化为一个目标函数为 $\mathcal{R}_n(\boldsymbol{w})$ 的优化问题

$$\min_{\boldsymbol{w}} \mathcal{R}_n(\boldsymbol{w}) = \frac{1}{n}\sum_{i=1}^{n} l(h(\boldsymbol{x}^{(i)};\boldsymbol{w}), y^{(i)}) \tag{8.3}$$

2. 梯度下降法和牛顿法所面对的挑战

式 (8.3) 是一个无约束条件的优化问题，可以使用梯度下降法或牛顿法求解。设目标函数 $\mathcal{R}_n$ 的一阶导数为 $\mathcal{R}'_n$，二阶导数 Hessian 矩阵为 $\mathcal{R}''_n$，那么在梯度下降法或牛顿法的迭代过程中每一步都需要计算 $\mathcal{R}'_n$ 或 $\mathcal{R}''_n$。观察式 (8.3) 可以发现，若令损失函数 l 对参数 $\boldsymbol{w}$ 的一阶导数分别为 $l'_{\boldsymbol{w}}$，则计算 $\mathcal{R}'_n$ 就需要把训练集中每一个样本代入 $l'_{\boldsymbol{w}}$ 之后再求其均值。显然，当训练集的样本数量极其巨大的时候，$\mathcal{R}'_n$ 的计算会非常耗时。对于牛顿法，不仅要计算 $\mathcal{R}'_n$ 还要计算 $\mathcal{R}''_n$，而 $\mathcal{R}''_n$ 的计算时间开销和空间开销都非常巨大。这样即使两种算法分别拥有线性和二次这样极快的收敛速率，由于在每一步的迭代中消耗了太多时间，算法的整个求解过程往往十分漫长。而且近些年来实际问题中的数据量越来越大，经典的梯度下降法和牛顿法在处理“大数据”问题时的实际速度几乎都是不可接受的。

既然造成这个问题的原因是训练集的样本数量太大，那么很自然的一个想法就是：是不是每次迭代都需要使用全部样本来计算 $\mathcal{R}'_n$，是否可以只选取一部分样本，甚至更极端一些，是否可以在每次迭代中只使用一个样本来计算 $\mathcal{R}'_n$？答案是可以的，而且在大多数情况下这是处理实际问题的首选方法。

8.1.2 随机梯度下降法的定义

考虑每一步的迭代中只使用一个样本来计算经验函数的梯度 $\mathcal{R}'_n$，那么问题来了，众多的样本中该选哪一个？很显然，随机选择是最佳策略。因为一旦引入随机变量就可以计算其期望，后面会看到，这会给收敛性分析带来很大帮助。

设每次迭代中随机选择样本时引入的随机变量为 ξ，每次迭代时会首先实例化 ξ，即根据 ξ 的概率分布随机赋予它一个值，然后根据实例化的 ξ 选取对应的样本。例如，给训练集 $\{(\boldsymbol{x}^{(i)}, y^{(i)})\}_{i=1}^n$ 中每一个样本赋予一个编号 $\xi^{(i)}$，则这些编号便组成了 ξ 实例的集合 $\{\xi^{(i)}\}_{i=1}^n$。通常训练集中的每一个样本均被认为是同等重要的，则 ξ 服从均匀分布。令

$$f(\boldsymbol{w}) = l(h(\boldsymbol{x}, \boldsymbol{w}), y) \tag{8.4}$$

则样本 $(\boldsymbol{x}^{(i)}, y^{(i)})$ 所带来的“损失”为

$$f(\boldsymbol{w}; \xi^{(i)}) = l(h(\boldsymbol{x}^{(i)}, \boldsymbol{w}), y^{(i)}) \tag{8.5}$$

将 $f(\boldsymbol{w}; \xi^{(i)})$ 简记为 $f_i(\boldsymbol{w})$，即

$$f_i(\boldsymbol{w}) = f(\boldsymbol{w}; \xi^{(i)}) \tag{8.6}$$

于是每次迭代随机选择一个样本来计算梯度的方法 (更新准则) 为

$$\boldsymbol{w}_{k+1} = \boldsymbol{w}_k - \eta_k f'_{i_k}(\boldsymbol{w}_k) \tag{8.7}$$

其中 k 表示第 k 次迭代；i_k 是从 $\{1, 2, \cdots, n\}$ 随机选取的一个值，对应于样本 $(\boldsymbol{x}_{(i_k)}, y_{(i_k)})$；$\eta_k$ 表示第 k 次迭代的步长。式 (8.7) 对应的梯度下降法称为**随机梯度下降法**(Stochastic Gradient Descent, SGD)。

类似地，经典梯度下降法的更新准则可以写为

$$\boldsymbol{w}_{k+1} = \boldsymbol{w}_k - \eta_k \mathcal{R}'_n(\boldsymbol{w}_k) = \boldsymbol{w}_k - \frac{\eta_k}{n} \sum_{i=1}^{n} f'_i(\boldsymbol{w}_k) \tag{8.8}$$

对应于随机梯度下降法，经典的梯度下降法又被称为**批量梯度下降法**(Batch Gradient Descent) 或**完全梯度下降法**(Full Gradient Descent)。

至此可以得到以下随机梯度下降法的算法框架。

(1) 设定起始点 $\boldsymbol{w}_0$；

(2) 实例化随机变量 ξ 得到 $\xi^{(i)}$；

(3) 计算随机梯度 $f'_i(\boldsymbol{w})$；

(4) 设定步长 η；

(5) 迭代更新 $\boldsymbol{w} = \boldsymbol{w} - \eta f'_i(\boldsymbol{w})$；

(6) 若满足终止条件输出 $\boldsymbol{w}$；否则重复步骤 (2)。

随机法和批量法事实上是单次迭代的开销与精度之间的取舍。很显然，随机法看起来会比批量法快很多。但是注意，随机选择一个样本计算出来的下降方向 $-f'_{i_k}$ 与最速下降方向 $-\mathcal{R}'_n$ 是很难完全重合的，有时甚至是反向的 (迭代之后目标函数值并没有下降，反而上升了)。那么随机梯度下降法能否收敛，如果能，是否真的比批量梯度下降快呢？下面的收敛性分析会给出答案。

8.1.3 随机梯度下降法收敛性分析

一些重要假设和结论

在分析开始之前，先把之后会用到的符号和标记进行约定。

(1) k 为迭代次数；

(2) η_k 为第 k 次迭代的步长；

(3) ξ_k 为第 k 次迭代的随机变量，ξ_k 实例化后得到的 $\xi_k^{(i)}$ 对应样本 $(\boldsymbol{x}^{(i)}, y^{(i)})$，意味着第 k 次迭代随机选到的样本为 $(\boldsymbol{x}^{(i)}, y^{(i)})$；

(4) f_i 为样本 $(\boldsymbol{x}^{(i)}, y^{(i)})$ 带来的损失，即 $f_i(\boldsymbol{w}) = f(\boldsymbol{w}; \xi^{(i)}) = l(h(\boldsymbol{x}^{(i)}, \boldsymbol{w}), y^{(i)})$；

(5) $F : \mathbf{R}^d \to \mathbf{R}$ 为目标函数，代表经验风险函数 $\mathcal{R}_n(\boldsymbol{w}) = \dfrac{1}{n}\sum\limits_{i=1}^{n} f_i(\boldsymbol{w})$；

(6) $g(\boldsymbol{w}_k; \xi_k)$ 为随机梯度 (是目标函数的梯度 $F'(\boldsymbol{w}_k)$ 的无偏估计)。

在分析梯度下降法的收敛性时我们对目标函数进行了一些假设。

[假设 1] 目标函数二阶可导且 Hessian 矩阵有界

$$mI \preceq F''(\boldsymbol{w}) \preceq MI \tag{8.9}$$

上式右边的不等号表明 F 的梯度是 Lipschitz 连续的

$$F(\bar{\boldsymbol{w}}) \leqslant F(\boldsymbol{w}) + F'(\boldsymbol{w})(\bar{\boldsymbol{w}} - \boldsymbol{w}) + \frac{1}{2}M\|\bar{\boldsymbol{w}} - \boldsymbol{w}\|_2^2, \quad \forall \boldsymbol{w}, \bar{\boldsymbol{w}} \in \mathbf{R}^d \tag{8.10}$$

而左边的不等号表明 F 是强凸的，从而满足

$$F(\bar{\boldsymbol{w}}) \geqslant F(\boldsymbol{w}) + F'(\boldsymbol{w})(\bar{\boldsymbol{w}} - \boldsymbol{w}) + \frac{1}{2}m\|\bar{\boldsymbol{w}} - \boldsymbol{w}\|_2^2, \quad \forall \boldsymbol{w}, \bar{\boldsymbol{w}} \in \mathbf{R}^d \tag{8.11}$$

由式 (8.10) 得到第一个引理：

[引理 1] F 满足式 (8.10) 时，随机梯度下降法的每次迭代中下面的不等式始终满足

$$\begin{aligned}\mathbb{E}_{\xi_k}[F(\boldsymbol{w}_{k+1})] - F(\boldsymbol{w}_k) \leqslant & -\eta_k F'(\boldsymbol{w}_k)^\top \mathbb{E}_{\xi_k}[g(\boldsymbol{w}_k, \xi_k)] \\ & + \frac{1}{2}\eta_k^2 M \mathbb{E}_{\xi_k}[\|g(\boldsymbol{w}_k, \xi_k)\|_2^2]\end{aligned} \tag{8.12}$$

证明：由式 (8.10)，每次迭代均满足

$$\begin{aligned}F(\boldsymbol{w}_{k+1}) - F(\boldsymbol{w}_k) &\leqslant F'(\boldsymbol{w})^\top(\boldsymbol{w}_{k+1} - \boldsymbol{w}_k) + \frac{1}{2}M\|\boldsymbol{w}_{k+1} - \boldsymbol{w}_k\|_2^2 & (8.13) \\ &\leqslant -\eta_k F'(\boldsymbol{w})^\top g(\boldsymbol{w}_k, \xi_k) + \frac{1}{2}\eta_k^2 M\|g(\boldsymbol{w}_k, \xi_k)\|_2^2 & (8.14)\end{aligned}$$

上式两边对 ξ_k 取期望便得到式 (8.12)。

引理 1 表明，每一次迭代中目标函数下降值的期望是有上界的。因为我们希望每次迭代后 F 的值是下降的，所以上界越小越好。在目标函数满足假设且步长确定之后，该上界受到以下两个量的影响。

(1) 从式 (8.14) 不等式右边第一项可以看出，第一个量是 F 在 $\boldsymbol{w}_k$ 处的梯度与下降方向 $-g(\boldsymbol{w}_k,\xi_k)$ 的内积 $-F'(\boldsymbol{w})^\top g(\boldsymbol{w}_k,\xi_k)$。下降方向与梯度的重合度越高该上界越小。

(2) 从式 (8.14) 不等式右边第二项可以看出，随机梯度的二阶矩 $\|g(\boldsymbol{w}_k,\xi_k)\|_2^2$ 越小，则上界越小。

若对收敛性进行分析，就需要对这两个影响进行量化，于是有了第二个假设：

[假设 2]

(1) $g(\boldsymbol{w}_k,\xi_k)$ 是 $F'(\boldsymbol{w}_k)$ 的无偏估计；

(2) $g(\boldsymbol{w}_k,\xi_k)$ 关于 ξ_k 的方差 $\mathrm{Var}_{\xi_k}[g(\boldsymbol{w}_k,\xi_k)]\leqslant V$，其中 $V\geqslant 0$。

首先关于第一个假设，若 ξ 的设计足够好，就可以使 $g(\boldsymbol{w}_k,\xi_k)$ 是 $F'(\boldsymbol{w}_k)$ 的无偏估计，则有 $\mathbb{E}_{\xi_k}[g(\boldsymbol{w}_k,\xi_k)]=F'(\boldsymbol{w}_k)$，根据引理 1 有如下不等式成立

$$\mathbb{E}_{\xi_k}[F(\boldsymbol{w}_{k+1})]-F(\boldsymbol{w}_k)\leqslant -\eta_k\|F'(\boldsymbol{w}_k)\|_2^2+\frac{1}{2}\eta_k^2M\mathbb{E}_{\xi_k}[\|g(\boldsymbol{w}_k,\xi_k)\|_2^2] \tag{8.15}$$

对于第二个假设，由方差的定义，有

$$\mathrm{Var}_{\xi_k}[g(\boldsymbol{w}_k,\xi_k)]=\mathbb{E}_{\xi_k}[\|g(\boldsymbol{w}_k,\xi_k)\|_2^2]-\mathbb{E}_{\xi_k}[\|g(\boldsymbol{w}_k,\xi_k)\|_2^2] \tag{8.16}$$

结合假设 2 可以得到如下不等式

$$\mathbb{E}_{\xi_k}[\|g(\boldsymbol{w}_k,\xi_k)\|_2^2]\leqslant V+\|F'(\boldsymbol{w}_k)\|_2^2 \tag{8.17}$$

可以看出第二个假设是通过方差对 $\mathbb{E}_{\xi_k}[\|g(\boldsymbol{w}_k,\xi_k)\|_2^2]$ 进行了上界的假设。

结合假设 1、假设 2 和引理 1 可以得到下面的结论。

[引理 2] 满足假设 1 和假设 2 时，随机梯度下降法中每次迭代始终满足

$$\mathbb{E}_{\xi_k}[F(\boldsymbol{w}_{k+1})]-F(\boldsymbol{w}_k)\leqslant -\left(1-\frac{1}{2}\eta_kM\right)\eta_k\|F'(\boldsymbol{w}_k)\|_2^2+\frac{1}{2}\eta_k^2MV \tag{8.18}$$

证明：由引理 1 (式 (8.12)) 和假设 2 (式 (8.17))，有

$$\begin{aligned}
\mathbb{E}_{\xi_k}[F(\boldsymbol{w}_{k+1})]-F(\boldsymbol{w}_k)&\leqslant -\eta_kF'(\boldsymbol{w}_k)^\top\mathbb{E}_{\xi_k}[g(\boldsymbol{w}_k,\xi_k)]+\frac{1}{2}\eta_k^2M\mathbb{E}_{\xi_k}[\|g(\boldsymbol{w}_k,\xi_k)\|_2^2]\\
&\leqslant -\eta_k\|F'(\boldsymbol{w}_k)\|_2^2+\frac{1}{2}\eta_k^2M(V+\|F'(\boldsymbol{w}_k)\|_2^2)\\
&=-\left(1-\frac{1}{2}\eta_kM\right)\eta_k\|F'(\boldsymbol{w}_k)\|_2^2+\frac{1}{2}\eta_k^2MV
\end{aligned}$$

引理 2 可以看作是引理 1 的“量化”版本，引理 1 的不等式包含了随机梯度 $g(\boldsymbol{w}_k,\xi_k)$ 的期望和二阶矩这两个无法量化的量，通过假设 2 给两个量加了上界，进而在引理 2 中把这两项替换成了两个确定的量，从而可以进行接下来的收敛性证明。

8.1.4 收敛性证明

[定理 1] 满足假设 1 和假设 2 时，若随机梯度下降法的每次迭代中的步长固定 $\eta_k = \eta_0$ 且满足

$$0 < \eta_0 \leqslant \frac{1}{M} \tag{8.19}$$

则

$$\mathbb{E}[F(\boldsymbol{w}_k) - F^*] \leqslant \frac{\eta_0 MV}{2m} + (1-\eta_0 m)^{k-1}\left(\mathbb{E}[F(\boldsymbol{w}_0) - F^*] - \frac{\eta_0 MV}{2m}\right) \tag{8.20}$$

其中 F^* 表示 F 的最小值。

[证明]：在第 9 章“常见的最优化方法”中将会看到强凸函数具有的性质 (式 (9.75))

$$\|F'(\boldsymbol{w}_k)\|_2^2 \geqslant 2m(F(\boldsymbol{w}_k) - F^*) \tag{8.21}$$

结合引理 2 以及式 (8.19) 可得

$$\begin{aligned}
\mathbb{E}_{\xi^{(k)}}[F(\boldsymbol{w}_{k+1})] - F(\boldsymbol{w}_k) &\leqslant -\left(1 - \frac{1}{2}\eta_0 M\right)\eta_k \|F'(\boldsymbol{w}_k)\|_2^2 + \frac{1}{2}\eta_0^2 MV \\
&\leqslant -\frac{1}{2}\eta_0 \|F'(\boldsymbol{w}_k)\|_2^2 + \frac{1}{2}\eta_0^2 MV \\
&\leqslant -\eta_0 m(F(\boldsymbol{w}_k) - F^*) + \frac{1}{2}\eta_0^2 MV
\end{aligned}$$

两边各减去 F^* 并对 $\xi^{(1)}, \xi^{(2)}, \cdots, \xi^{(k)}$ 取期望，得到

$$\mathbb{E}[F(\boldsymbol{w}_{k+1}) - F^*] \leqslant (1-\eta_0 m)\mathbb{E}[F(\boldsymbol{w}_k) - F^*] + \frac{1}{2}\eta_0 MV$$

不等式两边再同时减去 $\dfrac{\eta_0 MV}{2m}$ 得到

$$\begin{aligned}
\mathbb{E}[F(\boldsymbol{w}_{k+1}) - F^*] - \frac{\eta_0 MV}{2m} &\leqslant (1-\eta_0 m)\mathbb{E}[F(\boldsymbol{w}_k) - F^*] + \frac{1}{2}\eta_0 MV - \frac{\eta_0 MV}{2m} \\
&= (1-\eta_0 m)\left(\mathbb{E}[F(\boldsymbol{w}_k) - F^*] - \frac{\eta_0 MV}{2m}\right)
\end{aligned}$$

将 $k, \cdots, 2, 1$ 迭代代入上面不等式右边可得

$$\mathbb{E}[F(\boldsymbol{w}_{k+1}) - F^*] - \frac{\eta_0 MV}{2m} \leqslant (1-\eta_0 m)^k\left(\mathbb{E}[F(\boldsymbol{w}_0) - F^*] - \frac{\eta_0 MV}{2m}\right)$$

简单变换之后可以得到定理 1 的结论。

根据定理 1 (式 (8.20)) 可以得出下面两个结论。

(1) 固定步长的随机梯度下降法不能够保证收敛到最小值点。

因为 $0 < \eta_0 \leqslant \dfrac{1}{M}$ 以及 $m \leqslant M$，所以 $0 \leqslant (1-\eta_0 m) < 1$，于是当 k 趋于无穷时有

$$\lim_{k\to\infty} \mathbb{E}[F(\boldsymbol{w}_k) - F^*] = \frac{\eta_0 MV}{2m} \tag{8.22}$$

(2) 固定步长的随机梯度下降法的收敛速率是 sublinear 的。

根据结论 1

$$\lim_{k\to\infty} \frac{\mathbb{E}[F(\boldsymbol{w}_{k+1}) - F^*]}{\mathbb{E}[F(\boldsymbol{w}_k) - F^*]} = 1 \tag{8.23}$$

对照第 9 章中数列收敛速率的定义 (式 (9.40)) 可知。

以上两个结论事实上都是随机梯度下降法相对于完全梯度下降法的缺点。在第 9 章“常见的最优化方法”中我们会看到，完全梯度下降法可以避免上述随机梯度下降法的两个缺点。对比完全梯度下降法，随机梯度下降法唯一的不同在于，虽然随机梯度的期望 $\mathbb{E}[g(\boldsymbol{w}_k, \xi^{(k)})]$ 等于目标函数的梯度 $F'(\boldsymbol{w}_k)$，但每次迭代中所选择的 $g(\boldsymbol{w}_k, \xi^{(k)})$ 作为期望值的估计是存在方差的，即 $\mathrm{Var}_{\xi^{(k)}}[g(\boldsymbol{w}_k, \xi^{(k)})]$ 存在且不等于 0。

既然已经观察到了随机梯度下降法的缺点，接下来就要想办法改进 SGD。我们希望在确保算法最终能够收敛到最小值点的前提下提高算法的收敛速率。常见的改进办法主要有以下四类。

(1) 逐步减小下降步长：在满足一定条件时逐步减小梯度下降的步长可以让随机梯度下降最终收敛到目标函数的最小值点，但该方法并不能够提升收敛速率。

(2) 逐步增加梯度采样：通过逐步增加用于计算梯度的样本数，算法在迭代的过程中逐步逼近完全梯度下降，并最终收敛到目标函数的最小值点。可以看出该方法在后期单步的开销会十分接近完全梯度下降，以至于丧失随机梯度下降的优势。

(3) 方差缩减 (Variance Reduction)：针对随机梯度下降法中随机性带来的方差，通过修正每次迭代中单个样本的随机梯度的偏差，可克服随机梯度下降法的两个缺点。

(4) 加速与适应 (Acceleration and Adaptation)：分别利用梯度在时间上和空间上的历史信息来提升随机梯度下降的收敛速率。

下面将对**方差缩减**和**加速与适应**两大类方法进行介绍。可以看出前者直接从造成随机梯度下降法两个缺点的原因入手，更多的是在理论上探讨；而后者主要关心的是算法实际的表现，其衍生出来的算法已经广泛地应用于各种工程实践之中。

8.2 随机梯度下降法进阶 I：方差缩减

首先来看如果能够使用某种方法达到了在迭代过程中缩减方差的目的，随机梯度下降能否克服两个缺点。

8.2.1 方差缩减的效果

由定理 1 可得

$$\mathbb{E}[F(\boldsymbol{w}_k)-F^*] \leqslant \frac{\eta_0 MV}{2m} + (1-\eta_0 m)^{k-1}\left(\mathbb{E}[F(\boldsymbol{w}_0)-F^*] - \frac{\eta_0 MV}{2m}\right)$$

从该结论可以看到，如果能够找到一种方法，使得在迭代次数足够多时 V 趋于 0，这样 $\frac{\eta_0 MV}{2m}$ 在迭代次数足够多时就会趋于 0，似乎既保证收敛到最小值，也能提升收敛速率。那么我们就假设已经找到了某种实现方差缩减的方法，然后看看能否得到期望的结果。

首先假设 V 随着 k 的增大而减小，对于 V 的缩减速率可以有以下两种假设。

(1) 调和速率

$$\mathrm{Var}_{\xi^{(k)}}[g(\boldsymbol{w}_k,\xi^{(k)})] \leqslant \frac{V}{k-1} \tag{8.24}$$

(2) 几何速率

$$\mathrm{Var}_{\xi^{(k)}}[g(\boldsymbol{w}_k,\xi^{(k)})] \leqslant V\zeta^{k-1}, \quad \zeta\in(0,1) \tag{8.25}$$

观察定理 1 的结论式 (8.20)，其中包含 $(1-\eta_0 m)^{k-1}$ 项，为了方便推导对“依几何速率减小的方差”假设进行分析。

[定理 2] 满足假设 1 和假设 2 的同时满足

$$\mathrm{Var}_{\xi^{(k)}}[g(\boldsymbol{w}_k,\xi^{(k)})] \leqslant V\zeta^{k-1}, \quad \zeta\in(0,1) \tag{8.26}$$

若随机梯度下降法的每次迭代中的步长固定 $\eta_k=\eta_0$，且满足

$$0<\eta_0\leqslant\frac{1}{M} \tag{8.27}$$

则

$$\mathbb{E}[F(\boldsymbol{w}_k)-F^*] \leqslant \omega\rho^{k-1} \tag{8.28}$$

其中

$$\omega=\max\left\{\frac{\eta_0 MV}{m}, F(\boldsymbol{w}_0-F^*)\right\} \tag{8.29}$$

$$\rho=\max\left\{1-\frac{\eta_0 m}{2},\zeta\right\}<1 \tag{8.30}$$

[证明]：与定理 1 的证明类似，结合引理 2 与式 (8.21)、式 (8.26) 和式 (8.27) 可以

得到

$$\begin{aligned}\mathbb{E}_{\xi^{(k)}}[F(\boldsymbol{w}_{k+1})]-F(\boldsymbol{w}_k)&\leqslant-\left(1-\frac{1}{2}\eta_0M\right)\eta_k\|F'(\boldsymbol{w}_k)\|_2^2+\frac{1}{2}\eta_0^2MV\zeta^{k-1}\\&\leqslant-\frac{1}{2}\eta_0\|F'(\boldsymbol{w}_k)\|_2^2+\frac{1}{2}\eta_0^2MV\zeta^{k-1}\\&\leqslant-\eta_0m(F(\boldsymbol{w}_k)-F^*)+\frac{1}{2}\eta_0^2MV\zeta^{k-1}\end{aligned}$$

不等式两边同时减去 F^* 并对 $\xi_1,\xi_2,\cdots,\xi^{(k)}$ 取期望，得到

$$\mathbb{E}[F(\boldsymbol{w}_{k+1})-F^*]\leqslant(1-\eta_0m)\mathbb{E}[F(\boldsymbol{w}_k)-F^*]+\frac{1}{2}\eta_0MV\zeta^{k-1} \tag{8.31}$$

下面使用数学归纳法证明 (式 (8.28))。$k=1$ 时，显然成立。假设 k 时式 (8.28) 成立，则 $k+1$ 时有

$$\begin{aligned}\mathbb{E}[F(\boldsymbol{w}_{k+1})-F^*]&\leqslant(1-\eta_0m)\omega\rho^{k-1}+\frac{1}{2}\eta_0MV\zeta^{k-1}\\&=\omega\rho^{k-1}\left(1-\eta_0m+\frac{\eta_0MV}{2\omega}\left(\frac{\zeta}{\rho}\right)^{k-1}\right)\\&\leqslant\omega\rho^{k-1}\left(1-\eta_0m+\frac{\eta_0MV}{2\omega}\right)\\&\leqslant\omega\rho^{k-1}\left(1-\eta_0m+\frac{\eta_0m}{2}\right)\\&\leqslant\omega\rho^{k-1}\left(1-\frac{\eta_0m}{2}\right)\\&\leqslant\omega\rho^{k}\end{aligned}$$

对比定理 1 的结论可以看出，如果方差依几何速率减小，则固定步长的随机梯度下降算法具有以下两个性质。

(1) 迭代次数足够多时收敛到极值点

$$\lim_{k\to\infty}\mathbb{E}[F(\boldsymbol{w}_{k+1})-F^*]=0 \tag{8.32}$$

即 $\mathbb{E}[F(\boldsymbol{w}_{k+1})]=F^*$。

(2) 收敛速率是线性的

$$\lim_{k\to\infty}\frac{\mathbb{E}[F(\boldsymbol{w}_{k+1})-F^*]}{\mathbb{E}[F(\boldsymbol{w}_k)-F^*]}=\rho<1 \tag{8.33}$$

对照第 9 章中数列收敛速率的定义式 (9.40) 可以看出是线性的。

现在我们知道，只要能够在迭代的过程中减小随机梯度的方差，随机梯度下降法就可以达到与完全梯度下降法相同的收敛速率，而且能够最终收敛到目标函数的最小值点。下面就来设计具体的方差缩减策略。

8.2.2 方差缩减的实现

前面的分析表明，方差之所以出现是因为每次迭代时使用随机梯度 $g(\boldsymbol{w}_k,\xi^{(k)})$ 作为目标函数真实梯度 $\mathcal{R}'(\boldsymbol{w}_k)$ 的估计。如果能够对偏差进行修正，那么很显然就可以达到减小方差的目的。再来观察一下目标函数 —— 经验风险函数的梯度

$$\mathcal{R}_n'(\boldsymbol{w}_k)=\frac{1}{n}\sum_{i=1}^{n}f_i'(\boldsymbol{w}_k)$$

若把 $f_i'(\boldsymbol{w}_k)$ 看作是单个样本的贡献，那么 $\mathcal{R}_n'(\boldsymbol{w}_k)$ 就是全部样本贡献的合集，而随机梯度下降法就是用单个样本的贡献来代表所有样本

$$g(\boldsymbol{w}_k)=f_i'(\boldsymbol{w}_k) \tag{8.34}$$

如果要对 $g(\boldsymbol{w}_k)$ 进行修正，很显然需要利用 $\mathcal{R}_n'(\boldsymbol{w}_k)$ 的信息。下面介绍的两个算法分别从两个角度对 $g(\boldsymbol{w}_k)$ 进行了修正，一个从时间上利用 $\mathcal{R}_n'(\boldsymbol{w}_k)$ 的历史信息，另一个从空间上使用其他样本的合集信息 $\sum\limits_{i=1}^{n}f_i'(\boldsymbol{w}_k)$。

1. SVRG 算法

第一个方法称为随机方差减小梯度下降法 (Stochastic Variance Reduced Gradient, SVRG)。该方法利用 $\mathcal{R}_n'(\boldsymbol{w}_k)$ 的历史信息对每次迭代中的随机梯度 $g(\boldsymbol{w}_k)$ 进行修正。其过程简单来说，就是在正常的随机梯度下降法执行过程中每隔一段时间计算一次完全梯度 $\mathcal{R}_n'$，然后使用 $\mathcal{R}_n'$ 对接下来的迭代进行修正。

首先对标识符号作如下约定。

(1) k 为计算完全梯度的次数，设此时参数为 $\boldsymbol{w}_k$，则完全梯度为 $\mathcal{R}_n'(\boldsymbol{w}_k)$。

(2) m 为两次计算完全梯度之间的迭代数，即设每间隔 t 个迭代计算一次完全梯度。

(3) $j\in\{1,2,\cdots,m\}$ 表示 t 个迭代中的第 j 次迭代。

(4) $i_j\in\{1,2,\cdots,n\}$ 表示第 j 次迭代中随机选到了第 i_j 个样本。

(5) $\tilde{g}_j$ 表示第 j 次迭代中的随机梯度。

(6) $\tilde{\boldsymbol{w}}_j$ 表示第 j 次迭代时的参数。

在 SVRG 算法中，随机梯度

$$\tilde{g}_j=f_{i_j}'(\tilde{\boldsymbol{w}}_j)-\left[f_{i_j}'(\boldsymbol{w}_k)-\mathcal{R}_n'(\boldsymbol{w}_k)\right] \tag{8.35}$$

$f_{i_j}'(\tilde{\boldsymbol{w}}_j)$ 与 $\mathcal{R}_n'(\boldsymbol{w}_k)$ 存在偏差，而 $-[f_{i_j}'(\boldsymbol{w}_k)-\mathcal{R}_n'(\boldsymbol{w}_k)]$ 是对 $f_{i_j}'(\tilde{\boldsymbol{w}}_j)$ 的修正。其中 $f_{i_j}'(\boldsymbol{w}_k)$ 是在计算完全梯度时样本 i_j 的贡献，而 $(f_{i_j}'(\boldsymbol{w}_k)-\mathcal{R}_n'(\boldsymbol{w}_k))$ 则是使用 $f_{i_j}'(\boldsymbol{w}_k)$ 作

为 $\mathcal{R}'_n(\boldsymbol{w}_k)$ 的近似时产生的偏差。利用这个偏差来近似 $f'_{i_j}(\tilde{\boldsymbol{w}}_j)$ 与 $\mathcal{R}'_n(\boldsymbol{w}_k)$ 之间的偏差，进而对 $f'_{i_j}(\tilde{\boldsymbol{w}}_j)$ 进行修正，从而达到了减小方差的目的。

SVRG 算法的具体实现是一个双重循环嵌套，外层循环控制完全梯度的计算，内层循环进行随机梯度下降迭代。算法框架如下 ($\tilde{}$ 符号表示该变量存在于内层循环)。

(1) 初始化参数为 $\boldsymbol{w}_0$，步长为 η，内层迭代次数为 t。

(2) 完全梯度的次数 $k=k+1$。

(3) 计算完全梯度 $\mathcal{R}'_n(\boldsymbol{w}_k)$。

(4) 初始化内层随机梯度下降起始点 $\tilde{\boldsymbol{w}}_0=\boldsymbol{w}_k$。

(5) m 次随机梯度下降迭代，迭代次数 $j=1,2,\cdots,t$。

(6) 随机选择 $i_j\in\{1,2,\cdots,n\}$。

(7) 令 $\tilde{g}_j=f'_{i_j}(\tilde{\boldsymbol{w}}_j)-(f'_{i_j}(\boldsymbol{w}_k)-\mathcal{R}'_n(\boldsymbol{w}_k))$。

(8) 进行梯度下降 $\tilde{\boldsymbol{w}}_{j+1}=\tilde{\boldsymbol{w}}_j-\eta\tilde{g}_j$。

(9) 若 $j<t$，则 $j=j+1$ 并返回步骤 (5)。

(10) 更新 $\boldsymbol{w}_{k+1}$，3 种策略：

① $\boldsymbol{w}_{k+1}=\tilde{\boldsymbol{w}}_{t+1}$；

② $\boldsymbol{w}_{k+1}=\frac{1}{t}\sum\limits_{j=1}^{t}\tilde{\boldsymbol{w}}_{j+1}$；

③ 随机选择 $j\in\{1,2,\cdots,t\}$，令 $\boldsymbol{w}_{k+1}=\tilde{\boldsymbol{w}}_{j+1}$。

(11) 若满足终止条件，输出 $\boldsymbol{w}_{k+1}$，结束；否则返回步骤 (2)。

数学上可以证明，当 $\boldsymbol{w}_{k+1}$ 的更新策略选择①或②时，SVRG 算法的收敛速率是线性的。在实践中，SVRG 的效率比随机梯度下降法往往好很多。但 SVRG 除了步长 η 外还要多设置一个参数 t，而且目标函数的条件数 m 和 M 通常不可知，因此需要通过多次实验才能获得较优的 η 与 t 的组合。

2. SAGA 算法

第二种算法称为增强随机平均梯度下降法 (Stochastic Average Gradient Ameliorate, SAGA)。SAGA 的思想与 SVRG 类似，都是通过完全梯度 $\mathcal{R}'_n(\boldsymbol{w}_k)$ 对随机梯度进行修正，以减小方差。两者的不同点在于 SAGA 并不直接计算 $\mathcal{R}'_n(\boldsymbol{w}_k)$，而是通过所有样本**最近一次计算得到的随机梯度**来估计 $\mathcal{R}'_n(\boldsymbol{w}_k)$。

标识符号的约定如下。

(1) k 为迭代次数，当前时刻参数为 $\boldsymbol{w}_k$。

(2) $j\in\{1,2,\cdots,n\}$ 表示第 k 次迭代中随机选到了第 j 个样本。

(3) $\boldsymbol{w}_{[i]}$ 表示最后一次选中样本 i 时的参数，其中 $i\in\{1,2,\cdots,n\}$。

(4) $f_i'(\boldsymbol{w}_{[i]})$ 表示最后一次选中样本 i 时由样本 i 计算得到的随机梯度。

(5) g_k 表示第 k 次迭代中的随机梯度。

SAGA 每次迭代的随机梯度

$$g_k = f_j'(\boldsymbol{w}_k) - \left[f_j'(\boldsymbol{w}_{[j]}) - \frac{1}{n}\sum_{i=1}^{n} f_i'(\boldsymbol{w}_{[i]})\right] \tag{8.36}$$

其中 $\frac{1}{n}\sum\limits_{i=1}^{n} f_i'(\boldsymbol{w}_{[i]})$ 是对 $\mathcal{R}_n'(\boldsymbol{w}_k)$ 的估计；$\left[f_j'(\boldsymbol{w}_{[j]}) - \frac{1}{n}\sum\limits_{i=1}^{n} f_i'(\boldsymbol{w}_{[i]})\right]$ 可以看作是样本 j 上一次计算得到的随机梯度与完全梯度的偏差。SAGA 算法使用这一偏差对当前由样本 j 计算得到的随机梯度 $f_j'(\boldsymbol{w}_k)$ 进行修正。

可以看出，相比于 SVRG，SAGA 需要额外的空间开销来存储 $f_i'(\boldsymbol{w}_{[i]})$(并不需要存储 $\boldsymbol{w}_{[i]}$)。而且在迭代开始之前，SAGA 需要初始化计算所有的 $f_i'(\boldsymbol{w}_{[i]})$。算法框架如下。

(1) 初始化参数为 $\boldsymbol{w}_0$，步长为 η。

(2) 初始化 $f_i'(\boldsymbol{w}_{[i]})$，逐次计算每个样本 i 的随机梯度。

(3) 初始化 $k=1$，开始梯度下降的迭代过程。

(4) 随机选择 $j\in\{1,2,\cdots,n\}$。

(5) 计算 $f_j'(\boldsymbol{w}_k)$。

(6) 令 $g_k = f_j'(\boldsymbol{w}_k) - \left[f_j'(\boldsymbol{w}_{[j]}) - \frac{1}{n}\sum\limits_{i=1}^{n} f_i'(\boldsymbol{w}_{[i]})\right]$。

(7) 储存 $f_j'(\boldsymbol{w}_{[j]})$，即令 $f_j'(\boldsymbol{w}_{[j]}) = f_j'(\boldsymbol{w}_k)$。

(8) 进行梯度下降 $\boldsymbol{w}_{k+1} = \boldsymbol{w}_k - \eta g_k$。

(9) 若满足终止条件，输出 $\boldsymbol{w}_{k+1}$，结束；否则 $k=k+1$ 并返回步骤 (4)。

数学上可以证明，当步长的选择满足一定条件时，SAGA 的收敛速率是线性的。除去最开始的初始化过程，SAGA 与普通的随机梯度下降法在单次迭代中的时间开销是一样的。与 SVRG 相比，SAGA 少设置一个参数 (内层循环的次数 t)，但多了空间上的开销 (n 个梯度向量 $f_i'(\boldsymbol{w}_{[i]})$)。如果训练集数据量特别巨大，实际应用过程中可能会遇到问题。

8.3 随机梯度下降法进阶 II：加速与适应

方差缩减的思路是修正每一次迭代中由随机梯度引入的偏差来提升随机梯度下降的收敛速率。如果把算法迭代的过程比喻为从起点 (参数初始值) 到终点 (目标函数最小值点) 的跑步过程，方差缩减的思路是让每次迈步的时候都尽量朝着终点。**加速**(Accelerate)

与**适应**(Adaptive) 则是从另外不同的角度来改进算法从而更快地到达终点。加速的主要思路是把迭代过程看作一个物理系统，利用“惯性”使每一步迈得更大更准；而适应的大体想法是：虽然在高维空间中我们不知道终点在哪里，但根据已经跑过的路程可以推测出在某些维度上我们已经到达了终点所处的位置，因此只需要在其他维度上继续奔跑。

8.3.1 加速

1. Momentum算法

Momentum 的中文意思是动量，该算法把迭代下降的过程视为一个物理系统。在这个物理系统中，在目标函数构成的曲面上一个单位质量的小滑块从一个随机的起始点向目标函数的最小值点滑动。根据牛顿运动定律 (Newton’s laws of motion)，小滑块受到两个力的影响

(1) 重力 (Gravity) 沿斜面的分量，其方向与目标函数的梯度 $F'(\boldsymbol{w})$ 方向相反，大小与 $F'(\boldsymbol{w})$ 成正比，比例系数为 η。

(2) 斜面的黏性阻尼力 (Viscous Damping Force)，其方向与小滑块运动方向相反，大小与运动速度 $\boldsymbol{v}$ 成正比，比例系数为 $1-\alpha$。

小滑块为单位质量 $m=1$，其动量

$$\boldsymbol{p}=m\boldsymbol{v}=\boldsymbol{v} \tag{8.37}$$

把每次迭代视为单位时间内动量的变化，则单位时间 $t=1$ 内小滑块受到来自于重力和黏性阻尼力的冲量分别为

$$\boldsymbol{I}_G=-\eta F'(\boldsymbol{w})t=-\eta F'(\boldsymbol{w}) \tag{8.38}$$

和

$$\boldsymbol{I}_V=-(1-\alpha)\boldsymbol{v}t=(1-\alpha)\boldsymbol{v} \tag{8.39}$$

于是由动量定理，在一次迭代中小滑块动量的更新遵守

$$\boldsymbol{v}=\boldsymbol{v}-\eta F'(\boldsymbol{w})-(1-\alpha)\boldsymbol{v} \tag{8.40}$$

$$=\alpha\boldsymbol{v}-\eta F'(\boldsymbol{w}) \tag{8.41}$$

同样根据牛顿运动定律，一次迭代中小滑块位置的更新遵守

$$\boldsymbol{w}=\boldsymbol{w}+\boldsymbol{v}t \tag{8.42}$$

$$=\boldsymbol{w}+\boldsymbol{v} \tag{8.43}$$

式 (8.41) 和式 (8.43) 结合在一起是 Momentum 算法。把式 (8.41) 中的 $F'(\boldsymbol{w})$ 替换为 mini-batch 的随机梯度 $\frac{1}{m}\sum_{i=1}^{m} f_i'(\boldsymbol{w})$ 便得到随机梯度下降的 Momentum 算法

$$\begin{cases} \boldsymbol{v} = \alpha\boldsymbol{v} - \eta\dfrac{1}{m}\displaystyle\sum_{i=1}^{m} f_i'(\boldsymbol{w}) \\ \boldsymbol{w} = \boldsymbol{w} + \boldsymbol{v} \end{cases} \tag{8.44}$$

由式 (8.44) 可知，速度 $\boldsymbol{v}$ 事实上是参数 $\boldsymbol{w}$ 在一次迭代中的改变量；$\alpha\boldsymbol{v}$ 是上一次迭代中参数改变量保留下来的部分；重力系数 η 则是本次迭代中根据梯度得到的新增参数改变量的步长。Momentum 算法框架如下。

Momentum算法框架

输入：重力系数 η，黏性阻尼力系数 α，初始参数值 $\boldsymbol{w}$，初始速度 $\boldsymbol{v}$

重复：当终止条件不满足时

(1) 随机采集 m 个样本组成 mini-batch 并计算随机梯度 $\boldsymbol{g} \leftarrow \frac{1}{m}\sum_{i=1}^{m} f_i'(\boldsymbol{w})$

(2) 更新速度 $\boldsymbol{v} \leftarrow \alpha\boldsymbol{v} - \eta\boldsymbol{g}$

(3) 更新参数 $\boldsymbol{w} = \boldsymbol{w} + \boldsymbol{v}$

在实践中 Momentum 算法往往能比 SGD 算法更快速地完成优化任务，主要有两个原因：首先 Momentum 在迭代中更新参数时不止使用了当前的梯度信息，同时利用了小滑块的“惯性”信息，达到了加速的效果；第二“惯性”信息事实上是过往的梯度以指数衰减的方式累积下来的历史信息，Momentum 利用该信息对单次迭代中随机梯度的偏差进行了修正，起到了类似于 SVRG 算法的效果。

2. Nesterov Momentum算法

Nesterov Momentum 算法是 Momentum 算法的改进版本，其迭代更新准则为

$$\begin{cases} \boldsymbol{v} = \alpha\boldsymbol{v} - \eta\dfrac{1}{m}\displaystyle\sum_{i=1}^{m} f_i'(\boldsymbol{w} + \alpha\boldsymbol{v}) \\ \boldsymbol{w} = \boldsymbol{w} + \boldsymbol{v} \end{cases} \tag{8.45}$$

对照 Momentum，唯一的变化在于 Nesterov Momentum 计算的不是当前位置的梯度 $\frac{1}{m}\sum_{i=1}^{m} f_i'(\boldsymbol{w})$，而是“假设当前时刻小滑块只受到黏性阻尼力影响时下一个时刻所到达位置”的梯度。Nesterov Momentum 通常被解释为“智能小滑块”，意思是小滑块在每个时刻会预判自己下一个时刻将会到达的位置，然后使用预计位置的梯度作为当前 Momentum

更新的一个修正 (Correction Factor)。小滑块智能地对运动做出了修改："既然已经知道下一个时刻会向某个方向滑动，不如现在就向那边滑过去"。Nesterov Momentum 算法框架如下。

Nesterov Momentum算法框架

输入：重力系数 η，黏性阻尼力系数 α，初始参数值 $\boldsymbol{w}$，初始速度 $\boldsymbol{v}$

重复：当终止条件不满足时

(1) 计算预计位置 $\tilde{\boldsymbol{w}} \leftarrow \boldsymbol{w} + \alpha \boldsymbol{v}$

(2) 随机采集 m 个样本组成 mini-batch 并计算预计位置的随机梯度 $\boldsymbol{g} \leftarrow \frac{1}{m}\sum_{i=1}^{m} f_i'(\tilde{\boldsymbol{w}})$

(3) 更新速度 $\boldsymbol{v} \leftarrow \alpha \boldsymbol{v} - \eta \boldsymbol{g}$

(4) 更新参数 $\boldsymbol{w} = \boldsymbol{w} + \boldsymbol{v}$

整体上看，Nesterov Momentum 算法在实际应用中的效果通常比 Momentum 算法好一些。

8.3.2 适应

在机器学习场景中我们面对的数据往往具有很高的维度，而目标函数可能只在某些维度上变化剧烈，在其他维度并不敏感。因此在寻找最优参数值时不同参数分量的学习速率应该是不同的。Momentum 在某种程度上能够起到这样的效果，但它引入了一个额外的超参数造成了算法调试难度的提升。针对这一问题**适应**算法被设计了出来。

1. AdaGrad算法

AdaGrad 算法的全称是 Adaptive Subgradient，其思想是，如果在某些维度上目标函数的梯度一直比较小，则在这些维度方向上下降的步伐应该大一些从而加快收敛；如果在某些维度上目标函数的梯度一直比较大，那么在这些维度方向上下降的步伐应当小一些以免造成不稳定。相比于 SGD 在每个维度方向上设置相同的梯度下降步长，AdaGrad 不断地累积每次迭代中各个维度上梯度的平方，之后根据累积得到的历史信息对不同维度方向上的步长进行放缩。AdaGrad 算法框架如下。

AdaGrad 算法的缺点也很明显：算法从开始训练便不断地累积梯度的平方，这有可能造成在到达极小值点之前所有维度上的步长都变得很小；在某些维度上的下降过程可能会经历陡峭和平缓交替出现的情况，但由于在陡峭部分梯度的累积，算法在平缓部分将依然会把步长缩小。

AdaGrad算法框架

输入：全局步长 η，初始参数值 $\boldsymbol{w}$，极小常量 δ(确保分母不为 0)

初始：平方梯度累积向量 $\boldsymbol{r}=\boldsymbol{0}$

重复：当终止条件不满足时

(1) 随机采集 m 个样本组成 mini-batch 并计算随机梯度 $\boldsymbol{g} \leftarrow \frac{1}{m}\sum\limits_{i=1}^{m} f_i'(\boldsymbol{w})$

(2) 累积梯度信息 $\boldsymbol{r} \leftarrow \boldsymbol{r}+\boldsymbol{g}\odot\boldsymbol{g}$

(3) 根据梯度累积信息计算参数在不同维度上的更新量 $\Delta\boldsymbol{w} \leftarrow -\frac{\eta}{\delta+\sqrt{\boldsymbol{r}}}\odot\boldsymbol{g}$

(4) 更新参数 $\boldsymbol{w}=\boldsymbol{w}+\Delta\boldsymbol{w}$

---

2. RMSProp算法

RMSProp 是 AdaGrad 的改进算法，不同于 AdaGrad 对过往所有平方梯度进行累积，RMSProp 通过添加指数衰减只累积“近期”的梯度信息。AdaGrad 比较适合凸函数优化，而当目标函数非凸时，算法梯度下降的轨迹所经历的结构会复杂得多，早期的梯度信息对当前迭代并没有太多指导意义，此时 RMSProp 的表现往往更好。RMSProp 算法框架如下。

RMSProp算法框架

输入：全局步长 η，指数衰减率 ρ，初始参数值 $\boldsymbol{w}$，极小常量 δ(确保分母不为 0)

初始：平方梯度累积向量 $\boldsymbol{r}=\boldsymbol{0}$

重复：当终止条件不满足时

(1) 随机采集 m 个样本组成 mini-batch 并计算随机梯度 $\boldsymbol{g} \leftarrow \frac{1}{m}\sum\limits_{i=1}^{m} f_i'(\boldsymbol{w})$

(2) 累积梯度信息 $\boldsymbol{r} \leftarrow \rho\boldsymbol{r}+(1-\rho)\boldsymbol{g}\odot\boldsymbol{g}$

(3) 根据梯度累积信息计算参数在不同维度上的更新量 $\Delta\boldsymbol{w} \leftarrow -\frac{\eta}{\sqrt{\delta+\boldsymbol{r}}}\odot\boldsymbol{g}$

(4) 更新参数 $\boldsymbol{w}=\boldsymbol{w}+\Delta\boldsymbol{w}$

可以看出，算法维持了各个维度方向上平方梯度的指数滑动平均值，然后用这些平均值的平方根对步长进行放缩。这就是 RMSProp 算法名称的由来 —— Root Mean Square Propagation。深度学习中面对的目标函数一般都是非凸的，RMSProp 算法在深度学习中应用的比较广泛，绝大多数的深度学习框架都实现了该算法。

3. AdaDelta算法

AdaDelta 是与 RMSProp 相同时间独立发展出来的一个算法，从算法实现上它可以看作为 RMSProp 的一个变种。AdaDelta 同样通过指数衰减来累积“近期”的梯度信息，但 AdaDelta 从量纲的角度对参数更新做了一些修改。AdaDelta 认为 SGD 的参数更新中，$\boldsymbol{w}$ 与 $\Delta\boldsymbol{w}$ 的量纲不匹配。假设 $\boldsymbol{w}$ 有量纲，则 SGD 中 $\Delta\boldsymbol{w}$ 的量纲是 $\boldsymbol{w}$ 量纲的倒数

$$\Delta\boldsymbol{w} \propto \boldsymbol{g} \propto \frac{\partial f}{\partial \boldsymbol{w}} \propto \frac{1}{\text{unit of } \boldsymbol{w}} \tag{8.46}$$

同样地，AdaGrad 和 RMSProp 的 $\Delta\boldsymbol{w}$ 没有量纲

$$\Delta\boldsymbol{w} \propto \frac{\eta}{\sqrt{\delta+\boldsymbol{r}}} \odot \boldsymbol{g} \propto \frac{\dfrac{\partial f}{\partial \boldsymbol{w}}}{\sqrt{\left(\dfrac{\partial f}{\partial \boldsymbol{w}}\right)^2}} \propto 1 \tag{8.47}$$

因此为了保持量纲的一致性，AdaGrad 设置了另外一个向量 $\boldsymbol{s}$ 以指数衰减的方式累积 $\Delta\boldsymbol{w}$ 的信息，并将其平方之后乘以梯度 $\boldsymbol{g}$ 得到新的 $\Delta\boldsymbol{w}$

$$\boldsymbol{s} = \rho\boldsymbol{s} + (1-\rho)\Delta\boldsymbol{w}^2 \tag{8.48}$$

$$\Delta\boldsymbol{w} = -\frac{\sqrt{\delta+\boldsymbol{s}}}{\sqrt{\delta+\boldsymbol{r}}} \odot \boldsymbol{g} \tag{8.49}$$

可以看出，此时 $\Delta\boldsymbol{w}$ 的量纲与 $\boldsymbol{w}$ 是一致的

$$\Delta\boldsymbol{w} \propto \frac{\sqrt{\delta+\boldsymbol{s}}}{\sqrt{\delta+\boldsymbol{r}}} \odot \boldsymbol{g} \propto \frac{\left(\dfrac{\partial f}{\partial \boldsymbol{w}}\right)^2}{\sqrt{\left(\dfrac{\partial f}{\partial \boldsymbol{w}}\right)^2}} \propto \text{unit of } \boldsymbol{w} \tag{8.50}$$

AdaDelta 算法框架如下。

AdaDelta算法框架

输入：指数衰减率 ρ，初始参数值 $\boldsymbol{w}$，极小常量 δ(确保分母不为 0)

初始：平方梯度累积向量 $\boldsymbol{r}=\mathbf{0}$，平方参数变化量累积向量 $\boldsymbol{s}=\mathbf{0}$

重复：当终止条件不满足时

(1) 随机采集 m 个样本组成 mini-batch 并计算预计位置的随机梯度 $\boldsymbol{g} \leftarrow \frac{1}{m}\sum_{i=1}^{m} f_i'(\boldsymbol{w})$

(2) 累积梯度信息 $\boldsymbol{r} \leftarrow \rho\boldsymbol{r} + (1-\rho)\boldsymbol{g} \odot \boldsymbol{g}$

(3) 根据梯度累积信息计算参数在不同维度上的更新量 $\Delta\boldsymbol{w} \leftarrow -\frac{\sqrt{\delta+\boldsymbol{s}}}{\sqrt{\delta+\boldsymbol{r}}} \odot \boldsymbol{g}$

(4) 累积参数变化量信息 $\boldsymbol{s} \leftarrow \rho\boldsymbol{s} + (1-\rho)\Delta\boldsymbol{w}^2$

(5) 更新参数 $\boldsymbol{w} = \boldsymbol{w} + \Delta\boldsymbol{w}$

可以看出，AdaDelta 算法不需要设置全局步长，这是该算法的一大优势。在实际应用中，AdaDelta 算法与 RMSProp 算法表现也比较接近。

8.3.3 加速 × 适应

1. Adam算法

既然加速和适应都能带来更好的效果，为何不把二者结合在一起呢？Adam 算法的名称来自于Adaptive Moments，其思路可以看作“Momentum+RMSProp”。我们再来重新审视一下这两个算法。Momentum 中对“动量”的更新式 (8.41) 是对随机梯度 $\boldsymbol{g}$ 的估计，如果限制 $\alpha+\eta=1$，则式 (8.41) 就变成了应用指数滑动平均对随机梯度 $\boldsymbol{g}$ 一阶矩 $\mathbb{E}(\boldsymbol{g})$ 的估计，记 $\boldsymbol{g}$ 的一阶矩为 $\boldsymbol{s}$ 并设 $\rho_1\in[0,1)$，有

$$\boldsymbol{s}=\rho_1\boldsymbol{s}+(1-\rho_1)\boldsymbol{g} \tag{8.51}$$

而 RMSProp 中累积的平方梯度事实上是应用指数滑动平均对 $\boldsymbol{g}$ 二阶矩 $\mathbb{E}(\boldsymbol{g}^2)$ 的估计

$$\boldsymbol{r}=\rho_2\boldsymbol{r}+(1-\rho_2)\boldsymbol{g}\odot\boldsymbol{g} \tag{8.52}$$

通常会设 $\boldsymbol{s}$ 和 $\boldsymbol{r}$ 的初始值都为 $\mathbf{0}$，这样的设置会造成上面一、二阶矩的估计有偏。以式 (8.51) 为例，记第 k 次迭代中的 $\boldsymbol{s}$ 为 $\boldsymbol{s}_k$

$$\begin{aligned}
\mathbb{E}(\boldsymbol{s}_k)&=\mathbb{E}\Big[\rho_1\boldsymbol{s}_{k-1}+(1-\rho_1)\boldsymbol{g}_k\Big] &(8.53)\\
&=\mathbb{E}\Big[(1-\rho_1)\sum_{i=1}^{k}\rho_1^{k-i}\boldsymbol{g}_i\Big] &(8.54)\\
&=(1-\rho_1)\sum_{i=1}^{k}\rho_1^{k-i}\mathbb{E}(\boldsymbol{g}_i) &(8.55)\\
&=(1-\rho_1)\sum_{i=1}^{k}\rho_1^{k-i}(\mathbb{E}(\boldsymbol{g}_k)+\zeta_i) &(8.56)\\
&=\Big[\mathbb{E}(\boldsymbol{g}_k)(1-\rho_1)\sum_{i=1}^{k}\rho_1^{k-i}\Big]+\Big[(1-\rho_1)\sum_{i=1}^{k}\rho_1^{k-i}\zeta_i\Big] &(8.57)\\
&=\mathbb{E}(\boldsymbol{g}_k)(1-\rho_1^k)+(1-\rho_1)\sum_{i=1}^{k}\rho_1^{k-i}\zeta_i &(8.58)\\
&=\mathbb{E}(\boldsymbol{g}_k)(1-\rho_1^k)+\zeta &(8.59)
\end{aligned}$$

其中 $\zeta_i=\mathbb{E}(\boldsymbol{g}_k)-\mathbb{E}(\boldsymbol{g}_i)$是第 i 次迭代中 $\boldsymbol{g}$ 的一阶矩与第 k 次迭代的差，$\zeta=(1-\rho_1)\sum\limits_{i=1}^{k}\rho_1^{k-i}\zeta_i$是 k 次迭代之后的累积量。如果训练过程中训练集不发生变化，则 $\mathbb{E}(\boldsymbol{g}_i)$ 是

平稳的，即 $\zeta = \zeta_i = 0$。此时式 (8.51) 对 $\boldsymbol{g}$ 一阶矩的估计是有偏的，$\boldsymbol{s}$ 除以 $(1-\rho_1^k)$ 便可得到无偏估计 $\hat{\boldsymbol{s}}$

$$\hat{\boldsymbol{s}} = \frac{\boldsymbol{s}}{(1-\rho_1^k)} \tag{8.60}$$

同样地，随机梯度的二阶矩 $\mathbb{E}(\boldsymbol{g}^2)$ 的无偏估计 $\hat{\boldsymbol{r}}$ 为

$$\hat{\boldsymbol{r}} = \frac{\boldsymbol{r}}{(1-\rho_2^k)} \tag{8.61}$$

利用随机梯度一阶矩加速，同时利用随机梯度二阶矩适应地调整各个维度上的下降步长，我们就得到了 Adam 算法，其框架如下。

Adam算法框架

输入：步长 η，指数衰减率 ρ_1 和 ρ_2，初始参数值 $\boldsymbol{w}$，极小常量 δ(确保分母不为 0)

初始：随机梯度一阶矩估计 $\boldsymbol{s} = \boldsymbol{0}$，随机梯度二阶矩估计 $\boldsymbol{r} = \boldsymbol{0}$，迭代次数 $k = 0$

重复：当终止条件不满足时

(1) 迭代次数 $k \leftarrow k+1$

(2) 随机采集 m 个样本组成 mini-batch 并计算预计位置的随机梯度 $\boldsymbol{g} \leftarrow \frac{1}{m}\sum_{i=1}^{m} f_i'(\boldsymbol{w})$

(3) 更新有偏一阶矩估计 $\boldsymbol{s} \leftarrow \rho_1 \boldsymbol{s} + (1-\rho_1)\boldsymbol{g}$

(4) 更新有偏二阶矩估计 $\boldsymbol{r} \leftarrow \rho_2 \boldsymbol{r} + (1-\rho_2)\boldsymbol{g} \odot \boldsymbol{g}$

(5) 修正有偏一阶矩估计 $\hat{\boldsymbol{s}} = \dfrac{\boldsymbol{s}}{(1-\rho_1^k)}$

(6) 修正有偏二阶矩估计 $\hat{\boldsymbol{r}} = \dfrac{\boldsymbol{r}}{(1-\rho_2^k)}$

(7) 计算参数在不同维度上的更新量 $\Delta \boldsymbol{w} \leftarrow -\dfrac{\eta}{\sqrt{\hat{\boldsymbol{r}}}+\delta}\hat{\boldsymbol{s}}$

(8) 更新参数 $\boldsymbol{w} = \boldsymbol{w} + \Delta \boldsymbol{w}$

Adam 算法是一个相对稳定且快速的算法，已经广泛应用于深度网络的训练。

2. AdaMax算法

在 Adam 中参数 $\boldsymbol{w}$ 每个分量上的步长是根据该维度上梯度的 l_2 范数的累积量进行放缩的。我们完全可以通过把 l_2 范数泛化成 l_p 范数得到不同的 Adam 算法的变种。其中 l_∞ 范数对应的 Adam 的变种算法简单且稳定。我们知道向量 $\boldsymbol{a}$ 的 l_∞ 范数等于 $\boldsymbol{a}$ 各分量绝对值的最大值

$$\|a\|_\infty = \max(|a_i|)$$

所以该算法被称为 AdaMax。对于 l_p 范数，第 k 次迭代时随机梯度的累积为

$$\boldsymbol{r}_k = \rho_2^p \boldsymbol{r}_{k-1} + (1 - \rho_2^p \boldsymbol{g}^p) \tag{8.62}$$

$$= (1 - \rho_2^p) \sum_{i=1}^{k} \rho_2^{p(k-i)} \boldsymbol{g}^p \tag{8.63}$$

其中 $\boldsymbol{g}^p$ 表示 $\boldsymbol{g}$ 的逐元素 l_p 范数，ρ_2^p 表示对应的指数衰减率。当 $p \to \infty$ 时

$$\lim_{p\to\infty} (\boldsymbol{r}_k)^{\frac{1}{p}} = \lim_{p\to\infty} \left((1 - \rho_2^p) \sum_{i=1}^{k} \rho_2^{p(k-i)} \boldsymbol{g}^p \right)^{\frac{1}{p}} \tag{8.64}$$

$$= \lim_{p\to\infty} (1 - \rho_2^p)^{\frac{1}{p}} \left(\sum_{i=1}^{k} \rho_2^{p(k-i)} \boldsymbol{g}^p \right)^{\frac{1}{p}} \tag{8.65}$$

$$= \lim_{p\to\infty} \left(\sum_{i=1}^{k} \left(\rho_2^{(k-i)} \boldsymbol{g}\right)^p \right)^{\frac{1}{p}} \tag{8.66}$$

$$= \max_{i=1,2,\cdots,k} (\rho_2^{k-1} \boldsymbol{g}_i) \tag{8.67}$$

根据 $\boldsymbol{r}$ 的递归定义可知

$$\boldsymbol{r}_{k-1} = \max_{i=1,2,\cdots,k-1} (\rho_2^{k-1} \boldsymbol{g}_i) \tag{8.68}$$

所以有

$$\boldsymbol{r}_k = \max(\rho_2 \boldsymbol{r}_{k-1}, \boldsymbol{g}_k) \tag{8.69}$$

因为 l_∞ 下的 $\boldsymbol{r}$ 累积的是随机梯度 $\boldsymbol{g}$ 各分量绝对值的信息，所以可以直接用 $\boldsymbol{r}$ 替代 Adam 中的 $\sqrt{\hat{\boldsymbol{r}}} + \delta$，且不需要对 $\boldsymbol{r}$ 进行修正。AdaMax 算法框架如下。

AdaMax算法框架

输入：步长 η，指数衰减率 ρ_1 和 ρ_2，初始参数值 $\boldsymbol{w}$

初始：随机梯度一阶矩估计 $\boldsymbol{s} = \boldsymbol{0}$，随机梯度 l_∞ 范数的累积向量 $\boldsymbol{u} = \boldsymbol{0}$，迭代次数 $k = 0$

重复：当终止条件不满足时

(1) 迭代次数 $k \leftarrow k + 1$

(2) 随机采集 m 个样本组成 mini-batch 并计算预计位置的随机梯度 $\boldsymbol{g} \leftarrow \frac{1}{m} \sum_{i=1}^{m} f_i'(\boldsymbol{w})$

(3) 更新有偏一阶矩估计 $\boldsymbol{s} \leftarrow \rho_1 \boldsymbol{s} + (1 - \rho_1)\boldsymbol{g}$

(4) 更新 l_∞ 范数的累积向量 $\boldsymbol{r} \leftarrow \max(\rho_2 \boldsymbol{r}, \boldsymbol{g})$

(5) 修正有偏一阶矩估计 $\hat{\boldsymbol{s}} = \frac{\boldsymbol{s}}{(1 - \rho_1^k)}$

(6) 计算参数在不同维度上的更新量 $\Delta \boldsymbol{w} \leftarrow -\frac{\eta}{\boldsymbol{r}} \hat{\boldsymbol{s}}$

(7) 更新参数 $\boldsymbol{w} = \boldsymbol{w} + \Delta \boldsymbol{w}$

---

p 界于 2 和 ∞ 之间时 Adam 的变种算法不稳定，一般不使用这些算法。

3. Nadam算法

我们已经看到 Adam 算法是 RMSProp 算法与 Momentum 算法的结合，既然 Nesterov Momentum 在整体上的表现力胜过 Momentum，为何不将 RMSProp 和 Nesterov Momentum 结合起来呢？两者结合之后得到的是 Nesterov Momentum 版本的 Adam 算法，称为 Nadam(Nesterov-accelerated Adaptive Moment Estimation)。下面来看看如何将 Adam 中的 Momentum 替换成 Nesterov Momentum。

首先观察 Momentum 和 Nesterov Momentum 的关系。第 k 次迭代 Momentum 中参数的更新为

$$\begin{cases} \boldsymbol{g}_k = \dfrac{1}{m}\displaystyle\sum_{i=1}^{m} f_i'(\boldsymbol{w}_k) \\ \boldsymbol{s}_k = \alpha \boldsymbol{s}_{k-1} + \eta \boldsymbol{g}_k \\ \boldsymbol{w}_{k+1} = \boldsymbol{w}_k - (\alpha \boldsymbol{s}_{k-1} + \eta \boldsymbol{g}_k) \end{cases} \tag{8.70}$$

其中 $\boldsymbol{s}$ 就是式 (8.44) 中的 $\boldsymbol{v}$，这里换成 $\boldsymbol{s}$ 是为了统一随机梯度一阶矩的符号。之前的分析已经表明，Momentum 在每次梯度下降时相当于走了两步：第一步沿着上次迭代的方向；第二部沿着当前迭代的梯度方向。而 Nesterov Momentum 的参数更新为

$$\begin{cases} \boldsymbol{g}_k = \dfrac{1}{m}\displaystyle\sum_{i=1}^{m} f_i'(\boldsymbol{w}_k - \alpha \boldsymbol{s}_{k-1}) \\ \boldsymbol{s}_k = \alpha \boldsymbol{s}_{k-1} + \eta \boldsymbol{g}_k \\ \boldsymbol{w}_{k+1} = \boldsymbol{w}_k - \boldsymbol{s}_k \end{cases} \tag{8.71}$$

前面的分析也已经表明，Nesterov Momentum 算法通过“提前预测一步”的方式修正了梯度下降的方向。现在对 Nesterov Momentum 算法进行一下修改，让它更加接近 Momentum

$$\begin{cases} \boldsymbol{g}_k = \dfrac{1}{m}\displaystyle\sum_{i=1}^{m} f_i'(\boldsymbol{w}_k) \\ \boldsymbol{s}_k = \alpha \boldsymbol{s}_{k-1} + \eta \boldsymbol{g}_k \\ \boldsymbol{w}_{k+1} = \boldsymbol{w}_k - (\alpha \boldsymbol{s}_k + \eta \boldsymbol{g}_k) \end{cases} \tag{8.72}$$

修改之后的 Nesterov Momentum 算法把“提前预测一步”放在了参数的更新上而不是梯度的计算中。这种修改在保持 Nesterov Momentum 收敛效果的同时，让算法更加接近于 Momentum，两者唯一的区别在于，更新参数时 Momentum 用的是上一次迭代中的 $\boldsymbol{s}_{k-1}$，而修改后的 Nesterov Momentum 用的是当前迭代的 $\boldsymbol{s}_k$。

沿着这个思路，便可以轻易地把 Adam 修改成为 Nadam 了。首先来看 Adam 算法中与 Momentum 算法相关的部分

$$\begin{cases} \boldsymbol{g}_k = \dfrac{1}{m}\sum\limits_{i=1}^{m} f_i'(\boldsymbol{w}_k) \\ \boldsymbol{s}_k = \rho_1 \boldsymbol{s}_{k-1} + (1-\rho_1)\boldsymbol{g}_k \\ \hat{\boldsymbol{s}}_k = \dfrac{\boldsymbol{s}_k}{1-\rho_1^k} \\ \boldsymbol{w}_{k+1} = \boldsymbol{w}_k - \dfrac{\eta}{\sqrt{\hat{\boldsymbol{r}}_k}+\delta}\hat{\boldsymbol{s}}_k \end{cases} \tag{8.73}$$

把上式中第二、第三个式子代入第四个式子

$$\boldsymbol{w}_{k+1} = \boldsymbol{w}_k - \frac{\eta}{\sqrt{\hat{\boldsymbol{r}}_k}+\delta}\left(\frac{\rho_1 \boldsymbol{s}_{k-1}}{1-\rho_1^k} + \frac{(1-\rho_1)\boldsymbol{g}_k}{1-\rho_1^k}\right) \tag{8.74}$$

上式中的 $\dfrac{\boldsymbol{s}_{k-1}}{1-\rho_1^k}$ 约等于上一次迭代中的修正一阶矩估计 $\hat{\boldsymbol{s}}_{k-1}$

$$\frac{\boldsymbol{s}_{k-1}}{1-\rho_1^k} \approx \frac{\boldsymbol{s}_{k-1}}{1-\rho_1^{k-1}} = \hat{\boldsymbol{s}}_{k-1} \tag{8.75}$$

代入式 (8.74) 得到

$$\boldsymbol{w}_{k+1} = \boldsymbol{w}_k - \frac{\eta}{\sqrt{\hat{\boldsymbol{r}}_k}+\delta}\left(\rho_1 \hat{\boldsymbol{s}}_{k-1} + \frac{(1-\rho_1)\boldsymbol{g}_k}{1-\rho_1^k}\right) \tag{8.76}$$

前面把式 (8.76) 改写成 Nesterov Momentum 的形式，根据 Momentum 式 (8.70) 和修改后的 Nesterov Momentum 式 (8.72) 的关系，我们只需要把式 (8.76) 中的 $\hat{\boldsymbol{s}}_{k-1}$ 替换成 $\hat{\boldsymbol{s}}_k$ 便可以得到“提前预测一步”的效果，从而得到 Nadam

$$\boldsymbol{w}_{k+1} = \boldsymbol{w}_k - \frac{\eta}{\sqrt{\hat{\boldsymbol{r}}_k}+\delta}\left(\rho_1 \hat{\boldsymbol{s}}_k + \frac{(1-\rho_1)\boldsymbol{g}_k}{1-\rho_1^k}\right) \tag{8.77}$$

Nadam 算法框架如下。

Nadam算法框架

输入：步长 η，指数衰减率 ρ_1 和 ρ_2，初始参数值 $\boldsymbol{w}$，极小常量 δ(确保分母不为 0)

初始：随机梯度一阶矩估计 $\boldsymbol{s}=\boldsymbol{0}$，随机梯度二阶矩估计 $\boldsymbol{r}=\boldsymbol{0}$，迭代次数 $k=0$

重复：当终止条件不满足时

(1) 迭代次数 $k \leftarrow k+1$

(2) 随机采集 m 个样本组成 mini-batch 并计算预计位置的随机梯度 $\boldsymbol{g} \leftarrow \frac{1}{m}\sum_{i=1}^{m} f_i'(\boldsymbol{w})$

(3) 更新有偏一阶矩估计 $\boldsymbol{s} \leftarrow \rho_1 \boldsymbol{s} + (1-\rho_1)\boldsymbol{g}$

(4) 更新有偏二阶矩估计 $\boldsymbol{r} \leftarrow \rho_2 \boldsymbol{r} + (1-\rho_2)\boldsymbol{g} \odot \boldsymbol{g}$

(5) 修正有偏一阶矩估计 $\hat{\boldsymbol{s}} = \dfrac{\boldsymbol{s}}{(1-\rho_1^k)}$

(6) 修正有偏二阶矩估计 $\hat{\boldsymbol{r}} = \dfrac{\boldsymbol{r}}{(1-\rho_2^k)}$

(7) 计算 $\hat{\boldsymbol{g}} = \dfrac{\boldsymbol{g}}{1-\rho_1^k}$(用于计算 Nesterov Momentum)

(8) 计算 Nesterov 方式的一阶矩估计 $\bar{\boldsymbol{s}} = \rho_1 \hat{\boldsymbol{s}} + (1-\rho_1)\hat{\boldsymbol{g}}$

(9) 计算参数在不同维度上的更新量 $\Delta \boldsymbol{w} \leftarrow -\dfrac{\eta}{\sqrt{\hat{\boldsymbol{r}}}+\delta}\bar{\boldsymbol{s}}$

(10) 更新参数 $\boldsymbol{w} = \boldsymbol{w} + \Delta \boldsymbol{w}$

按照这个思路，AdaMax 同样可以轻松地修改成 Nesterov 方式的 NadaMax。NadaMax 算法框架如下。

NadaMax算法框架

输入：步长 η，指数衰减率 ρ_1 和 ρ_2，初始参数值 $\boldsymbol{w}$

初始：随机梯度一阶矩估计 $\boldsymbol{s} = \boldsymbol{0}$，随机梯度 l_∞ 范数的累积向量 $\boldsymbol{u} = \boldsymbol{0}$，迭代次数 $k = 0$

重复：当终止条件不满足时

(1) 迭代次数 $k \leftarrow k+1$

(2) 随机采集 m 个样本组成 mini-batch 并计算预计位置的随机梯度 $\boldsymbol{g} \leftarrow \dfrac{1}{m}\sum\limits_{i=1}^{m} f_i'(\boldsymbol{w})$

(3) 更新有偏一阶矩估计 $\boldsymbol{s} \leftarrow \rho_1 \boldsymbol{s} + (1-\rho_1)\boldsymbol{g}$

(4) 更新 l_∞ 范数的累积向量 $\boldsymbol{r} \leftarrow \max(\rho_2 \boldsymbol{r}, \boldsymbol{g})$

(5) 修正有偏一阶矩估计 $\hat{\boldsymbol{s}} = \dfrac{\boldsymbol{s}}{(1-\rho_1^k)}$

(6) 计算 $\hat{\boldsymbol{g}} = \dfrac{\boldsymbol{g}}{1-\rho_1^k}$(用于计算 Nesterov Momentum)

(7) 计算 Nesterov 方式的一阶矩估计 $\bar{\boldsymbol{s}} = \rho_1 \hat{\boldsymbol{s}} + (1-\rho_1)\hat{\boldsymbol{g}}$

(8) 计算参数在不同维度上的更新量 $\Delta \boldsymbol{w} \leftarrow -\dfrac{\eta}{\boldsymbol{r}}\bar{\boldsymbol{s}}$

(9) 更新参数 $\boldsymbol{w} = \boldsymbol{w} + \Delta \boldsymbol{w}$

8.4 随机梯度下降法的并行实现

1. 拆分训练样本的并行

虽然随机梯度下降法比完全梯度下降法的速度已经快了很多，但当数据量特别巨大的时候，随机梯度下降法的求解速度可能还是无法满足要求。此时不得不考虑把梯度下降法改写成并行算法。

完全梯度下降法的并行实现十分直观。每次迭代过程中把训练集分到 l 个子集 $S_1, S_2, \cdots, S_l$ 中；然后把每个子集分别分配给一台计算机或 CPU 并行计算 $\sum_{i\in S.} f_i'(\boldsymbol{w}_k)$；最后把 l 个结果收集起来得到完全梯度

$$R_n'(\boldsymbol{w}_k) = \frac{1}{n}\left(\sum_{i\in S_1} f_i'(\boldsymbol{w}_k) + \cdots + \sum_{i\in S_l} f_i'(\boldsymbol{w}_k)\right)$$

然而并行完全梯度下降法并没有太多实际意义，因为即使有足够多的机器，每台机器只分配一个样本，并行完全梯度下降法单次迭代的时间开销也只能达到随机梯度下降法的水平，也就是说并行完全梯度下降法最好的情况下也只能看作是线性收敛速率的随机梯度下降法，未必比 SVRG 或 SAGA 更快，而且还未考虑每次迭代中大量机器之间的通信开销。因此我们还是要考虑把随机梯度下降法并行化。

2. 异步一致随机梯度下降法

SGD 似乎是一个天然的“串行”算法，每次迭代只选择一个样本用于更新当前的参数，没有任何可以并行化的空间。这是因为只有在每轮迭代的梯度下降

$$\boldsymbol{w}_{k+1} = \boldsymbol{w}_k - \eta_k f_i'(\boldsymbol{w}_k) \tag{8.78}$$

完成得到新的 $\boldsymbol{w}_{k+1}$ 后才能开始下一轮迭代。因此如果想把 SGD 并行化，思路之一就是突破式 (8.78) 的限制。也就是说，每次迭代中随机梯度 g_i 或 f_i' 的计算不一定是基于当前的 $\boldsymbol{w}_k$，也可以是基于之前时刻的参数如 $\boldsymbol{w}_{k-1}, \cdots, \boldsymbol{w}_T$。从这个想法出发，便引出了下面要介绍的异步一致随机梯度下降法 (Asynchronous Parallel Stochastic Gradient-Consistant Read, AsySG-Con)。

假设系统采用的并行设计模式是 Master-Worker 模式，Master 负责接收和分配任务，Worker 负责处理子任务，当各个 Worker 将子任务处理完后，将结果返回给 Master，由 Master 进行归纳和汇总 (图 8.1)。对于 AsySG-Con 算法，Master 负责维护参数 $\boldsymbol{w}$，Worker 负责计算随机梯度。各 Worker 之间只与 Master 通信且相互独立。所有的 Worker 同时不断地重复执行下面的动作 (图 8.2)。

(1) 从 Master 读取当前时刻的参数 $\boldsymbol{w}$；

(2) 随机选择一个样本 ξ；

(3) 计算随机梯度 $g(\boldsymbol{w};\xi) = f'(\boldsymbol{w};\xi)$；

(4) 把 $g(\boldsymbol{w};\xi)$ 返回给 Master。

而 Master 一直在重复下面的动作。

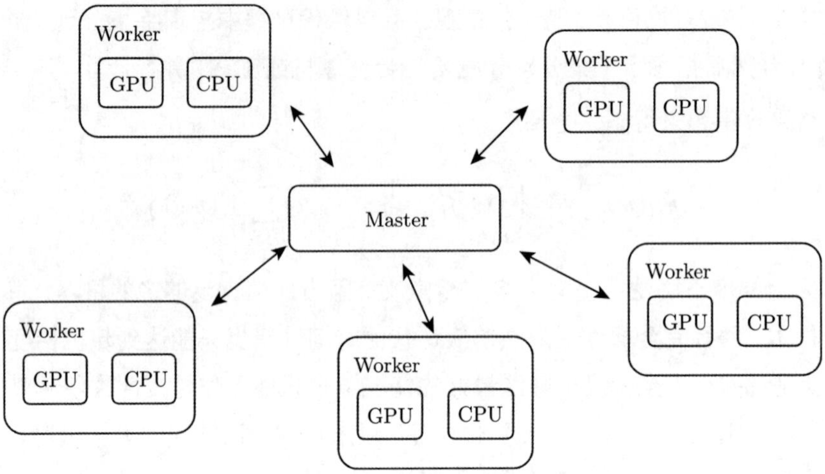

图 8.1 Master-Worker 并行设计模式

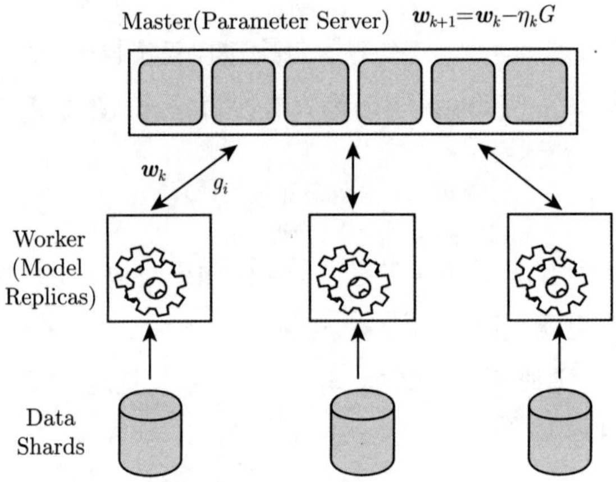

图 8.2 AsySG-Con 算法

(1) 从各 Worker 处收集随机梯度 g；当收集到足够数目 N 时，进行下一步；

(2) 将 N 个随机梯度求和得到

$$G=\sum_{i=1}^{N} g_i=\sum_{i=1}^{N} g(\boldsymbol{w}_{k-\tau_{k,i}};\xi_k^{(i)}) \tag{8.79}$$

(3) 更新参数 $\boldsymbol{w}_{k+1}=\boldsymbol{w}_k-\eta_k G$

式 (8.79) 中隐含了

$$g_i=g(\boldsymbol{w}_{k-\tau_{k,i}};\xi_k^{(i)}) \tag{8.80}$$

这是因为每个 Worker 之间的行为是异步的，在更新 k 时刻的参数 $\boldsymbol{w}_k$ 时，某些 Worker 提供给 Master 的随机梯度 g 存在延迟，也就是说某些 g 并非是基于 $\boldsymbol{w}_k$ 得到的，而是基

于 k 时刻之前的 $\boldsymbol{w}$ 计算所得。若用 $\tau_{k,i}$ 表示 g_i，相对于 $\boldsymbol{w}_k$ 的延迟，那么 g_i 便是基于参数 $\boldsymbol{w}_{k-\tau_{k,i}}$ 和样本 $\xi_k^{(i)}$ 得到，其中 $\boldsymbol{w}_{k-\tau_{k,i}}$ 是 $k-\tau_{k,i}$ 时刻的参数，于是就有了式 (8.80)。目标函数是凸函数时，当随机梯度的延迟 $\tau_{k,i}$ 有界、并行的 Worker 之间冲突率足够小、随机选择样本 $\xi_k^{(i)}$ 独立时，AsySG-Con 算法可以确保收敛到最小值。对于目标函数非凸的情况，如果满足上述 3 个假设条件，AsySG-Con 算法同样可以收敛到极小值。

AsySG-Con 算法可以有以下两个简单的变化。

(1) Worker 可以以 mini-batch 的方式计算随机梯度 g；

(2) Master 收集的随机梯度 g 的数目设置为 $N=1$ 时，AsySG-Con 就是简单的并行 SGD。

3. 异步不一致随机梯度下降法

AsySG-Con 做到了随机梯度计算的并行，但该算法中有一个步骤的时间开销巨大：在 Master 更新参数 $\boldsymbol{w}$ 时需要对共享内存 (Shared Memory) 加锁。加锁开锁操作本身的时耗就很大 (大约是浮点运算的 10^4 倍)；而且当共享内存加锁后，所有试图从 Master 读取参数 $\boldsymbol{w}$ 的 Worker 都必须停止运行开始等待，直到共享内存开锁。

AsySG-Con 之所以需要进行锁操作是因为要保证 Worker 读取参数 $\boldsymbol{w}$ 的一致性。注意 $\boldsymbol{w}$ 是一个向量，而在实际场景中 $\boldsymbol{w}$ 的元素数目往往很大。如果 Master 在更新 $\boldsymbol{w}$ 的时候不加锁，就无法保证 Worker 读取到的元素 $\boldsymbol{w}_j$ 都是属于当前时刻的 $\boldsymbol{w}$。例如，假设当前为 k 时刻，在 Master 更新 $\boldsymbol{w}_k$ 的时候 Worker 读取参数得到 $\hat{\boldsymbol{w}}_k$，$\hat{\boldsymbol{w}}_k$ 中一部分元素属于 $\boldsymbol{w}_k$，另外一部分元素可能属于 $\boldsymbol{w}_{k\pm1}$，甚至属于 $\boldsymbol{w}_{k\pm2,3,\cdots}$。这就是 AsySG-Con 算法中“Con”(一致性，Consistant) 的由来。

如果想获得更快的算法，就需要把共享内存的锁操作去除。下面提出的异步不一致随机梯度下降法 (Asynchronous Parallel Stochastic Gradient-Inconsistant Read, AsySG-Incon) 便消除了对 Worker 读取参数一致性的限制。

为了方便描述算法，现在要重新对“迭代”进行定义。之前提到的所有下降算法中每次迭代均指的是对参数 $\boldsymbol{w}$ 向量进行迭代更新，而在 AsySG-Incon 中对参数 $\boldsymbol{w}$ 向量的一个元素进行更新便成为一次迭代。我们还用 $\boldsymbol{w}_k$ 表示 Master 中 k 次迭代之后得到的参数，而 $\hat{\boldsymbol{w}}_k$ 表示 Worker 读取到的参数。于是 $\hat{\boldsymbol{w}}_k$ 与 $\boldsymbol{w}_k$ 的差别就在于 $\hat{\boldsymbol{w}}_k$ 中的一些元素比 $\boldsymbol{w}_k$ 中对应的元素少了一次或多次更新，也就是说 $\hat{\boldsymbol{w}}_k$ 比 $\boldsymbol{w}_k$ 少了一些迭代。所以 $\hat{\boldsymbol{w}}_k$ 与 $\boldsymbol{w}_k$ 存在以下关系

$$\hat{\boldsymbol{w}}_k=\boldsymbol{w}_k-\sum_{j\in J(k)}(\boldsymbol{w}_{j+1}-\boldsymbol{w}_j) \tag{8.81}$$

其中 $J(k)$ 是 $\hat{\boldsymbol{w}}_k$ 缺少的迭代集合，显然 $J(k)$ 是 $\{k-1,k-2,\cdots,0\}$ 的子集。如果用 $(\boldsymbol{w}_k)_{l_k}$ 表示向量 $\boldsymbol{w}_k$ 的第 l_k 个元素，那么参考 AsySG-Con 的参数更新公式 (式 (8.79)) 可以得到 AsySG-Incon 参数更新公式为

$$(\boldsymbol{w}_{k+1})_{l_k} = (\boldsymbol{w}_k)_{l_k} - \eta\sum_{i=1}^{N}(g(\hat{\boldsymbol{w}}_{k,i};\xi_k^{(i)}))_{l_k} \tag{8.82}$$

其中 $g(\hat{\boldsymbol{w}}_{k,i};\xi_k^{(i)})$ 是 Master 收集的 N 个随机梯度中的第 i 个；$\xi_k^{(i)}$ 为第 i 个随机梯度计算时选择的样本；$\hat{\boldsymbol{w}}_{k,i}$ 是第 i 个随机梯度计算时对应 Worker 读取到的参数，可以写为

$$\hat{\boldsymbol{w}}_{k,i} = \boldsymbol{w}_k - \sum_{j\in J(k,i)}(\boldsymbol{w}_{j+1}-\boldsymbol{w}_j) \tag{8.83}$$

其中 $J(k,i)$ 为 $\hat{\boldsymbol{w}}_{k,i}$ 相对于 $\boldsymbol{w}_k$ 缺少的迭代集合。

与 AsySG-Con 相比，AsySG-Incon 唯一的不同只是在更新参数 $\boldsymbol{w}$ 时不对共享内存加锁而已。同样的，在满足假设：

(1) 随机选择样本 $\xi_k^{(i)}$ 是独立的；

(2) 并行的 Worker 之间冲突率足够小；

(3) 延迟 $J(k,i)$ 有界。

时，AsySG-Incon 在目标函数为凸函数时收敛到最小值，目标函数非凸时收敛到极小值。

8.5 小结

从本章开始进入了本书的第二部分 —— 使用优化算法求解机器学习问题。首先详细描述了机器学习场景下的优化问题。在第 4 章“经验风险最小”中定义了经验风险函数，对于有监督学习该函数是训练集中每个样本的预测值与观测值之间的风险的和函数。当训练集的样本数量巨大的时候，计算结构风险函数的开销也将十分巨大。因此计算完全梯度的梯度下降法或牛顿法在处理大数据问题时的实际速度往往是不可接受的。基于经验风险函数本身的结构特性，我们有了“每次迭代选取一部分样本、甚至只选取一个样本来估算梯度”的想法。沿着这个思路，我们提出了随机梯度下降法。在对随机梯度下降法进行收敛性分析时发现，因为随机性的存在，每次迭代时使用的随机梯度作为目标函数真实梯度的估计会不可避免地存在方差。由于方差的存在，随机梯度下降法有两大缺点：①算法无法保证最终收敛到目标函数的最优值；②收敛速率很慢。

针对这两个缺点，我们接着介绍了两类改进随机梯度下降法的策略 —— 方差缩减、加速和适应。其中方差缩减策略通过修正每次迭代中的偏差来克服两大缺点，而加速与

适应策略则利用了梯度在时间和空间上的信息达到相同的目标。前者目前更多的是在理论方面进行探讨，而后者衍生出来的算法已经广泛应用于各种工程实践中。接着在数学上证明了方差缩减策略的效果，并介绍了两种具体实现 —— SVRG 算法和 SAGA 算法。SVRG 算法利用梯度的历史信息对每次迭代中的随机梯度进行修正，而 SAGA 算法则是使用其他样本的梯度信息对随机梯度进行修正。然后又对当前流行的应用加速和适应策略的算法进行了介绍。加速算法主要有 Momentum 和 Nesterov 方式的 Momentum。其中 Momentum 会把前一次迭代中的下降考虑进去，从而加速了下降的过程并且能够在某种程度上克服噪声的影响。而 Nesterov Momentum 在 Momentum 的基础上巧妙地添加了“提前预测一步”的机制，使得下降的方向更加准确。适应算法认为不同维度方向上的步长应当根据该方向上的梯度信息进行放缩。这类算法中介绍了 AdaGrad、RMSProp、AdaDelta。AdaGrad 不断地累积每次迭代中各个维度上梯度的平方，之后根据累积得到的历史信息对不同维度方向上的步长进行缩放。然而 AdaGrad 从开始训练便不断地累积梯度的平方，这有可能造成在到达极小值点之前所有维度上的步长都变得很小，针对这一缺点，RMSProp 通过添加指数衰减只累积“近期”的梯度信息，大大改善了算法的表现。AdaDelta 是与 RMSProp 相同时间独立发展出来的一个算法，从算法实现上它可以看作是 RMSProp 的一个变种。AdaDelta 从量纲的角度对参数更新做了一些修改。紧接着，又把加速和适应结合了起来。Adam 是“Momentum+RMSProp”，Nadam 是“Nesterov Momentum+RMSProp”。而 AdaMax 和 NadaMax 则是前面两个算法的 l_p 范数泛化版本。

最后介绍了随机梯度下降算法的并行实现，包括 AsySG-Con 和 AsySG-Incon 两种拆分样本数据的并行算法。两种并行算法均是采用 Master-Worker 模式。在 AsySG-Con 中，每个 Worker 不断地从 Master 中读取当前时刻的参数，然后随机选择一个样本计算梯度；Master 从各 Worker 处收集随机梯度，当收集到足够的数目时，Master 对共享内存加锁并更新参数。虽然 AsySG-Con 实现了随机梯度下降的并行化，但依然有很多时间开销花在了加锁、开锁操作上。AsySG-Incon 在 AsySG-Con 的基础上去掉了加锁、开锁操作，进一步加快了算法的速度。

本章介绍的最优化算法均是针对机器学习场景所设计的。接下来在第 9 章“常见的最优化方法”中将会探讨梯度下降法的数学原理。

参考文献

[1] Bottou L, Curtis F E, Nocedal J. Optimization Methods for Large-Scale Machine Learning[J]. CoRR, 2016, abs/1606.04838 arXiv: 1606.04838.

[2] Johnson R, Zhang T. Accelerating Stochastic Gradient Descent using Predictive Variance Reduction[G]// Advances in Neural Information Processing Systems 26. Curran Associates, Inc., 2013: 315-323.

[3] Defazio A, Bach F R, Lacoste-Julien S. SAGA: A Fast Incremental Gradient Method With Support for Non-Strongly Convex Composite Objectives[J]. CoRR, 2014, abs/1407.0202 arXiv: 1407.0202.

[4] Rumelhart D E, Hinton G E, Williams R J. Learning representations by backpropagating errors[J]. Nature, 1986, 323(6088): 533-536.

[5] Duchi J, Hazan E, Singer Y. Adaptive Subgradient Methods for Online Learning and Stochastic Optimization[J]. J. Mach. Learn. Res., 2011, 12: 2121-2159.

[6] Tieleman T, Hinton G. Lecture 6.5-rmsprop: Divide the gradient by a running average of its recent magnitude[R]. 2012.

[7] Zeiler M D. ADADELTA: An Adaptive Learning Rate Method[J]. CoRR, 2012, abs/1212.5701.

[8] Kingma D P, Ba J. Adam: A Method for Stochastic Optimization.[J]. CoRR, 2014, abs/1412.6980.

[9] Dozat T. Incorporating Nesterov Momentum into Adam[C]//. 2015.

[10] Lian X, Huang Y, Li Y, et al. Asynchronous Parallel Stochastic Gradient for Nonconvex Optimization[C]. Proceedings of the 28th International Conference on Neural Information Processing Systems-Volume 2. Montreal: MIT Press, 2015: 2737-2745.

第 9 章 Chapter 9

常见的最优化方法

本章将对常见的优化方法展开讨论，主要探讨最优化中的梯度算法。第 7 章“拉格朗日乘子法”的内容是本章的理论部分，而第 8 章“随机梯度下降法”可以看作是本章内容在机器学习场景下的特例。

9.1 最速下降算法

最优化算法处理的问题是求函数 $f(\boldsymbol{x})$ 的最小值。如果 $f(\boldsymbol{x})$ 极其复杂，没有解析解，我们该如何去做？既然无法直接计算得到，那也许就可以通过逐步试探的方式来一步步地到达最小值。假设出发点是 $\boldsymbol{x}_{(0)}$，第一步走到了 $\boldsymbol{x}_{(1)}, \cdots$，第 k 步走到了 $\boldsymbol{x}_{(k)}$，一个直观的想法就是，如果每一步到达的函数值都比之前一步小，即 $f(\boldsymbol{x}_{(k+1)}) < f(\boldsymbol{x}_{(k)})$，那么总有一天我们会走到 $f(\boldsymbol{x})$ 的最小值 (或者极小值) 那里去，当然这里需要假设 $f(\boldsymbol{x})$ 的最小值不是 $-\infty$，即 $f(\boldsymbol{x})$ 有下界。基于这个想法的算法被称为下降算法 (Descent Methods)。

在下降算法的每一步该如何选择前进的方向呢？很明显，我们应该选择下降最快的方向。什么是“下降最快的方向”？根据我们在现实世界中的生活经验，迈出单位步长后下降最多的方向就是下降最快的方向。此外还面临着另外一个棘手的问题：$\boldsymbol{x} \in \mathbf{R}^n$ 时，$f(\boldsymbol{x})$ 往往十分复杂，很难直接对其进行处理，因此需要对 $f(\boldsymbol{x})$ 进行近似。我们知道，在足够小的范围内，可以对 $f(\boldsymbol{x})$ 进行一阶泰勒展开，使用线性函数来近似 $f(\boldsymbol{x})$

$$f(\boldsymbol{x} + \delta \boldsymbol{x}) \approx f(\boldsymbol{x}) + f'(\boldsymbol{x})^\top \delta \boldsymbol{x} \tag{9.1}$$

式 (9.1) 中右边第二项 $f'(\boldsymbol{x})^\top \delta \boldsymbol{x}$ 可以看作是对“迈出一小步 $\delta \boldsymbol{x}$ 之后函数 f 变化量”的近似。前面的分析中我们指出，寻找“下降最快的方向”之前需要先定义“单位步长”。在

$\mathbf{R}^n$ 空间中，使用范数 (Norm) 来度量长度。设 $\|\cdot\|$ 为 $\mathbf{R}^n$ 中的某一范数，下降最快的方向 $\Delta\boldsymbol{x}$ 即为当 $\|\delta\boldsymbol{x}\|=1$ 时，令 $f'(\boldsymbol{x})^\top\delta\boldsymbol{x}$ 最小的 $\delta\boldsymbol{x}$，即

$$\Delta\boldsymbol{x}=\arg\min_{\delta\boldsymbol{x}}\{f'(\boldsymbol{x})^\top\delta\boldsymbol{x}\mid\|\delta\boldsymbol{x}\|=1\}\tag{9.2}$$

其几何意义是，在 $\|\cdot\|$ 范数定义的单位球内 (以 $\boldsymbol{x}$ 为球心)，沿着 $\Delta\boldsymbol{x}$ 方向可以达到 f 最大的下降距离 $f'(\boldsymbol{x})^\top\Delta\boldsymbol{x}$。这种沿着“下降最快的方向”进行不断逼近的方法称为最速下降算法 (Steepest Descent Method)。

上面的分析中提到使用“某一范数”来度量长度，但并未指明具体是哪种范数。事实上，任何一种范数均可以用来寻找最速下降的方向，而且不同的范数对应着不同的算法。下面将对不同的范数选择分别进行讨论。

9.1.1 l_2 范数与梯度下降法

最常见也最容易理解的范数就是欧氏范数 (Euclidean Norm)，即 l_2 范数。根据式 (9.2)，目标式子 $f'(\boldsymbol{x})^\top\delta\boldsymbol{x}$ 是两个向量 $f'(\boldsymbol{x})$ 和 $\delta\boldsymbol{x}$ 的内积，可以看作是 $\delta\boldsymbol{x}$ 在 $f'(\boldsymbol{x})$ 方向上的投影再乘以 $f'(\boldsymbol{x})$ 的长度 $\|f'(\boldsymbol{x})\|$，因此 $\Delta\boldsymbol{x}$ 是在 $-f'(\boldsymbol{x})$ 方向上投影最大的 $\delta\boldsymbol{x}$。在 l_2 范数定义的单位球内，与 $-f'(\boldsymbol{x})$ 方向重合的 $\delta\boldsymbol{x}$ 令 $f'(\boldsymbol{x})^\top\delta\boldsymbol{x}$ 取到最小值。图 9.1 展示了 $\boldsymbol{x}\in\mathbf{R}^2$ 时的情况。$\boldsymbol{x}$ 只有两个维度的时候，l_2 范数定义的单位球是一个正圆，很明显 $\Delta\boldsymbol{x}$ 与 $-f'(\boldsymbol{x})$ 重合。

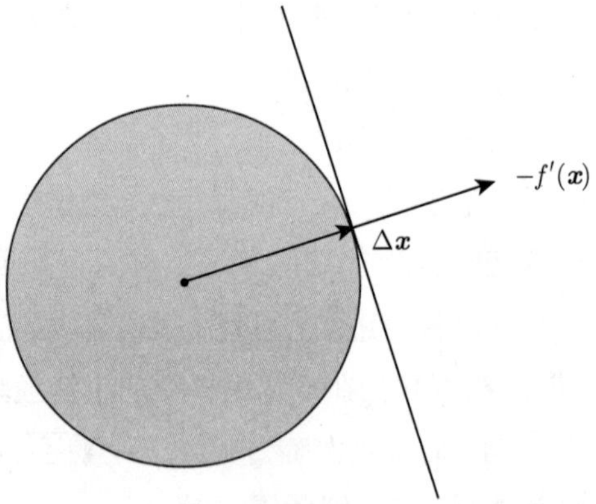

图 9.1 l_2 范数对应的最速下降算法

既然 $\Delta\boldsymbol{x}$ 与 $-f'(\boldsymbol{x})$ 重合，那么最速下降方向上的单位向量为

$$\Delta\boldsymbol{x}=\frac{-f'(\boldsymbol{x})}{\|f'(\boldsymbol{x})\|_2}\tag{9.3}$$

只取上式的向量部分并设每次迭代的步长为 η，则有

$$\boldsymbol{x}_{(k+1)} = \boldsymbol{x}_{(k)} - \eta f'(\boldsymbol{x}) \tag{9.4}$$

式 (9.4) 就是梯度下降 (Gradient Descent) 算法。

9.1.2 l_1 范数与坐标下降算法

l_1 范数也是使用较多的一种范数，当使用 l_1 范数作为长度的度量时，最速下降算法是怎样的情形呢？与之前对 l_2 范数的分析类似，使用 l_1 范数时式 (9.2) 变为

$$\Delta\boldsymbol{x} = \arg\min_{\delta\boldsymbol{x}}\{f'(\boldsymbol{x})^\top\delta\boldsymbol{x} \mid \|\delta\boldsymbol{x}\|_1 = 1\} \tag{9.5}$$

而 l_1 范数定义的单位球是一个超立方体 (Hypercube)，$\delta\boldsymbol{x}$ 在 $f'(\boldsymbol{x})$ 方向上取到最长的投影时 $\delta\boldsymbol{x}$ 必然指向单位超立方体的某个顶点处。图 9.2 展示了 $\boldsymbol{x} \in \mathbf{R}^2$ 时的情况。当 $\boldsymbol{x}$ 只有两个维度时，l_2 范数定义的单位球是一个正方形，很明显 $\delta\boldsymbol{x}$ 指向某一个顶点时在 $-f(\boldsymbol{x})$ 方向上的投影最大，所以 $\Delta\boldsymbol{x}$ 指向单位超立方体的某一个顶点。

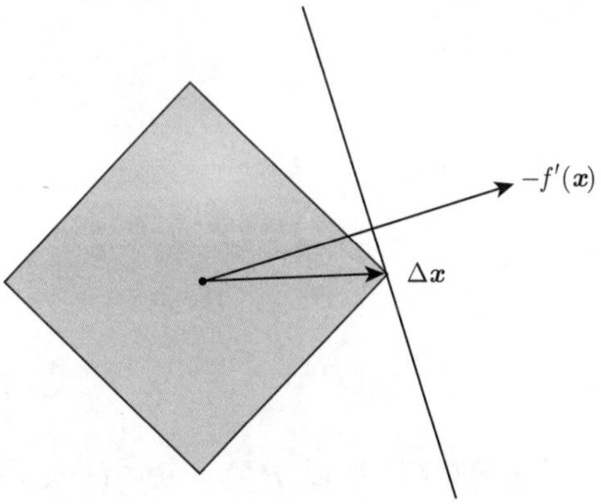

图 9.2 l_1 范数对应的最速下降算法

由此可知最速下降的方向为

$$\Delta\boldsymbol{x} = \frac{-\dfrac{\partial f(\boldsymbol{x})}{\partial x_i}\boldsymbol{e}^{(i)}}{\|f'(\boldsymbol{x})\|_1}, \quad i = \arg\max_i\left\{\left|\frac{\partial f(\boldsymbol{x})}{\partial x_i}\right|\right\} \tag{9.6}$$

其中 $\boldsymbol{x}_i$ 为向量 $\boldsymbol{x}$ 的第 i 个分量，$\boldsymbol{e}^{(i)}$ 为第 i 个标准正交基。同样地，取其向量部分并设步长为 η，则

$$\boldsymbol{x}_{(k+1)} = \boldsymbol{x}_{(k)} - \eta\frac{\partial f(\boldsymbol{x})}{\partial x_i}\boldsymbol{e}^{(i)}, \quad i = \arg\max_i\left\{\left|\frac{\partial f(\boldsymbol{x})}{\partial x_i}\right|\right\} \tag{9.7}$$

式 (9.7) 的意思是每次迭代都会选择沿某一个坐标轴下降最大的方向来更新 $\boldsymbol{x}_{(k+1)}$。该方法通常被称为坐标下降 (Coordinate Descent) 算法。

9.1.3 二次范数与牛顿法

满足正定性、齐次性和三角不等式的实值函数都可以定义为一个范数，除了经常见到的 l_1 范数和 l_2 范数，还有一种不常见的范数称为二次范数 (Quadratic Norm)，其定义如下

$$\|\boldsymbol{x}\|_{\boldsymbol{P}}=(\boldsymbol{x}^\top\boldsymbol{P}\boldsymbol{x})^{\frac{1}{2}} \tag{9.8}$$

其中 $\boldsymbol{P}$ 是一个正定矩阵。

因为 $\boldsymbol{P}$ 为正定矩阵，即 $\boldsymbol{P}\succ 0$，则存在矩阵 $\boldsymbol{B}\succ 0$ 使得 $\boldsymbol{P}=\boldsymbol{B}^2$，$\boldsymbol{B}$ 称为 $\boldsymbol{A}$ 的平方根，记为 $\boldsymbol{P}^{\frac{1}{2}}$。下面给出一个简要的证明。

因为 $\boldsymbol{P}$ 正定，故可以对角化为 $\boldsymbol{P}=\boldsymbol{U}^*\boldsymbol{D}\boldsymbol{U}$，其中 $\boldsymbol{U}$ 为酉矩阵，满足 $\boldsymbol{U}^*\boldsymbol{U}=\boldsymbol{U}\boldsymbol{U}^*=\boldsymbol{I}$，$\boldsymbol{D}=\mathrm{diag}(\lambda_1,\lambda_2,\cdots,\lambda_n)$ 为对角线元素是 $\boldsymbol{P}$ 的特征值的对角矩阵，由 $\boldsymbol{P}$ 正定可知 $\lambda_i>0$。令 $\boldsymbol{D}^{\frac{1}{2}}=\mathrm{diag}(\sqrt{\lambda_1},\sqrt{\lambda_2},\cdots,\sqrt{\lambda_n})$，以及 $\boldsymbol{B}=\boldsymbol{U}^*\boldsymbol{D}^{\frac{1}{2}}\boldsymbol{U}$，则 $\boldsymbol{B}^2=\boldsymbol{B}\boldsymbol{B}=\boldsymbol{U}^*\boldsymbol{D}^{\frac{1}{2}}\boldsymbol{U}\boldsymbol{U}^*\boldsymbol{D}^{\frac{1}{2}}\boldsymbol{U}=\boldsymbol{U}^*\boldsymbol{D}\boldsymbol{U}=\boldsymbol{P}$。

于是

$$\|\boldsymbol{x}\|_p=(\boldsymbol{x}^\top\boldsymbol{P}\boldsymbol{x})^{\frac{1}{2}} \tag{9.9}$$

$$=(\boldsymbol{x}^\top\boldsymbol{P}^{\frac{1}{2}\top}\boldsymbol{P}^{\frac{1}{2}}\boldsymbol{x})^{\frac{1}{2}} \tag{9.10}$$

$$=((\boldsymbol{P}^{\frac{1}{2}}\boldsymbol{x})^\top\boldsymbol{P}^{\frac{1}{2}}\boldsymbol{x})^{\frac{1}{2}} \tag{9.11}$$

$$=\|\boldsymbol{P}^{\frac{1}{2}}\boldsymbol{x}\|_2 \tag{9.12}$$

其中式 (9.10) 是因为 $\boldsymbol{P}^{\frac{1}{2}}$ 是正定矩阵，所以 $\boldsymbol{P}^{\frac{1}{2}\top}=\boldsymbol{P}^{\frac{1}{2}}$ (正定矩阵皆为实对称矩阵)，式 (9.12) 是根据 l_2 范数的定义 $\|\boldsymbol{x}\|_2=(\boldsymbol{x}^\top\boldsymbol{x})^{\frac{1}{2}}$。

由此可见，$\boldsymbol{x}$ 的二次范数相当于先对其左乘一个正定矩阵 $\boldsymbol{P}^{\frac{1}{2}}$ 之后再取 l_2 范数。也就是说先对 $\boldsymbol{x}$ 进行了一次线性变换。令 $\bar{\boldsymbol{x}}=\boldsymbol{P}^{\frac{1}{2}}\boldsymbol{x}$，则有 $\|\boldsymbol{x}\|_p=\|\bar{\boldsymbol{x}}\|_2$，同时定义函数 $\bar{f}$

$$\bar{f}(\bar{\boldsymbol{x}})=f(\boldsymbol{P}^{-\frac{1}{2}}\bar{\boldsymbol{x}})=f(\boldsymbol{x}) \tag{9.13}$$

对于 $\bar{f}$ 来说，因为此时我们选择了 l_2 范数为最长度的度量，所以最速下降方向与 $-\bar{f}'(\bar{\boldsymbol{x}})$ 重合

$$\Delta\bar{\boldsymbol{x}}=\frac{-\bar{f}'(\bar{\boldsymbol{x}})}{\|\bar{f}'(\bar{\boldsymbol{x}})\|_2} \tag{9.14}$$

$$=\frac{-\boldsymbol{P}^{-\frac{1}{2}}f'(\boldsymbol{P}^{-\frac{1}{2}}\bar{\boldsymbol{x}})}{\|\boldsymbol{P}^{-\frac{1}{2}}f'(\boldsymbol{P}^{-\frac{1}{2}}\bar{\boldsymbol{x}})\|_2} \tag{9.15}$$

$$= \frac{-\boldsymbol{P}^{-\frac{1}{2}} f'(\boldsymbol{x})}{\|\boldsymbol{P}^{-\frac{1}{2}} f'(\boldsymbol{x})\|_2} \tag{9.16}$$

$$= \frac{-\boldsymbol{P}^{-\frac{1}{2}} f'(\boldsymbol{x})}{\|f'(\boldsymbol{x})\|_{\boldsymbol{P}^{-1}}} \tag{9.17}$$

$$= -(f'(\boldsymbol{x})^\top \boldsymbol{P}^{-1} f'(\boldsymbol{x}))^{-\frac{1}{2}} \boldsymbol{P}^{-\frac{1}{2}} f'(\boldsymbol{x}) \tag{9.18}$$

其中式 (9.17) 的分母是代入二次范数的定义；式 (9.18) 是把分母上的二次范数展开。

因为 $\Delta\bar{\boldsymbol{x}} = \boldsymbol{P}^{\frac{1}{2}}\Delta\boldsymbol{x}$，则

$$\Delta\boldsymbol{x} = \boldsymbol{P}^{-\frac{1}{2}}\Delta\bar{\boldsymbol{x}} \tag{9.19}$$

$$= -(f'(\boldsymbol{x})^\top \boldsymbol{P}^{-1} f'(\boldsymbol{x}))^{-\frac{1}{2}} \boldsymbol{P}^{-1} f'(\boldsymbol{x}) \tag{9.20}$$

同样地，只取式 (9.20) 的向量部分，并设步长为 η，则

$$\boldsymbol{x}_{(k+1)} = \boldsymbol{x}_{(k)} - \eta \boldsymbol{P}^{-1} f'(\boldsymbol{x}) \tag{9.21}$$

接下来从几何的角度来解释一下选择二次范数作为长度度量时最速下降算法的意义。前面的分析中指出，根据式 (9.12) 二次范数可以看作是对向量进行一次线性变换之后 $\bar{\boldsymbol{x}} = \boldsymbol{P}^{\frac{1}{2}}\boldsymbol{x}$ 的 l_2 范数。此时的单位球为 $\|\bar{\boldsymbol{x}}\|_2 = 1$。那么单位球再变换回来之后的 $\|\boldsymbol{P}^{-\frac{1}{2}}\bar{\boldsymbol{x}}\|_{\boldsymbol{P}} = 1$，即 $\|\boldsymbol{x}\|_{\boldsymbol{P}} = 1$ 是什么样子呢？下面来考察 $\boldsymbol{P}^{-\frac{1}{2}}\bar{\boldsymbol{x}}$。因为 $\boldsymbol{P}^{\frac{1}{2}}$ 是正定矩阵，则它的逆矩阵 $\boldsymbol{P}^{-\frac{1}{2}}$ 也是正定矩阵。设 $\boldsymbol{P}^{\frac{1}{2}}$ 的特征值为 $\boldsymbol{\lambda}^{\frac{1}{2}}$，则 $\boldsymbol{P}^{-\frac{1}{2}}$ 的特征值为 $\boldsymbol{\lambda}^{-\frac{1}{2}}$，且对应的特征向量 $\boldsymbol{e}^{(i)}$ 相互正交。因此 $\boldsymbol{e}^{(i)}$ 可以作为空间的一组正交基。把向量 $\bar{\boldsymbol{x}}$ 写成在该组基下的坐标形式 $\boldsymbol{x} = \sum_i \bar{x}_i \boldsymbol{e}^{(i)}$，于是有

$$\boldsymbol{P}^{\frac{1}{2}}\bar{\boldsymbol{x}} = \boldsymbol{P}^{\frac{1}{2}}\sum_i \bar{x}_i \boldsymbol{e}^{(i)} \tag{9.22}$$

$$= \sum_i \bar{x}_i \boldsymbol{P}^{\frac{1}{2}} \boldsymbol{e}^{(i)} \tag{9.23}$$

$$= \sum_i \bar{x}_i \lambda_i^{-\frac{1}{2}} \boldsymbol{e}^{(i)} \tag{9.24}$$

其中式 (9.24) 是源于特征值与特征向量的关系。式 (9.24) 的意义是把向量 $\bar{\boldsymbol{x}}$ 在每个正交基分量 $\boldsymbol{e}^{(i)}$ 上分别缩放了 $\lambda_i^{-\frac{1}{2}}$ 倍。因此 $\|\bar{\boldsymbol{x}}\|_2 = 1$ 所定义的单位球在经过线性变换 $\boldsymbol{P}^{-\frac{1}{2}}$ 之后变为单位椭球 $\|\boldsymbol{x}\|_{\boldsymbol{P}} = 1$。二维情况下的图像如图 9.3 所示。

前面的分析只是假设了 $\boldsymbol{P}$ 是一个正定矩阵，并没有规定 $\boldsymbol{P}$ 的具体形式。由图 9.3 可以看出，不同的 $\boldsymbol{P}$ 矩阵显然会对最速下降算法的效率产生影响。既然 $\boldsymbol{P}$ 的选择有无限多种，那么问题来了，该如何确定 $\boldsymbol{P}$ 的结构形式呢？这个问题将在后面的小节中进行讨

论，这里先给出一个 $\boldsymbol{P}$ 矩阵的最常见的选择。我们知道，如果函数 $f(\boldsymbol{x})$ 是一个严格凸函数，则 $f(\boldsymbol{x})$ 的二阶导数，即 Hessian 矩阵是一个正定矩阵，若使用 Hessian 矩阵作为 $\boldsymbol{P}$，并取步长为 1，则式 (9.21) 变为

$$\boldsymbol{x}_{(k+1)} = \boldsymbol{x}_{(k)} - f''(\boldsymbol{x})^{-1} f'(\boldsymbol{x}) \tag{9.25}$$

式 (9.25) 就是牛顿法 (Newton Method)。

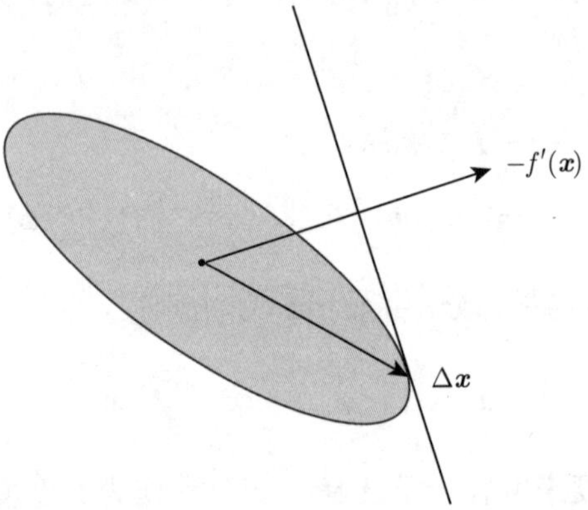

图 9.3　二次范数对应的最速下降算法

9.2　步长的设定

在前面几章中已经知道，选择不同的范数作为长度的度量会得到不同的最速下降方向，分别对应不同的最速下降算法。如果设下降方向为 $\Delta\boldsymbol{x}$，并设步长为 η，根据式 (9.1)，每次迭代的更新法则为

$$\boldsymbol{x} = \boldsymbol{x} + \eta\Delta\boldsymbol{x} \tag{9.26}$$

其中 $\Delta\boldsymbol{x}$ 是由不同的范数选择所确定的，而步长 η 还没有确定。很显然，η 的最优取值是令 $f(\boldsymbol{x})$ 下降最大的值

$$\eta = \arg\min_{t\geqslant 0} f(\boldsymbol{x} + t\Delta\boldsymbol{x}) \tag{9.27}$$

可以看出，式 (9.27) 的意义是在射线 $\{\boldsymbol{x}^{(k)} + tf'(\boldsymbol{x}^{(k)})\big|t \geqslant 0\}$ 上精确寻找令 $f(\boldsymbol{x})$ 值最小的步长。该方法称为精确线搜索 (Exact Line Search)。显然，在实际情况下，每一步迭代都去精确寻找 η 的最优值是十分困难的，这似乎又变成了一个新的优化问题。因此在实践中通常会选择使用不那么精确的搜索方法 (Inexact Line Search)。

常见的非精确线搜索方法有以下几种。

(1) 固定步长。每一步迭代的步长是固定不变的，算法开始之前设定 η。

(2) 提前设定步长序列。算法开始前设定步长序列 $\{\eta_k\}_{k=0}^{\infty}$，一般会令步长逐步减小，例如

$$\eta_k = \frac{\eta}{\sqrt{k+1}} \tag{9.28}$$

(3) Armijo-Goldstein 准则 (Armijo-Goldstein Rule)。每一次迭代中寻找 η 满足

$$\begin{cases} f(\boldsymbol{x}+\eta\Delta\boldsymbol{x}) \leqslant f(\boldsymbol{x}) + \alpha\langle f'(\boldsymbol{x}), \eta\Delta\boldsymbol{x}\rangle \\ f(\boldsymbol{x}+\eta\Delta\boldsymbol{x}) \geqslant f(\boldsymbol{x}) + \beta\langle f'(\boldsymbol{x}), \eta\Delta\boldsymbol{x}\rangle \end{cases} \tag{9.29}$$

其中 $0<\alpha<\beta<1$。

(4) Wolfe-Powell 准则 (Wolfe-Powell Rule)。每一次迭代中寻找 η 满足

$$\begin{cases} f(\boldsymbol{x}+\eta\Delta\boldsymbol{x}) \leqslant f(\boldsymbol{x}) + \alpha\langle f'(\boldsymbol{x}), \Delta\boldsymbol{x}\rangle \\ \langle f'(\boldsymbol{x}+\eta\Delta\boldsymbol{x}), \Delta\boldsymbol{x}\rangle \geqslant \beta f'(\boldsymbol{x})\Delta\boldsymbol{x} \end{cases} \tag{9.30}$$

或

$$\begin{cases} f(\boldsymbol{x}+\eta\Delta\boldsymbol{x}) \leqslant f(\boldsymbol{x}) + \alpha\langle f'(\boldsymbol{x}), \Delta\boldsymbol{x}\rangle \\ \big|\langle f'(\boldsymbol{x}+\eta\Delta\boldsymbol{x}), \Delta\boldsymbol{x}\rangle\big| \leqslant \beta\big|\langle f'(\boldsymbol{x}), \Delta\boldsymbol{x}\rangle\big| \end{cases} \tag{9.31}$$

其中 $0<\alpha<\beta<1$。

9.2.1 Armijo-Goldstein 准则

Armijo-Goldstein 准则是实践中应用得比较多的方法。下面从几何的角度对其进行解释。假设在某一步迭代中所处的位置是 $\boldsymbol{x}$，设关于步长 η 的函数为

$$\phi(\eta) = f(\boldsymbol{x}+\eta\Delta\boldsymbol{x}), \quad \eta \geqslant 0 \tag{9.32}$$

根据式 (9.29)，满足 Armijo-Goldstein 准则的步长 η 的 ϕ 函数图像存在于两个线性函数之间

$$\begin{cases} \phi_1(\eta) = f(\boldsymbol{x}) + \alpha\langle f'(\boldsymbol{x}), \Delta\boldsymbol{x}\rangle\eta \\ \phi_2(\eta) = f(\boldsymbol{x}) + \beta\langle f'(\boldsymbol{x}), \Delta\boldsymbol{x}\rangle\eta \end{cases} \tag{9.33}$$

因为 $\phi(0)=\phi_1(0)=\phi_2(0)$ 且 $\phi_1'(0)<\phi_2'(0)<0$，所以 ϕ、ϕ_1、ϕ_2 的图像如图 9.4 所示。

从图 9.4 中可以看出，满足 Armijo-Goldstein 准则的步长存在于 0 到 η_0 之间。从代数角度来看，式 (9.29) 的第一个式子中 $\alpha\langle f'(\boldsymbol{x}), \eta\Delta\boldsymbol{x}\rangle<0$，从而保证了 $f(\boldsymbol{x}+\eta\Delta\boldsymbol{x})<f(\boldsymbol{x})$，即函数值是下降的；而第二个式子中 $\beta\langle f'(\boldsymbol{x}), \eta\Delta\boldsymbol{x}\rangle<\alpha\langle f'(\boldsymbol{x}), \eta\Delta\boldsymbol{x}\rangle<0$，可以看出，当

α 和 β 固定之后，η 越小这个不等式越接近不成立，因此第二个式子确保步长不会太小，避免迭代过程“龟速”前进。

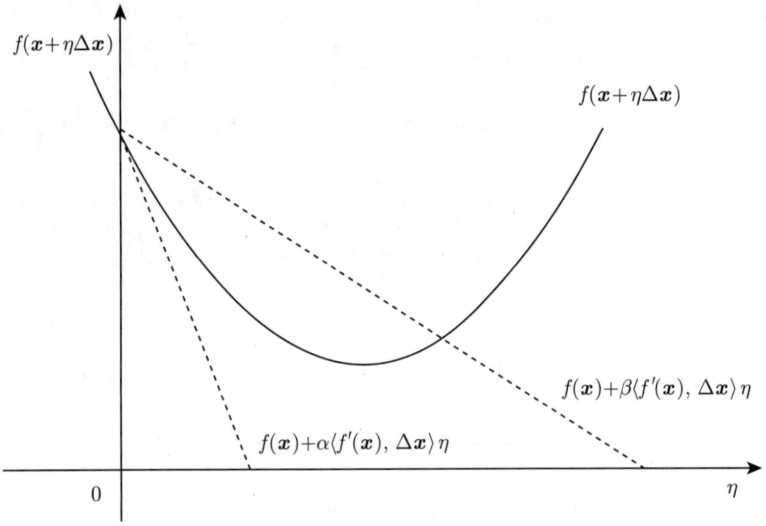

图 9.4 Armijo-Goldstein 准则

Armijo-Goldstein 准则中的两个参数 α 和 β 需要提前设定，若参数的值选得不好，很可能出现的情况是目标函数的极小值点并不包含在 ϕ_1 和 ϕ_2 所界定的区间内。之所以会出现这种情况是因为 Armijo-Goldstein 准则只要求函数值下降，并没有考虑极值点的任何信息。我们知道在函数的极值点其导数为 0，因此考虑在准则中加入目标函数导数的信息来确保极值点始终位于满足准则的步长区间之内。添加导数信息之后就得到了 Wolfe-Powell 准则。

9.2.2 Wolfe-Powell 准则

对比式 (9.29) 和式 (9.30)，Wolfe-Powell 准则的第一个式子与 Armijo-Goldstein 准则相同，都是为了保证函数值是下降的，因此该式又被称为充分下降条件 (Sufficient Decrease Condition)。现在要把导数信息考虑进去。对 ϕ 和 ϕ_2 分别求导可得

$$\begin{cases}\phi'(\eta) = \langle f'(\boldsymbol{x}+\eta\Delta\boldsymbol{x}), \Delta\boldsymbol{x}\rangle \\ \phi_2'(\eta) = \beta\langle f'(\boldsymbol{x}), \Delta\boldsymbol{x}\rangle\end{cases}, \quad \eta \geqslant 0 \tag{9.34}$$

注意，因为 $\langle f'(\boldsymbol{x}), \Delta\boldsymbol{x}\rangle \leqslant 0$，所以 $\phi_2' \leqslant 0$；同时我们知道，越接近极值点目标函数的导数越接近于 0，因此要求 $\phi'(\eta) \geqslant \phi_2'(\eta)$ 即

$$\langle f'(\boldsymbol{x}+\eta\Delta\boldsymbol{x}), \Delta\boldsymbol{x}\rangle \geqslant \beta\langle f'(\boldsymbol{x}), \Delta\boldsymbol{x}\rangle \tag{9.35}$$

其中 $\alpha < \beta < 1$。于是就得到了 Wolfe-Powell 准则的第二个条件。式 (9.35) 保证了 $\phi(\eta)$ 的斜率比 β 倍的 $\phi(0)$ 处斜率大的步长都是符合准则的，从而保证了极小值点始终符合准则。因此第二个条件又被称为曲率条件 (Curvature Condition)。

式 (9.35) 只是对 $\phi' < 0$ 的一侧设置了边界，我们同样可以利用 ϕ_2' 对 $\phi' > 0$ 的一侧进行界定，从而确保步长不会过大。于是得到

$$\left|\langle f'(\boldsymbol{x} + \eta\Delta\boldsymbol{x}), \Delta\boldsymbol{x}\rangle\right| \leqslant \beta\left|\langle f'(\boldsymbol{x}), \Delta\boldsymbol{x}\rangle\right| \tag{9.36}$$

式 (9.36) 是比式 (9.35) 更强的一个条件，因此式 (9.36) 又被称为强 Wolfe-Powell 准则 (Strong Wolfe-Powell Rule)。

9.2.3 回溯线搜索

Armijo-Goldstein 准则和 Wolfe-Powell 准则给出了寻找步长的条件，并没有告诉我们寻找步长的方法。实践中可以使用的方法很多，回溯线搜索 (Backtracking Line Search) 是最常见的算法之一。算法框架如下。

(1) 设置初始步长 $\eta = \eta_0$，$\alpha, \beta \in (0, 1)$；

(2) 判断当前步长 η 是否满足

$$f(\boldsymbol{x} + \eta\Delta\boldsymbol{x}) \leqslant f(\boldsymbol{x}) + \alpha\langle f'(\boldsymbol{x}), \eta\Delta\boldsymbol{x}\rangle \tag{9.37}$$

若满足则停止并输出当前步长；否则进行步骤 (3)。

(3) $\eta = \beta\eta$，重复步骤 (2)。

上面的算法中使用的终止条件事实上就是 Armijo-Goldstein 准则和 Wolfe-Powell 准则的第一个式子，而两个准则的第二个式子是“不完全地”隐含在算法之中的。算法首先尝试着迈出一大步，之后再逐渐减小步长直到满足充分下降条件。因此算法给出的步长 η 满足

$$\eta \in (0, \eta_\alpha) \tag{9.38}$$

其中 η_α 为 ϕ_1 与 ϕ 的交点处。

9.3 收敛性分析

在前面的章节中介绍优化算法时我们只是简单地认为只要保证 $f(\boldsymbol{x}_{(k+1)}) < f(\boldsymbol{x}_{(k)})$，总能在某个时刻到达 f 的最小值 $f(\boldsymbol{x}^*)$(设最小值在 $\boldsymbol{x}^*$ 处取到)。然而在足够多次的迭代之后是否真的能够收敛到 $f(\boldsymbol{x}^*)$，我们并不知道。而且我们不仅关心能否最终收敛，同样

也关心多快完成收敛。对于每一个具体的最优化算法，我们需要对上述两点进行评估，这种评估被称为**收敛性分析**(Convergence Analysis)。本节的目的是介绍收敛性分析的预备知识，主要包括“衡量收敛性的指标”和“对目标函数的一些假设”。

9.3.1 收敛速率

设函数 $f(\boldsymbol{x})$ 在 $\boldsymbol{x}^*$ 处取到最小值 f^*。前面介绍的下降算法在迭代的过程中每一步的函数值组成一个数列

$$f(\boldsymbol{x}_{(0)}), f(\boldsymbol{x}_{(1)}), \cdots, f(\boldsymbol{x}_{(k)}), f(\boldsymbol{x}_{(k+1)}), \cdots \tag{9.39}$$

其中 $\boldsymbol{x}_0$ 为起始位置。因此可以借助衡量数列收敛速率 (Convergence Rate) 的方法来评价下降算法。

设数列 $\{p_k\}$ 收敛于 p^*，若存在 $\gamma > 0$，使得

$$\lim_{k\to\infty} \frac{|p_{k+1} - p^*|}{|p_k - p^*|^\alpha} = \gamma \tag{9.40}$$

称 $\{p_n\}$ 以 α 阶的速率收敛于 p^*。其中 γ 称为渐进误差常数 (Asymptotic Error Constant)。在大多数实际场景中，我们把 $p_k - p^*$ 定义为误差，即 $\epsilon_k = p_k - p^*$。例如，在下降算法中，$f(\boldsymbol{x}_{(k)} - f^*)$ 就是第 k 次迭代时得到的次优解与最优解的误差。当 k 足够大时，$\epsilon_k \ll 1$ 且

$$|\epsilon_{k+1}| \approx \gamma |\epsilon_k|^\alpha \tag{9.41}$$

因为 p_k 趋近于 p^*，所以 $\alpha \geqslant 1$。特别地，当 $\alpha = 1$，$\gamma < 1$，k 足够大时根据式 (9.41) 有

$$|\epsilon_{k+i}| \approx \gamma^i |\epsilon_k| \tag{9.42}$$

上式左右两边取 log

$$\ln |\epsilon_{k+i}| \approx \ln \gamma^i |\epsilon_k| \tag{9.43}$$

$$\approx i \ln \gamma + \ln \epsilon_k \tag{9.44}$$

所以 $\ln |\epsilon_{k+i}|$ 与迭代次数 i 呈线性关系，此时称数列 $\{p_k\}$ 的收敛速率是线性的 (Linear Convergence Rate)。

可以看出，当 $\alpha > 1$ 时，收敛速率会更快。通常收敛速率可以分为下面几类。

(1) 当 $\alpha = 1$ 且 $\gamma = 1$ 时，收敛速率是次线性的 (Sublinear)。

(2) 当 $\alpha = 1$ 且 $\gamma < 1$ 时，收敛速率是线性的 (Linear)。

(3) 当 $1 < \alpha < 2$ 时，收敛速率是超线性的 (Superlinear)。

(4) 当 $\alpha = 2$ 时，收敛速率是二次的 (Quadratic)。

(5) 当 $\alpha > 2$ 时，收敛速率是超二次的 (Superquadratic)。

9.3.2 对目标函数的一些假设

可以想象，除了算法本身目标函数的特性应该也会影响收敛性。前面已经假设了目标函数是有下界的凸函数且可微。有下界确保了全局最优点的存在，凸函数保证了不存在局部最优点，而可微则使得可以使用下降算法。现在我们想考察下降算法的收敛速率，只假设目标函数可微是不够的，因为可微这个假设只是保证了导数的存在，解决了“能否”使用下降算法的问题，却并不能够让我们去窥探迭代下降的过程。

例如，两个二维函数的函数图像等高线分别如图 9.5 与图 9.6 所示 (以使用 l_2 范数的梯度下降算法为例)，其中 $g(\boldsymbol{x})$ 等高线更加接近于圆，而 $h(\boldsymbol{x})$ 的等高线更加接近于椭圆。可以看出在运用下降算法的时候，$h(\boldsymbol{x})$ 的迭代次数要显著多于 $g(\boldsymbol{x})$ 的。原因是什

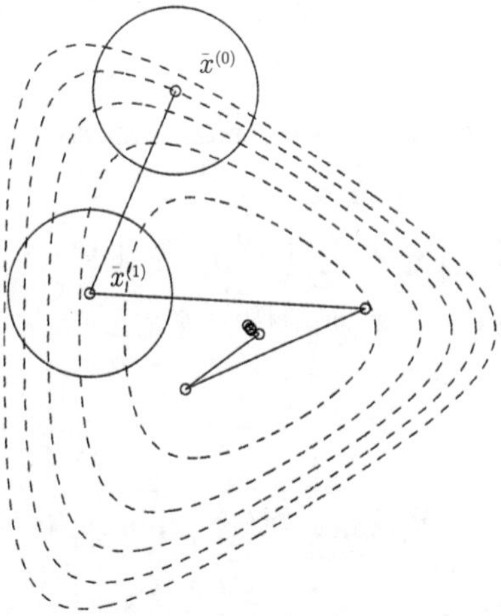

图 9.5 各方向导数相近的一个函数 $g(\boldsymbol{x})$

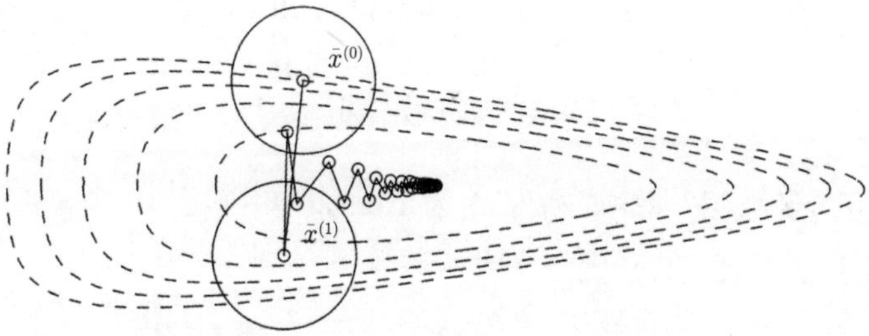

图 9.6 各方向导数差别较大的一个函数 $h(\boldsymbol{x})$

么呢？是因为每一次迭代所选择的最速下降方向并不一定指向最优点。该方向只是在当前点下降最快的方向。可以想象，如果等高线是一个圆，那么每个点的最速下降方向均指向圆心 (最优点)；如果等高线是一个椭圆，则每个点的最速下降方向会偏向于椭圆的短轴方向。

接下来要寻找造成 $g(\boldsymbol{x})$ 和 $h(\boldsymbol{x})$ 等高线几何差异的原因。在最优点函数各方向的导数均为 0，最优点附近等高线接近圆说明各个方向的导数 (绝对值) 大小相近，而等高线接近椭圆则表示长短轴两个方向的导数 (绝对值) 差别很大。注意，在最优点附近，影响导数在不同方向上差异大小的因素是导数在各方向上的变化率，而非导数本身绝对数值的大小。这类似于速度和加速度的关系。假设有一组人同时从同一地点朝着各个方向沿直线跑出去，在出发点附近，影响每个人跑出距离差异的并非奔跑速度，而是速度之间的差异，即加速度在时间上的累计。因此，我们需要对导数的变化率进行一些假设。假设目标函数 $f(\boldsymbol{x})$ 的一阶导数变化率是有界的，设上下界分别为常量 M 和 m。有

$$\|f'(\boldsymbol{x})-f'(\boldsymbol{y})\|\leqslant M\|\boldsymbol{x}-\boldsymbol{y}\| \tag{9.45}$$

$$\|f'(\boldsymbol{x})-f'(\boldsymbol{y})\|\geqslant m\|\boldsymbol{x}-\boldsymbol{y}\| \tag{9.46}$$

通常把满足式 (9.45) 称为一阶导数 $f'(\boldsymbol{x})$Lipschitz 连续 (Lipschitz Continuous)，满足式 (9.46) 称为 $f(\boldsymbol{x})$ 强凸 (Strongly Convex)。

下面把式 (9.45) 和式 (9.46) 整理成更加简洁的形式。

若 $f(x)$ 是单变量的一维函数，根据中值定理 (Mean Value Thoerem) 有

$$\min_{a\leqslant x\leqslant b} f''(x)\leqslant\frac{f'(b)-f'(a)}{b-a}\leqslant\max_{a\leqslant x\leqslant b} f''(x) \tag{9.47}$$

因为 $\min\limits_{a\leqslant x\leqslant b} f''(x)\geqslant\min\limits_{x} f''(x)$ 以及 $\max\limits_{a\leqslant x\leqslant b} f''(x)\leqslant\max\limits_{x} f''(x)$，于是有

$$\min_{x} f''(x)\leqslant\frac{f'(b)-f'(a)}{b-a}\leqslant\max_{x} f''(x) \tag{9.48}$$

而 $f(x)$ 是凸函数，所以 $f''(x)\geqslant 0$，则式 (9.45) 和式 (9.46) 等价于 $f''(x)$ 有界，即

$$m\leqslant f''(x)\leqslant M \tag{9.49}$$

如果 $f(\boldsymbol{x})$ 是多变量函数呢？此时的 $f''(\boldsymbol{x})$ 为 Hessian 矩阵。

$f(\boldsymbol{x})$ 为多变量函数时，其梯度定义为

$$f'(\boldsymbol{x})=\left(\frac{\partial f}{\partial x_1}(\boldsymbol{x}),\frac{\partial f}{\partial x_2}(\boldsymbol{x}),\cdots,\frac{\partial f}{\partial x_n}(\boldsymbol{x})\right) \tag{9.50}$$

于是 $f(\boldsymbol{x})$ 在 $\boldsymbol{y}$ 方向上的导数为

$$\frac{df}{d\boldsymbol{y}}(\boldsymbol{x})=\langle\boldsymbol{y},f'(\boldsymbol{x})\rangle \tag{9.51}$$

$$=y_1\frac{\partial f}{\partial x_1}(\boldsymbol{x})+y_2\frac{\partial f}{\partial x_2}(\boldsymbol{x})+\cdots+y_n\frac{\partial f}{\partial x_n}(\boldsymbol{x}) \tag{9.52}$$

同样地，$f''(\boldsymbol{x})$ 是 $f'(\boldsymbol{x})$ 对每个变量 x_i 求偏导，所以 $f''(\boldsymbol{x})$ 是一个 $n\times n$ 的矩阵，该矩阵称为 Hessian 矩阵，矩阵的每个分量分别为

$$f''(\boldsymbol{x})_{i,j}=\frac{\partial^2 f}{\partial x_i\partial x_j}(\boldsymbol{x}) \tag{9.53}$$

与式 (9.51) 类似，设两个向量分别为 $\boldsymbol{y}$ 和 $\boldsymbol{z}$，先在 $\boldsymbol{y}$ 方向上求导，然后在 $\boldsymbol{z}$ 方向上求导，得到

$$\frac{\mathrm{d}^2 f}{\mathrm{d}\boldsymbol{z}\mathrm{d}\boldsymbol{y}}(\boldsymbol{x})=\boldsymbol{z}^\top f''(\boldsymbol{x})\boldsymbol{y} \tag{9.54}$$

对于单变量的凸函数 f 有 $f''\geqslant 0$ 且假设 f'' 有界 [式 (9.49)]，类比于多变量凸函数，则要求在各个方向上的二阶导数大于 0 且有界

$$0\leqslant m\leqslant \boldsymbol{y}^\top f''(\boldsymbol{x})\boldsymbol{y}\leqslant M,\quad \|\boldsymbol{y}\|^2=1 \tag{9.55}$$

其中 $\|\boldsymbol{y}\|^2=1$ 是因为 $\boldsymbol{y}$ 是其方向上的单位向量。接下来会看到式 (9.55) 中的 m 和 M 分别是 Hessian 矩阵 $f''(\boldsymbol{x})$ 的最小和最大特征值。

[**定理**] 多元凸函数在各个方向上的二阶导数有界，等价于其 Hessian 矩阵的特征值有界。

证明：

(1) 任何二次型都可以转化成标准型。

设 $\boldsymbol{H}$ 为实对称矩阵，则 $\boldsymbol{H}$ 可以对角化为 $\boldsymbol{U}^\top\boldsymbol{D}\boldsymbol{U}$，其中 $\boldsymbol{U}$ 为酉矩阵满足 $\boldsymbol{U}^\top\boldsymbol{U}=\boldsymbol{U}\boldsymbol{U}^\top=\boldsymbol{I}$，$\boldsymbol{D}=\mathrm{diag}(\lambda_1,\lambda_2,\cdots,\lambda_n)$ 为对角线元素是 $\boldsymbol{H}$ 特征值的对角矩阵。令

$$\boldsymbol{x}=\boldsymbol{U}\boldsymbol{y} \tag{9.56}$$

于是有

$$Q(\boldsymbol{x})=\boldsymbol{x}^\top\boldsymbol{H}\boldsymbol{x}=(\boldsymbol{U}\boldsymbol{y})^\top\boldsymbol{H}(\boldsymbol{U}\boldsymbol{y})=\boldsymbol{y}^\top\boldsymbol{U}^\top\boldsymbol{H}\boldsymbol{U}\boldsymbol{y}=Q(\boldsymbol{y}) \tag{9.57}$$

其中 $\boldsymbol{U}^\top\boldsymbol{H}\boldsymbol{U}=\boldsymbol{D}$，则

$$Q(\boldsymbol{y})=\boldsymbol{y}^\top\boldsymbol{D}\boldsymbol{y}=\sum_i\lambda_i y_i^2 \tag{9.58}$$

(2) 令 $\boldsymbol{H}$ 为实对称矩阵，若 $m=\min\{\boldsymbol{x}^\top\boldsymbol{H}\boldsymbol{x}|\|\boldsymbol{x}\|^2=1\}$ 以及 $M=\max\{\boldsymbol{x}^\top\boldsymbol{H}\boldsymbol{x}|\|\boldsymbol{x}\|^2=1\}$，则 $m=\lambda_{\min}$，$M=\lambda_{\max}$。

$\boldsymbol{H}$ 可对角化为 $\boldsymbol{H}=\boldsymbol{U}^\top\boldsymbol{D}\boldsymbol{U}$，令 $\boldsymbol{y}=\boldsymbol{U}\boldsymbol{x}$，有

$$\|\boldsymbol{y}\|^2=\boldsymbol{y}^\top\boldsymbol{y}=(\boldsymbol{U}\boldsymbol{x})^\top\boldsymbol{U}\boldsymbol{x}=\boldsymbol{x}^\top\boldsymbol{U}^\top\boldsymbol{U}\boldsymbol{x}=\boldsymbol{x}^\top\boldsymbol{x}=\|\boldsymbol{x}\|^2 \tag{9.59}$$

同时由 (1) 的结论 $Q(\boldsymbol{y})=Q(\boldsymbol{x})$，则

$$\begin{cases} m=\min\{\boldsymbol{y}^\top\boldsymbol{D}\boldsymbol{y}|\|\boldsymbol{y}\|^2=1\} \\ M=\max\{\boldsymbol{y}^\top\boldsymbol{D}\boldsymbol{y}|\|\boldsymbol{y}\|^2=1\} \end{cases} \tag{9.60}$$

根据 (1) 的结论，有

$$\begin{aligned} \boldsymbol{y}^\top\boldsymbol{D}\boldsymbol{y} &= \sum_i \lambda_i y_i^2 && (9.61)\\ &\leqslant \sum_i \lambda_{\max} y_i^2 && (9.62)\\ &= \lambda_{\max}(\sum_i y_i^2) && (9.63)\\ &= \lambda_{\max}\|\boldsymbol{y}\|^2 && (9.64)\\ &= \lambda_{\max} && (9.65) \end{aligned}$$

同理有 $\boldsymbol{y}^\top\boldsymbol{D}\boldsymbol{y}\geqslant\lambda_{\min}$。综上，$m=\lambda_{\min}$，$M=\lambda_{\max}$。

利用上面的定理可以把式 (9.55) 整理成更加简洁的形式

$$\begin{cases} m\boldsymbol{I}\preceq f''(\boldsymbol{x})\preceq M\boldsymbol{I} \\ m=\lambda_{\min}, M=\lambda_{\max} \end{cases} \tag{9.66}$$

证明:

(1) 若矩阵 $\boldsymbol{H}$ 的特征值为 $\lambda_1,\lambda_2,\cdots,\lambda_n$，则 $\boldsymbol{H}+t\boldsymbol{I}$ 的特征值为 $\lambda_1+t,\lambda_2+t,\cdots,\lambda_n+t$。设 λ_i 对应的特征向量为 $\boldsymbol{u}$，满足 $\boldsymbol{H}\boldsymbol{u}=\lambda_i\boldsymbol{u}$，则 $(\boldsymbol{H}+t\boldsymbol{I})\boldsymbol{u}=(\lambda_i+t)\boldsymbol{u}$，所以 λ_i+t 为 $\boldsymbol{H}+t\boldsymbol{I}$ 的特征值。

(2) 若 $\lambda_{\min}$ 和 $\lambda_{\max}$ 分别是实对称矩阵 $\boldsymbol{H}$ 的最小和最大特征值，则 $\lambda_{\min}\boldsymbol{I}\preceq\boldsymbol{H}\preceq\lambda_{\max}\boldsymbol{I}$。设 $\lambda_1,\lambda_2,\cdots,\lambda_n$ 为 $\boldsymbol{H}$ 的特征值，则根据 (1) 的结论 $\lambda_{\min}\boldsymbol{I}-\boldsymbol{H}$ 的特征值为 $\lambda_{\min}-\lambda_1,\lambda_{\min}-\lambda_2,\cdots,\lambda_{\min}-\lambda_n$，因为 $\lambda_{\min}-\lambda_i\leqslant 0$，所以 $\lambda_{\min}\boldsymbol{I}-\boldsymbol{H}\leqslant 0$，即 $\lambda_{\min}\boldsymbol{I}\leqslant\boldsymbol{H}$。同理可得 $\boldsymbol{H}\leqslant\lambda_{\max}\boldsymbol{I}$。

$\dfrac{m}{M}$ 称为矩阵 $\boldsymbol{H}$ 的条件数 (Condition Number)。

有了目标函数对算法收敛速率影响因素的量化假设之后，就可以对具体的优化算法进行分析了。常见的最优化算法一般分为两类，分别是一阶梯度下降算法和二阶牛顿法。算法属于一阶还是二阶取决于计算梯度时是否使用了二阶泰勒展开来近似目标函数。如果只展开到了一阶则属于一阶算法，如果用到了二阶展开的信息则属于二阶算法。

9.4 一阶算法：梯度下降法

前面的章节中已经讲解过，梯度下降法就是使用 l_2 范数作为 $\mathbf{R}^n$ 空间长度度量的最速下降算法。根据式 (9.4)，梯度下降算法框架如下。

(1) 随机选择起始点 $\boldsymbol{x}$。

(2) 计算 $f'(\boldsymbol{x})$。

(3) 通过 Line Search 算法寻找步长 η。

(4) 迭代更新 $\boldsymbol{x}=\boldsymbol{x}-\eta f'(\boldsymbol{x})$。

(5) 若满足终止条件输出 $\boldsymbol{x}$；否则重复步骤 (2)。

其中 (5) 的终止条件通常为 $\|f'(\boldsymbol{x})\|\leqslant\epsilon$，$\epsilon$ 是一个非常小的正数。

根据前面章节的分析，首先要对目标函数进行一些假设。假设目标函数 f 是强凸函数，由式 (9.66)，存在 $0<m<M$ 使得

$$m\boldsymbol{I}\preceq f''\preceq M\boldsymbol{I} \tag{9.67}$$

设 $\boldsymbol{x}$ 和 $\boldsymbol{y}$ 是 f 定义域上的两点，根据中值定理，线段 $[\boldsymbol{x},\boldsymbol{y}]$ 上存在一点 z 满足

$$f(\boldsymbol{y})=f(\boldsymbol{x})+f'(\boldsymbol{x})^\top(\boldsymbol{y}-\boldsymbol{x})+\frac{1}{2}(\boldsymbol{y}-\boldsymbol{x})^\top f''(z)(\boldsymbol{y}-\boldsymbol{x}) \tag{9.68}$$

结合式 (9.67) 和式 (9.68) 可以得到下面两个不等式

$$f(\boldsymbol{y})\geqslant f(\boldsymbol{x})+f'(\boldsymbol{x})^\top(\boldsymbol{y}-\boldsymbol{x})+\frac{m}{2}\|\boldsymbol{y}-\boldsymbol{x}\|^2 \tag{9.69}$$

$$f(\boldsymbol{y})\leqslant f(\boldsymbol{x})+f'(\boldsymbol{x})^\top(\boldsymbol{y}-\boldsymbol{x})+\frac{M}{2}\|\boldsymbol{y}-\boldsymbol{x}\|^2 \tag{9.70}$$

由上面两个不等式可以分别得出以下两个结论。

(1) 对应于梯度下降算法，设 $\boldsymbol{y}=\boldsymbol{x}-\eta f'(\boldsymbol{x})$，代入式 (9.70) 得到

$$f(\boldsymbol{x}-\eta f'(\boldsymbol{x}))\leqslant f(\boldsymbol{x})-\eta\|f'(\boldsymbol{x})\|_2^2+\frac{M\eta^2}{2}\|f'(\boldsymbol{x})\|_2^2 \tag{9.71}$$

上式右边部分可以看作是一个关于 η 的二次函数，其最小值在 $\eta = \dfrac{1}{M}$ 处取得，且最小值为 $f(\boldsymbol{x}) - \dfrac{1}{2M}\|f'(\boldsymbol{x})\|_2^2$。因此有

$$f(\boldsymbol{x} - \eta f'(\boldsymbol{x})) \leqslant f(\boldsymbol{x}) - \frac{1}{2M}\|f'(\boldsymbol{x})\|_2^2 \tag{9.72}$$

若把第 k 次迭代时的位置记为 $\boldsymbol{x}^{(k)}$，f 的最小值记为 f^*，则 $\boldsymbol{x}^{(k+1)} = \boldsymbol{x}^{(k)} - \eta f'(\boldsymbol{x}^{(k)})$，同时上式变化为

$$f(\boldsymbol{x}^{(k+1)}) - f^* \leqslant f(\boldsymbol{x}^{(k)}) - f^* - \frac{1}{2M}\|f'(\boldsymbol{x}^{(k)})\|_2^2 \tag{9.73}$$

(2) 再把式 (9.69) 的右边部分看作是一个关于 $\boldsymbol{y}$ 的二次函数，其最小值在 $\boldsymbol{y} = \boldsymbol{x} - \dfrac{1}{m}f'(\boldsymbol{x})$ 处取得，最小值为 $f(\boldsymbol{x}) - \dfrac{1}{2m}\|f'(\boldsymbol{x})\|_2^2$。因此有

$$f(\boldsymbol{y}) \geqslant f(\boldsymbol{x}) - \frac{1}{2m}\|f'(\boldsymbol{x})\|_2^2 \tag{9.74}$$

上式对所有的 $\boldsymbol{y}$ 均成立，则

$$f^* \geqslant f(\boldsymbol{x}) - \frac{1}{2m}\|f'(\boldsymbol{x})\|_2^2 \tag{9.75}$$

即

$$\|f'(\boldsymbol{x})\|_2^2 \geqslant 2m(f(\boldsymbol{x}) - f^*) \tag{9.76}$$

将 $\boldsymbol{x}^{(k)}$ 代入式 (9.76) 并结合式 (9.73) 可得

$$f(\boldsymbol{x}^{(k+1)}) - f^* \leqslant \left(1 - \frac{m}{M}\right)\left(f(\boldsymbol{x}^{(k)}) - f^*\right) \tag{9.77}$$

注意，在式 (9.72) 的推导中暗含了使用精确线搜索的方法寻找每次迭代的步长。对照式 (9.40) 可以看出，使用精确线搜索确定步长的梯度下降算法的收敛速率是线性的。事实上若使用回溯线搜索，梯度下降算法的收敛速率也是线性的。其推导过程在很多资料上都有详细描述，此处就不再赘述了。

9.5 二阶算法：牛顿法及其衍生算法

与梯度下降法一样，在前面的章节中已经指出，当选择二次范数作为 $\mathbf{R}^n$ 空间的长度度量，且使用目标函数的 Hessian 矩阵作为定义二次范数的正定矩阵时，最速下降算法对应于牛顿法。由式 (9.25)，牛顿法的算法框架如下。

(1) 随机选择起始点 $\boldsymbol{x}$。

(2) 计算 $f'(\boldsymbol{x})$，则 $\Delta\boldsymbol{x} = -f'(\boldsymbol{x})$。

(3) 若满足终止条件输出 $\boldsymbol{x}$ 并退出。

(4) 通过线搜索算法寻找步长 η。

(5) 迭代更新 $\boldsymbol{x} = \boldsymbol{x} - \eta\Delta\boldsymbol{x}$。

(6) 返回步骤 (2)。

其中 (3) 的终止条件通常为 $\|f'(\boldsymbol{x})\| \leqslant \epsilon$，$\epsilon$ 是一个非常小的正数。经典的牛顿法在每一次迭代中均选择步长为 1，因此不需要使用线搜索算法寻找步长。

牛顿法的收敛性分析比较复杂，也并非本书的重点，所以在此直接给出结论：牛顿法的收敛速率是二次的，比梯度下降法快很多。

9.5.1 牛顿法与梯度下降法的对比

1. 一阶泰勒近似与梯度下降

在“最速下降算法”中已经提到，目标函数往往比较复杂，因此通常对其进行近似后再做处理。目标函数的一阶泰勒展开式为

$$f(\boldsymbol{y}) = f(\boldsymbol{x}) + f'(\boldsymbol{x})^\top(\boldsymbol{y} - \boldsymbol{x}) + R_n(\boldsymbol{x}) \tag{9.78}$$

忽略余项 $R_n(\boldsymbol{x})$ 就得到了一阶泰勒展开近似 (式 (9.1))。对于梯度下降算法，一阶泰勒展开近似只是帮助我们确定了下降方向。因为线性近似没有极值点，所以还需要通过线性搜索算法来寻找下降步长。而在 9.4 节中可以看出，精确线性搜索算法的背后隐含着把目标函数近似成了一个二次函数后再寻找极值的思想。用于近似的二次函数是在一阶泰勒展开近似的基础上加入 $\|\boldsymbol{y} - \boldsymbol{x}\|_2^2$ 项之后得到的 (参见式 (9.69) 和式 (9.70))

$$\phi_1(\boldsymbol{y}) = f(\boldsymbol{x}) + f'(\boldsymbol{x})^\top(\boldsymbol{y} - \boldsymbol{x}) + \frac{1}{2\eta}\|\boldsymbol{y} - \boldsymbol{x}\|_2^2 \tag{9.79}$$

ϕ_1 一阶导数为 0 处为其极值点

$$\phi_1'(\boldsymbol{y}) = f'(\boldsymbol{x}) + \frac{1}{\eta}(\boldsymbol{y} - \boldsymbol{x}) = 0 \tag{9.80}$$

于是便得到 $\boldsymbol{y} = \boldsymbol{x} - \eta f'(\boldsymbol{x})$，即梯度下降算法的更新法则。特别地，当 $\eta \in \left(0, \dfrac{1}{M}\right]$ 时，ϕ_1 可以看作是目标函数的一个上界 (式 (9.70))。

2. 二阶泰勒近似与牛顿法

对目标函数进行二阶泰勒展开得到

$$f(\boldsymbol{y}) = f(\boldsymbol{x}) + f'(\boldsymbol{x})^\top(\boldsymbol{y} - \boldsymbol{x}) + \frac{1}{2}(\boldsymbol{y} - \boldsymbol{x})^\top f''(\boldsymbol{x})(\boldsymbol{y} - \boldsymbol{x}) + R_n(\boldsymbol{x}) \tag{9.81}$$

忽略余项 $R_n(\boldsymbol{x})$ 就得到了二阶泰勒展开近似

$$\phi_2(\boldsymbol{y}) = f(\boldsymbol{x}) + f'(\boldsymbol{x})^\top(\boldsymbol{y}-\boldsymbol{x}) + \frac{1}{2}(\boldsymbol{y}-\boldsymbol{x})^\top f''(\boldsymbol{x})(\boldsymbol{y}-\boldsymbol{x}) \tag{9.82}$$

ϕ_2 是关于 $\boldsymbol{y}$ 的二次函数，极值点为

$$\boldsymbol{y}^* = \boldsymbol{x} - f''(\boldsymbol{x})^{-1}f'(\boldsymbol{x}) \tag{9.83}$$

恰好是牛顿法的迭代更新法则。

对比式 (9.79) 和式 (9.82) 可以看出，梯度下降法可以看作是利用一阶泰勒展开式和线搜索算法构造出一个二次近似；而牛顿法则是直接使用二阶泰勒展开式作为目标函数的二次近似。相比较而言，牛顿法比梯度下降法多考虑了目标函数的二阶导数信息，所以拥有更快的收敛速率；但是计算多元函数的 Hessian 矩阵是件十分耗费资源的事情，时间开销和空间开销都非常巨大。那是否存在一种比 ϕ_1 更精确同时又比 ϕ_2 更容易计算的近似呢？沿着这个思路设计出来的算法通常被称为拟牛顿法 (Quasi-Newton Method)。

9.5.2 拟牛顿法

牛顿法虽然比一阶梯度下降法的收敛速率快很多，但由于 Hessian 矩阵的计算 (特别是还需要计算 Hessian 矩阵的逆矩阵) 十分耗时，造成了牛顿法每次迭代的时间开销巨大。如果能够找到一种递推的方式在每次迭代时更新 Hessian 矩阵 (甚至直接递推更新 Hessian 的逆矩阵)，而不是重新计算当前参数下的 Hessian 矩阵 (或 Hessian 逆矩阵)，就可以大大缩小牛顿法单次迭代的时间开销，进而显著提升算法的实际表现。

1. 拟牛顿准则

设 $\boldsymbol{G}$ 为正定矩阵，根据式 (9.82)，令

$$\phi_{\boldsymbol{G}}(\boldsymbol{y}) = f(\boldsymbol{x}) + f'(\boldsymbol{x})^\top(\boldsymbol{y}-\boldsymbol{x}) + \frac{1}{2}(\boldsymbol{y}-\boldsymbol{x})^\top \boldsymbol{G}(\boldsymbol{y}-\boldsymbol{x}) \tag{9.84}$$

二次函数 $\phi_{\boldsymbol{G}}$ 导数为 0 的点是极小值点，上式对 $\boldsymbol{y}$ 求导，得

$$\phi'_{\boldsymbol{G}}(\boldsymbol{y}) = f'(\boldsymbol{x}) + \boldsymbol{G}(\boldsymbol{y}-\boldsymbol{x}) \tag{9.85}$$

则 $\phi_{\boldsymbol{G}}$ 的极值点为

$$\boldsymbol{y}^*_{\boldsymbol{G}} = \boldsymbol{x} - \boldsymbol{G}^{-1}f'(\boldsymbol{x}) \tag{9.86}$$

式 (9.84) 的含义是不再使用目标函数的 Hessian 矩阵作为定义二次范数的正定矩阵，取而代之的是某一个正定矩阵 $\boldsymbol{G}$。因此式 (9.84) 是式 (9.82) 更加泛化的情况。

由式 (9.86) 可知，每次迭代只需要知道矩阵 $\boldsymbol{G}$ 的逆 $\boldsymbol{G}^{-1}$，但矩阵计算的时空开销是非常巨大的，因此如果能够找到 $\boldsymbol{G}^{-1}$ 的递推关系，便可以大大简化运算过程。事实上，递推关系就存在于式 (9.85) 中。令 $\boldsymbol{y}=\boldsymbol{x}_{(k+1)}$，$\boldsymbol{x}=\boldsymbol{x}_{(k)}$，第 $k+1$ 次迭代的矩阵 $\boldsymbol{G}=\boldsymbol{G}_{k+1}$，则式 (9.85) 可写成

$$f'(\boldsymbol{x}_{(k+1)})=f'(\boldsymbol{x}_{(k)})+\boldsymbol{G}_{k+1}(\boldsymbol{x}_{(k+1)}-\boldsymbol{x}_{(k)}) \tag{9.87}$$

记 $\boldsymbol{H}_{(k+1)}=\boldsymbol{G}_{k+1}^{-1}$，则上式变换为

$$\boldsymbol{H}_{(k+1)}\big(f'(\boldsymbol{x}_{(k+1)})-f'(\boldsymbol{x}_{(k)})\big)=\boldsymbol{x}_{(k+1)}-\boldsymbol{x}_{(k)} \tag{9.88}$$

上式就是拟牛顿准则 (Quasi-Newton Rule)。

从式 (9.88) 中可以看出，当 $\boldsymbol{x}_{(k+1)}$ 趋于 $\boldsymbol{x}_{(k)}$ 时有

$$\lim_{k\to\infty}\boldsymbol{G}_{k+1}=\frac{f'(\boldsymbol{x}_{(k+1)})-f'(\boldsymbol{x}_{(k)})}{\boldsymbol{x}_{(k+1)}-\boldsymbol{x}_{(k)}}=f''(\boldsymbol{x}_{(k)}) \tag{9.89}$$

说明当迭代次数足够多时，满足拟牛顿准则的矩阵 $\boldsymbol{G}_{k+1}$ 趋于目标函数的 Hessian 矩阵。

能够满足拟牛顿准则递推关系的正定矩阵有很多，下面列出一些常见的拟牛顿算法。

2. 拟牛顿法

分别记 $\Delta\boldsymbol{H}_{(k)}=\boldsymbol{H}_{(k+1)}-\boldsymbol{H}_{(k)}$，$\boldsymbol{\gamma}_{(k)}=f'(\boldsymbol{x}_{(k+1)})-f'(\boldsymbol{x}_{(k)})$，$\boldsymbol{\delta}_{(k)}=\boldsymbol{x}_{(k+1)}-\boldsymbol{x}_{(k)}$，常见的拟牛顿法主要有以下几种。

(1) 秩 1 校正算法 (Rank-one Correction)

$$\Delta\boldsymbol{H}_{(k)}=\frac{(\boldsymbol{\delta}_{(k)}-\boldsymbol{H}_{(k)}\boldsymbol{\gamma}_{(k)})(\boldsymbol{\delta}_{(k)}-\boldsymbol{H}_{(k)}\boldsymbol{\gamma}_{(k)})^{\top}}{\boldsymbol{\gamma}_{(k)}^{\top}(\boldsymbol{\delta}_{(k)}-\boldsymbol{H}_{(k)}\boldsymbol{\gamma}_{(k)})} \tag{9.90}$$

(2) DFP 算法 (Davidon-Fletcher-Powell)

$$\Delta\boldsymbol{H}_{(k)}=\frac{\boldsymbol{\delta}_{(k)}\boldsymbol{\delta}_{(k)}^{\top}}{\boldsymbol{\gamma}_{(k)}^{\top}\boldsymbol{\delta}_{(k)}}-\frac{\boldsymbol{H}_{(k)}\boldsymbol{\gamma}_{(k)}\boldsymbol{\gamma}_{(k)}^{\top}\boldsymbol{H}_{(k)}}{\boldsymbol{\gamma}_{(k)}^{\top}\boldsymbol{H}_{(k)}\boldsymbol{\gamma}_{(k)}} \tag{9.91}$$

(3) BFGS 算法 (Broyden-Fletcher-Goldfarb-Shanno)

$$\Delta\boldsymbol{H}_{(k)}=\frac{\boldsymbol{H}_{(k)}\boldsymbol{\gamma}_{(k)}\boldsymbol{\delta}_{(k)}^{\top}+\boldsymbol{\delta}_{(k)}\boldsymbol{\gamma}_{(k)}^{\top}\boldsymbol{H}_{(k)}}{\boldsymbol{\gamma}_{(k)}^{\top}\boldsymbol{H}_{(k)}\boldsymbol{\gamma}_{(k)}}-\beta_k\frac{\boldsymbol{H}_{(k)}\boldsymbol{\gamma}_{(k)}\boldsymbol{\gamma}_{(k)}^{\top}\boldsymbol{H}_{(k)}}{\boldsymbol{\gamma}_{(k)}^{\top}\boldsymbol{H}_{(k)}\boldsymbol{\gamma}_{(k)}} \tag{9.92}$$

其中 $\beta_k=1+\dfrac{\boldsymbol{\delta}_{(k)}^{\top}\boldsymbol{\gamma}_{(k)}}{\boldsymbol{\gamma}_{(k)}^{\top}\boldsymbol{H}_{(k)}\boldsymbol{\gamma}_{(k)}}$。

9.5.3 从二次范数的角度看牛顿法

以上的分析都是在欧氏空间中的泰勒展开基础上完成的，而欧氏空间是由定义在 l_2 范数上的内积所定义的。在 9.1 节中已经指出了牛顿法和二次范数之间的关系，如果在二次范数所定义的空间中进行二阶泰勒展开近似，会得到什么结果呢？由二次范数的定义式 (9.8)，有

$$\|\boldsymbol{x}\|_G = (\boldsymbol{x}^\top \boldsymbol{G}\boldsymbol{x})^{\frac{1}{2}} \tag{9.93}$$

可知定义在二次范数上的内积为

$$\langle \boldsymbol{x}, \boldsymbol{y}\rangle_G = (\boldsymbol{y}^\top \boldsymbol{G}\boldsymbol{x}) = \langle \boldsymbol{G}\boldsymbol{x}, \boldsymbol{y}\rangle_G \tag{9.94}$$

其中 $\boldsymbol{x}, \boldsymbol{y} \in \mathbf{R}^n$。将式 (9.84) 变换到该内积所定义的空间中，有

$$\begin{aligned}\phi_G(\boldsymbol{y}) &= f(\boldsymbol{x}) + f'(\boldsymbol{x})^\top(\boldsymbol{y}-\boldsymbol{x}) + \frac{1}{2}(\boldsymbol{y}-\boldsymbol{x})^\top \boldsymbol{G}(\boldsymbol{y}-\boldsymbol{x}) &(9.95)\\ &= f(\boldsymbol{x}) + \langle \boldsymbol{G}^{-1}f'(\boldsymbol{x}), \boldsymbol{y}-\boldsymbol{x}\rangle_G \\ &\quad+\frac{1}{2}\langle \boldsymbol{G}^{-1}f''(\boldsymbol{x})(\boldsymbol{y}-\boldsymbol{x}), (\boldsymbol{y}-\boldsymbol{x})\rangle_G &(9.96)\end{aligned}$$

由上式可以看出，在此空间中，目标函数的导数和 Hessian 矩阵分别为

$$f'_G(\boldsymbol{x}) = \boldsymbol{G}^{-1}f'(\boldsymbol{x}) \tag{9.97}$$

$$f''_G(\boldsymbol{x}) = \boldsymbol{G}^{-1}f''(\boldsymbol{x}) \tag{9.98}$$

若取 $\boldsymbol{G}$ 为 f 的 Hessian 矩阵 f''，则上式变换为

$$\begin{aligned}\phi_{f''}(\boldsymbol{y}) &= f(\boldsymbol{x}) + \langle f''(\boldsymbol{x})^{-1}f'(\boldsymbol{x}), \boldsymbol{y}-\boldsymbol{x}\rangle_{f''} \\ &\quad+\frac{1}{2}\langle f''(\boldsymbol{x})^{-1}f''(\boldsymbol{x})(\boldsymbol{y}-\boldsymbol{x}), (\boldsymbol{y}-\boldsymbol{x})\rangle_{f''} &(9.99)\\ &= f(\boldsymbol{x}) + \langle f''(\boldsymbol{x})^{-1}f'(\boldsymbol{x}), \boldsymbol{y}-\boldsymbol{x}\rangle_{f''} \\ &\quad+\frac{1}{2}\langle (\boldsymbol{y}-\boldsymbol{x}), (\boldsymbol{y}-\boldsymbol{x})\rangle_{f''} &(9.100)\end{aligned}$$

对比式 (9.100) 和式 (9.79) 可以看出，牛顿法就是在二次范数所定义的内积空间中固定步长为 1 的梯度下降法。这与在 9.1 节中得出的结论是一致的。

阻尼牛顿法：从二次范数的角度看，我们完全可以使用线搜索来寻找最佳步长，而不是把步长固定为 1。直接套用梯度下降法的框架。

(1) 随机选择起始点 $\boldsymbol{x}$。

(2) 计算 $f'(\boldsymbol{x})$ 和 $f''(\boldsymbol{x})$。

(3) 计算二次范数空间中目标函数的导数 $f'_{f''}(\boldsymbol{x}) = f''(\boldsymbol{x})^{-1}f'(\boldsymbol{x})$，则 $\Delta\boldsymbol{x} = -f'_{f''}(\boldsymbol{x})$。

(4) 若满足终止条件输出 $\boldsymbol{x}$ 并退出。

(5) 通过 Line Search 算法寻找步长 η。

(6) 迭代更新 $\boldsymbol{x} = \boldsymbol{x} - \eta\Delta\boldsymbol{x}$。

(7) 返回步骤 (2)。

与梯度下降法类似，(4) 的终止条件设为 $\|f'(\boldsymbol{x})\| \leqslant \epsilon$，$\epsilon$ 是一个非常小的正数。再次强调一下，当前所处空间为二次范数所定义的内积空间，根据式 (9.97) 目标函数的导数 $f'_{f''}(\boldsymbol{x}) = f''(\boldsymbol{x})^{-1}f'(\boldsymbol{x})$，所以由式 (9.93)，$\|f'(\boldsymbol{x})\|$ 为

$$\begin{aligned}
\|f'(\boldsymbol{x})\| &= \|f'(\boldsymbol{x})\|_{f''} &(9.101)\\
&= \left(f'_{f''}(\boldsymbol{x})^\top f''(\boldsymbol{x}) f'_{f''}(\boldsymbol{x})\right)^{\frac{1}{2}} &(9.102)\\
&= \left((f''(\boldsymbol{x})^{-1}f'(\boldsymbol{x}))^\top f''(\boldsymbol{x})(f''(\boldsymbol{x})^{-1}f'(\boldsymbol{x}))\right)^{\frac{1}{2}} &(9.103)\\
&= \left(f'(\boldsymbol{x})^\top (f''(\boldsymbol{x})^{-1})^\top f''(\boldsymbol{x}) f''(\boldsymbol{x})^{-1} f'(\boldsymbol{x})\right)^{\frac{1}{2}} &(9.104)\\
&= \left(f'(\boldsymbol{x})^\top (f''(\boldsymbol{x})^{-1}) f''(\boldsymbol{x}) f''(\boldsymbol{x})^{-1} f'(\boldsymbol{x})\right)^{\frac{1}{2}} &(9.105)\\
&= \left(f'(\boldsymbol{x})^\top f''(\boldsymbol{x})^{-1} f'(\boldsymbol{x})\right)^{\frac{1}{2}} &(9.106)
\end{aligned}$$

其中式 (9.102) 是二次范数的定义；式 (9.103) 是代入 $f'_{f''}(\boldsymbol{x})$；式 (9.105) 是因为 $f''(\boldsymbol{x})^{-1}$ 为实对称正定矩阵。式 (9.106) 中的 $\left(f'(\boldsymbol{x})^\top f''(\boldsymbol{x})^{-1} f'(\boldsymbol{x})\right)^{\frac{1}{2}}$ 又被成为“牛顿衰减率”(Newton Decrement)。上述这种不固定步长的牛顿法称为阻尼牛顿法 (Damped Newton Method)。

9.6 小结

本章主要对常见的最优化方法进行了探讨，可以看作是连接第 7 章“拉格朗日乘子法”和第 8 章“随机梯度下降法”的桥梁。第 7 章的内容是本章的理论部分，而第 8 章的内容则是本章中介绍的算法应用在机器学习场景中的特例。

在本章的开始首先根据迭代下降的思路提出了最速下降算法。该算法运用一阶泰勒展开得到的线性函数来近似目标函数，之后通过对比空间单位球内不同方向的函数值下降量确定下降最快的方向，最后在此方向上迈出一步完成一次迭代。在目标函数定义域所属的 $\mathbf{R}^n$ 空间中，长度是通过范数来度量的，不同范数下的单位球形状不同，因此不同范数下最速下降的方向也不一样。通过分析发现：l_1 范数定义的单位球是一个超立方体，此时最速下降法就是坐标下降法；l_2 范数定义的单位球是一个超球体，此时最速下降算法变成了一阶梯度下降法；此外还有一种不太常见的范数 —— 二次范数，该范数被定

义为某个正定矩阵所确定的正定二次型，在此范数下的单位球是一个超椭球，而当正定矩阵为目标函数的二阶导数 —— Hessian 矩阵 (且迭代步长固定为 1) 时最速下降法为牛顿法。

范数的选择决定的是最速下降的方向，而每次迭代中还需要确定另外一个量 —— 步长。最理想的情况是算法可以一步迈到目标函数在该方向上的最小值处，以此为目标的步长寻找算法称为精确线搜索。但在实际情况下，精确寻找步长的最优值是十分困难的，因为精确线搜索本身就是另一个最优化问题。因此在实践中通常会选择使用不那么精确的搜索方法去寻找最优步长的近似解。非精确线搜索有两个常用的准则 —— Armijo-Goldstein 准则和 Wolfe-Powell 准则，满足准则的步长便可作为最优值的近似。两个准则均是由两个不等式组成的，两个不等式分别确定了近似步长的上下界。Armijo-Goldstein 准则的第一个不等式保证目标函数是下降的；第二个不等式确保步长不会太小，避免迭代过程过于缓慢。而 Wolfe-Powell 准则的第一个不等式与 Armijo-Goldstein 准则一样；第二个不等式考虑了导数的信息，期望到达点处的目标函数导数尽可能地接近于 0。两个准则给出的是寻找近似最优步长的条件，而实践中用得最多的算法是回溯线搜索。该算法的基本思想是先跨出一大步，然后再往回寻找符合条件的步长。

至此我们有了完整的基于梯度下降的最优化算法。更进一步地我们希望定量地评估算法最终的收敛情况及收敛速率，于是我们打算对算法进行收敛性分析。在收敛性分析之前我们介绍了一些预备知识，包括收敛速率和对目标函数的一些假设。把迭代过程中得到的函数值看作是一个数列，我们便可以使用定义在数列上的收敛速率来衡量最优化算法的快慢。目标函数的特性也会影响收敛速度，所以需要对函数的特征进行量化。

做好了收敛性分析准备之后，我们接着提出了一阶、二阶优化算法的概念，并着手对其进行分析。推导结果表明，一阶梯度下降法和二阶牛顿法的收敛速率是线性和二次的。牛顿法之所以更快，是因为它使用了二阶泰勒展开式近似目标函数，相对于一阶算法，额外的二阶信息使得对目标函数的近似更加精确，其收敛速率也就相应地更快。虽然从收敛速率的角度去看，牛顿法比梯度下降法快很多，然而在迭代过程中，由于需要不断地计算 Hessian 矩阵及其逆矩阵，单步迭代的计算开销巨大，因此在海量数据的情况下，牛顿法并不一定比梯度下降法更快。如果能够找到一种介于一阶、二阶泰勒展开之间的近似，既能比一阶展开更精确又能比二阶展开更容易计算，那就能够解决梯度下降法和牛顿法所面对的困境。沿着这个思路我们便得到了拟牛顿法。

从二次范数与牛顿法的关系，我们推导出了拟牛顿准则。根据该准则我们可以设计出近似 Hessian 矩阵 (包括逆矩阵) 的递推关系式。能够满足拟牛顿准则递推关系的算法都可以在某种程度上满足我们的要求，这类算法统称为拟牛顿法。常见的拟牛顿法有秩

1 校正算法、DFP 算法、BFGS 算法等。最后又通过对二次范数的分析，提出了使用线搜索算法寻找步长的牛顿法 —— 阻尼牛顿法。

参 考 文 献

[1] Xu C, Zhang J. A Survey of Quasi-Newton Equations and Quasi-Newton Methods for Optimization[J]. Annals of Operations Research, 2001, 103(1): 213-234.

[2] Bertsekas D, of Technology M I. Convex Optimization Algorithms[M]. Athena Scientific, 2015.

[3] Nemirovski A. Lectures on modern convex optimization[C]. Society for Industrial and Applied Mathematics. 2001.

[4] Boyd S, Vandenberghe L. Convex Optimization[M]. New York: Cambridge University Press, 2004.

[5] Nesterov Y. Introductory Lectures on Convex Optimization: A Basic Course[M]. 1st ed. Springer Publishing Company, Incorporated, 2014.

[6] Nocedal J, Wright S J. Numerical Optimization[M]. 2nd ed. New York: Springer, 2006.